本书由教育部人文社会科学重点研究基地“山西大学科学技术哲学中心”基金资助

科学技术哲学文库

丛书主编／郭贵春

美英应对科学利益冲突的制度与经验

魏屹东 ◉ 编著

科学出版社
北京

图书在版编目(CIP)数据

美英应对科学利益冲突的制度与经验/魏屹东编著. —北京：科学出版社，2015.6
(科学技术哲学文库)
ISBN 978-7-03-044852-1

Ⅰ.①美… Ⅱ.①魏… Ⅲ.①科技政策-研究-美国②科技政策-研究-英国 Ⅳ.①G327.120 ②G325.610

中国版本图书馆 CIP 数据核字（2015）第 126905 号

丛书策划：孔国平
责任编辑：牛 玲 霍羽升 陈会迎/责任校对：张怡君
责任印制：徐晓晨/封面设计：黄华斌 陈 敬
编辑部电话：010-64035853
E-mail：houjunlin@ mail. sciencep. com

科学出版社出版
北京东黄城根北街 16 号
邮政编码：100717
http://www.sciencep.com
北京凌奇印刷有限责任公司印刷
科学出版社发行 各地新华书店经销
*
2015 年 7 月第 一 版 开本：720 × 1000 1/16
2021 年 1 月第六次印刷 印张：17
字数：300 000
定价：98.00 元
(如有印装质量问题，我社负责调换)

总　　序

怎样认识、理解和分析当代科学哲学的现状，是我们把握当代科学哲学面临的主要矛盾和问题、推进它在可能发展趋势上获得进步的重大课题，有必要将其澄清。

如何理解当代科学哲学的现状，仁者见仁，智者见智。明尼苏达科学哲学研究中心于2000年出了一部书 *Minnesota Studies in the Philosophy of Science*，书中有作者明确地讲："科学哲学不是当代学术界的领导领域，甚至不是一个在成长的领域。在整体的文化范围内，科学哲学现时甚至不是最宽广地反映科学的令人尊敬的领域。其他科学研究的分支，诸如科学社会学、科学社会史及科学文化的研究等，成了作为人类实践的科学研究中更为有意义的问题、更为广泛地被人们阅读和争论的对象。那么，也许这导源于那种不景气的前景，即某些科学哲学家正在向外探求新的论题、方法、工具和技巧，并且探求那些在哲学中关爱科学的历史人物。"① 从这里，我们可以感觉到科学哲学在某种程度上或某种视角上地位的衰落。而且关键的是，科学哲学家们无论是研究历史人物，还是探求现实的科学哲学的出路，都被看做是一种不景气的、无奈的表现。尽管这是一种极端的看法。

那么，为什么会造成这种现象呢？主要的原因就在于，科学哲学在近30年的发展中，失去了能够影响自己同时也能够影响相关研究领域发展的研究范式。因为，一个学科一旦缺少了范式，就缺少了纲领；而没有了范式和纲领，当然也就失去了凝聚自身学科，同时能够带动相关学科发展的能力，所以它的示范作用和地位就必然地要降低。因而，努力地构建一种新的范式去发展科学哲学，在这个范式的基底上去重建科学哲学的大厦，去总结历史和重塑它的未来，就是相当重要的了。

换句话说，当今科学哲学是在总体上处于一种"非突破"的时期，即没有重大的突破性的理论出现。目前我们看到最多的是，欧洲大陆哲学与大西洋哲学之间的相互渗透与融合；自然科学哲学与社会科学哲学之间的彼此借鉴与交融；常规科学的进展与一般哲学解释之间的碰撞与分析。这是科学哲学发展过程中历史地、必然地要出现的一种现象，其原因就在于：第一，从20世纪的后历史主义出现以来，科学哲学在元理论的研究方面没有重大的突破，缺乏创造性的新视角和新方法。第二，对自然科学哲学问题的研究越来越困难，无论是什么样的知识背景出身的科学哲学家，对新的科学发现和科学理论的解释都存在着把握本质

---

① Minnesota Studies in the Philosophy of Science. Volume XVIII. Logical Empiricism in North America. University of Minnesota Press, 2000. 6.

的困难，它所要求的背景训练和知识储备都愈加严苛。第三，纯分析哲学的研究方法确实有它局限的一面，需要从不同的研究领域中汲取和借鉴更多的方法论的视角；但同时也存在着对分析哲学研究方法的忽略的一面，轻视了它所具有的本质的内在功能，需要对分析哲学研究方法在新的层面上进行发扬光大。第四，试图从知识论的角度综合各种流派、各种传统去进行科学哲学的研究，或许是一个有意义的发展趋势，在某种程度上可以避免任一种单纯思维趋势的片面性，但是这确是一条极易走向“泛文化主义”的路子，从而易于将科学哲学引向歧途。第五，由于科学哲学研究范式的淡化及研究纲领的游移，导致了科学哲学主题的边缘化倾向；更为重要的是，人们试图用从各种视角对科学哲学的解读来取代科学哲学自身的研究，或者说把这种解读误认为是对科学哲学的主题研究，从而造成了对科学哲学主题的消解。

然而，无论科学哲学如何发展，它的科学方法论的内核不能变。这就是：第一，科学理性不能被消解，科学哲学应永远高举科学理性的旗帜；第二，自然科学的哲学问题不能被消解，它从来就是科学哲学赖以存在的基础；第三，语言哲学的分析方法及其语境论的基础不能被消解，因为它是统一科学哲学各种流派及其传统方法论的基底；第四，科学的主题不能被消解，不能用社会的、知识论的、心理的东西取代科学的提问方式，否则科学哲学就失去了它自身存在的前提。

在这里，我们必须强调指出的是，不弘扬科学理性就不叫“科学哲学”，既然是“科学哲学”就必须弘扬科学理性。当然，这并不排斥理性与非理性、形式与非形式、规范与非规范研究方法之间的相互渗透、相互融合和统一。我们所要避免的只是“泛文化主义”的暗流，而且无论是相对的还是绝对的“泛文化主义”，都不可能指向科学哲学的“正途”。这就是说，科学哲学的发展不是要不要科学理性的问题，而是如何弘扬科学理性的问题，以什么样的方式加以弘扬的问题。中国当下人文主义的盛行与泛扬，并不证明科学理性的不重要，而是在科学发展的水平上，由社会发展的现实矛盾激发了人们更期望从现实的矛盾中，通过人文主义的解读，去探求新的解释。但反过来讲，越是如此，科学理性的核心价值地位就越显得重要。人文主义的发展，如果没有科学理性作基础，那就会走向它关怀的反面。这种教训在中国的社会发展中是很多的，比如有人在批评马寅初的人口论时，曾以“人是第一可宝贵的”为理由。在这个问题上，人本主义肯定是没错的，但缺乏科学理性的人本主义，就必然地走向它的反面。在这里，我们需要明确的是，科学理性与人文理性是统一的、一致的，是人类认识世界的两个不同的视角，并不存在矛盾。在某种意义上讲，正是人文理性拓展和延伸了科学理性的边界。但是人文理性不等同于人文主义，这正像科学理性不等同于科学主义一样。坚持科学理性反对科学主义，坚持人文理性反对人文主义，应当是当代科学哲学所要坚守的目标。

我们还需要特别注意的是，当前存在的某种科学哲学研究的多元论与 20 世纪后半叶历史主义的多元论有着根本的区别。历史主义是站在科学理性的立场上，去诉求科学理论进步纲领的多元性；而现今的多元论，是站在文化分析的立场上，去诉求对科学发展的文化解释。这种解释虽然在一定层面上扩张了科学哲学研究的视角和范围，但它却存在着文化主义的倾向，存在着消解科学理性的倾向性。在这里，我们千万不要把科学哲学与技术哲学混为一谈。这二者之间有着重要的区别。因为技术哲学自身本质地赋有着更多的文化特质，这些文化特质决定了它不是以单纯科学理性的要求为基底的。

在世纪之交的后历史主义的环境中，人们在不断地反思20世纪科学哲学的历史和历程。一方面，人们重新解读过去的各种流派和观点，以适应现实的要求；另一方面，试图通过这种重新解读，找出今后科学哲学发展的新的进路，尤其是科学哲学研究的方法论的走向。有的科学哲学家在反思20世纪的逻辑哲学、数学哲学及科学哲学的发展即“广义科学哲学”的发展中提出了存在着五个“引导性难题”（leading problems）：

第一，什么是逻辑的本质和逻辑真理的本质？

第二，什么是数学的本质？这包括：什么是数学命题的本质、数学猜想的本质和数学证明的本质？

第三，什么是形式体系的本质？什么是形式体系与希尔伯特称之为“理解活动”（the activity of understanding）的东西之间的关联？

第四，什么是语言的本质？这包括：什么是意义、指称和真理的本质？

第五，什么是理解的本质？这包括：什么是感觉、心理状态及心理过程的本质？①

这五个“引导性难题”概括了整个20世纪科学哲学探索所要求解的对象及21世纪自然要面对的问题，有着十分重要的意义。从另一个更具体的角度来讲，在20世纪科学哲学的发展中，理论模型与实验测量、模型解释与案例说明、科学证明与语言分析等，它们结合在一起作为科学方法论的整体，或者说整体性的科学方法论，整体地推动了科学哲学的发展。所以，从广义的科学哲学来讲，在20世纪的科学哲学发展中，逻辑哲学、数学哲学、语言哲学与科学哲学是联结在一起的。同样，在21世纪的科学哲学进程中，这几个方面也必然会内在地联结在一起，只是各自的研究层面和角度会不同而已。所以，逻辑的方法、数学的方法、语言学的方法都是整个科学哲学研究方法中不可或缺的部分，它们在求解科学哲学的难题中是统一的和一致的。这种统一和一致恰恰是科学理性的统一和一致。必须看到，认知科学的发展正是对这种科学理性的一致性的捍卫，而不是相反。我们可以这样讲，20世纪对这些问题的认识、理解和探索，是一个从自然到必然的过程；它们之间的融合与相互渗透是一个由不自觉到自觉的过程。而

① S. G. Shauker. Philosophy of Science, Logic and Mathematics in 20th Century. London: Routledge, 1996. 7.

21 世纪，则是一个“自主”的过程，一个统一的动力学的发展过程。

那么，通过对 20 世纪科学哲学的发展历程的反思，当代科学哲学面向 21 世纪的发展，近期的主要目标是什么？最大的“引导性难题”又是什么？

第一，重铸科学哲学发展的新的逻辑起点。这个起点要超越逻辑经验主义、历史主义、后历史主义的范式。我们可以肯定地说，一个没有明确逻辑起点的学科肯定是不完备的。

第二，构建科学实在论与反实在论各个流派之间相互对话、交流、渗透与融合的新平台。在这个平台上，彼此可以真正地相互交流和共同促进，从而使它成为科学哲学生长的舞台。

第三，探索各种科学方法论相互借鉴、相互补充、相互交叉的新基底。在这个基底上，获得科学哲学方法论的有效统一，从而锻造出富有生命力的创新理论与发展方向。

第四，坚持科学理性的本质，面对前所未有的消解科学理性的围剿，要持续地弘扬科学理性的精神。这一点，应当是当代科学哲学发展的一个极关键的东西。同时只有在这个基础上，才能去谈科学理性与非理性的统一，去谈科学哲学与科学社会学、科学知识论、科学史学及科学文化哲学等流派或学科之间的关联。否则的话，一个被消解了科学理性的科学哲学还有什么资格去谈论与其他学派或学科之间的关联？

总之，这四个从宏观上提出的“引导性难题”既包容了 20 世纪的五个“引导性难题”，同时也表明了当代科学哲学的发展特征就在于：一方面，科学哲学的进步越来越多元化。现在的科学哲学比之过去任何时候，都有着更多的立场、观点和方法；另一方面，这些多元的立场、观点和方法又在一个新的层面上展开，愈加本质地相互渗透、吸收与融合。所以，多元化和整体性是当代科学哲学发展中一个问题的两个方面。它将在这两个方面的交错和叠加中，寻找自己全新的出路。这就是为什么当代科学哲学拥有它强大生命力的根源。正是在这个意义上，经历了语言学转向、解释学转向和修辞学转向这“三大转向”的科学哲学，而今走向语境论的研究趋向就是一种逻辑的必然，成为了科学哲学研究的必然取向之一。

我们山西大学的科学哲学学科，这些年来就是围绕着这四个面向 21 世纪的“引导性难题”，试图在语境的基底上从科学哲学的元理论、数学哲学、物理哲学、社会科学哲学等各个方面，探索科学哲学发展的路径。我希望我们的研究能对中国科学哲学事业的发展有所贡献！

郭贵春

2007 年 6 月 1 日

目　　录

导　　论

一、科学利益冲突管理的必要性

利益冲突（conflicts of interest，COI）是当代社会中的一种普遍现象。它首先是反映经济利益的一个法律概念①，由美国参议员对总统所任命者的经济状况的实际应用进行调查而来。其含义是指这样的境况，在这个境况中，职业人员（包括律师、公务员、科学家和医生）与其所属组织之间及他/她代表的其他组织之间有利益关系时，特别是职业人员同时为这两个组织工作并从中获得个人利益时，利益因素影响或危及职业人员做出正确、客观和公正的专业判断，从而危及公共利益。

在现代大科学时代，科学活动越来越受到经济的制约。随着科学规模的不断扩大，在所需经费急剧增加的同时，从研究成果到实际应用的距离也越来越短，纯科学与应用科学的界限日趋模糊，这使得科学成为一种能带来巨大经济效益的投资对象。在此情况下，一方面，在科学界内部，大学、研究机构和科学家个人也极大地关注研究成果的商业前景、经济利益和知识产权归属等方面的问题。作为知识生产主要途径的科学研究活动，其内涵、建制、运作模式及对社会的作用越来越多地与利益联系在一起，这样，就不可避免地会产生科学利益冲突（conflicts of interest in science）。另一方面，科学之外的社会情景因素如政治、经济、文化、道德、法律等越来越渗透到科学活动中，与科学的关系也变得越来越密切，这使得利益冲突变得越来越复杂，而且越来越重要和突出，这已经严重影响到科学活动的正常进行。例如，苏联的李森科事件、美国的巴尔的摩事件和奥本海姆事件、中国的“水变油”事件等，从根本上讲，都是利益冲突引发的结果。因此，科学利益冲突已经成为一个亟待正视与解决的重大公共管理问题。

利益冲突的观念在美国比较普遍。20 世纪 50 年代，美国人已经普遍接受了这个术语。美国政府、大学和企业的科技管理部门几乎都制定了防范和管理利益冲突的政策，并设立专门的管理机构，如制度复查部（Institutional Review Board，IRB），其职责就是审查、监督和处理利益冲突问题。管理部门普遍认为，所有管理活动均可能涉及利益冲突，即由于个人或机构的某种利益关系可能干扰做出合适判断或公正管理的情形。美国政府科技管理部门要求在科技管理过程中，必

---

① 笔者曾经查阅我国的法律词典，发现目前在我国法律词典上还没有这个词。这说明我国关于利益冲突的法律是滞后的，应当引起法律工作者的高度重视。

须预见、公开和管理好可能出现的利益冲突，尤其强调在政策规定中注意对利益冲突设防。在美国这样的法治国家，在政府管理特别是科技管理中，并非所有不公平、欠公正的行为都会涉嫌违法。因此，在法律之外更多的是各部门对涉及的利益冲突加以政策规范。

科学利益冲突现象在我国也比较突出。种种科学不端行为就是利益冲突的后果。据我们的调查，我国的政府、大学和企业科技管理部门除在道德层面上的监管外，几乎没有制定防范和管理利益冲突的法规政策，也没有设立专门的管理机构。国家自然科学基金委员会监督委员会的《关于加强国家自然科学基金工作中科学道德建设的若干意见》中指出："近年来社会上的一些不良风气也渗透到科学技术领域，抄袭剽窃、伪造数据、弄虚作假等科学不端行为时有发生，追名逐利、滥用学术权力、'利益冲突'所引发的学术失范现象有所增加，急功近利的浮躁学风有所抬头，严重污染科学研究环境，腐蚀科技队伍，阻碍科技自主创新能力的提升。对此，必须予以高度重视。"2006 年 9 月中国科学技术协会第六届全委会第四次会议报告也明确指出："一些科技政策及管理规则的缺失和不完善，是导致学术不端行为产生的因素"，并列举了我国科学道德和学风建设中七个方面的不端行为及表现形式，要求道德与权益工作委员会在调查研究的基础上建立完善、健全、公开、公平、公正的科学评价制度和评价机制，如施行双盲评审制、国外同行专家评审制、一票否决制、回避制、监督约束机制等一系列具体措施。2006 年 1~3 月《科学时报》开设"培育学术生态，净化学术环境"栏目，众多学术界知名专家学者积极参与讨论，他们将目前我国科学研究中出现的问题归结为学术与金钱、学术与政策、学术与人三个方面，其中的利益冲突更是学者们关注的焦点。2007 年 2 月 26 日中国科学院公布了规范防治科学不端行为的六个原则——公民道德准则、诚实、公开、公正、尊重知识产权、声明与回避，并提出了认定科学不端行为的七条标准，把预防科学利益冲突纳入了政策规范范围。2009 年科学技术部科研诚信建设办公室编辑出版了《科研活动诚信指南》和《科研诚信知识读本》，旨在规范和抑制科学活动中的利益冲突问题。近年来不断出现的学术不端事件，均与利益相关。2011 年 3 月 1 日《湖北省科学技术协会条例》正式实施，将反对、抵制和谴责伪科学、反科学及学术不端行为正式写入条例中。这是我国第一个制定地方科协条例的省份。2013 年笔者完成了科学技术部科研诚信建设办公室委托的"发达国家应对科学利益冲突的制度与经验研究"项目，本书即是在此基础上经拓展和深化后完成的。

无疑，科学利益冲突问题已经引起人们的极大关注，到了非解决不可的时候了。尽管科学研究需要大量资金支持，但金钱不是研究的目的。如果利益冲突导致科学研究、评价不公正，科学对社会将毫无裨益。

二、科学利益冲突管理的重要性

科学利益冲突是指这样的研究境况，在这个境况中，研究者与其所属组织之间及他/她代表的其他组织之间有利益关系时，特别是研究者同时为这两个组织工作并从中获得个人利益时，利益因素影响或危及研究者做出正确、客观和公正的专业判断。

随着科学经济功能的突现，科学的荣誉与日俱增，社会对科学越来越重视，科学这一片净土再也不能保持自身的独立性，成为政府、企业乃至其他社会团体关注的焦点。对科学进行大规模投资和利用是20世纪以来的事情，期间，科学对社会的作用更加突出，尤其是对经济和军事的促进作用促使政府和企业了解到科学能够为他们带来巨大经济利益。于是政府和企业都将投资目光转向科学，而此时的科学也比以往任何时候规模更大，更需要资金资助，更能带来巨大利益，成为最耗费资金的一项社会性事业。这种格局的改变，使得对科学的评价发生了根本变化。科学家也不再是不求世俗功利，纯粹为科学而科学的近乎理想中的“圣徒”式的人物。科学好与坏、对与错、是与非的评判也不唯一地依靠“先定的非人为的”、“经验和逻辑的”标准。科学已经被纳入到一种应用的层面，受到科学以外的经济、政治、伦理的评判。评判标准的改变使科学家从原先的象牙塔走向社会，开始关注他们所从事的科学研究能不能得到社会的支持和认可。这样，科学家的角色已经发生了改变，不仅是具有一定水平的研究者，而且是能够设法从社会其他领域获得资助的活动家。这种双重角色给科学家增加了前所未有的压力，一方面，他们需要付出艰苦的努力，提高自身的研究能力以获得更多的社会信任度；另一方面，他们还需要同可能资助他们的政府、企业建立良好关系以获得更大的资金支持。

一般而言，科学的资助者是政府和企业，他们投资科学的目的非常明确，那就是借助科学研究成果获得更大的经济、社会和政治利益。从经济学来考虑，任何投资者都希望以较小的投资获得较大的利润。正因为有这样的期望，所以每个投资者都会对他投资的项目给予更多的关注和管理。科学的投资者也是同样的心理，尽管他们在投资科学时，知道投资科学研究的风险远远大于投资其他领域，但是科学所包含的巨大潜在价值促使他们选择了高风险。也正因为风险比较大，投资者对科学的监管也就格外重视，他们既希望科学家能够尽早为他们研究出可以创造财富的结果，又害怕科学因此而作假。投资者对科学更大的期望与科学家希望从投资者那里获得更多的资助分别代表了投资科学研究与科学研究者的利益，当科学家的科学研究比较顺利或研究选题比较容易时，两种利益能够相互协调，一般不发生利益冲突。但是科学研究毕竟是一种探索未知，从事前人未曾做过的事情，这种特征使得科学家的研究并不都是十分顺畅，他们有时花费几年或更长时间也很难达到预期的结果，此时，投资方往往会埋怨科学家，甚至不再增加投资，于是利益冲突就出现了。

为了按时完成投资者的要求，避免利益冲突的出现，有些科学家可能会采用作伪的方式来应付投资者或保护自身的名望以获得更大的资助。这种由于利益因素而使科学家作伪，或影响科学家做出正确判断的境遇就是利益冲突。但这又往往会被科学界或投资者揭穿，而一旦被揭穿，不仅当事人会身败名裂，而且会波及科学领域，致使投资者不再信任科学或加大对科学的管理和监督。因此，利益冲突已经成为"大科学"时代的一种普遍现象。也就是说，随着科学规模的不断扩大，在所需经费急剧增加的同时，从研究成果到实际应用的距离也越来越短，纯科学与应用科学的界限日趋模糊，这使得科学成为一种能带来巨大经济效益的投资对象。

在科学活动日益商业化的今天，正确认识与处理利益冲突，加强科学利益冲突的管理就显得格外重要。我国正处于促进科学向生产力转化的阶段，正在大力开展产、学、研合作，这对促进技术创新、经济发展极为有益。

三、科学利益冲突的维度与发生机制

利益冲突是由利益因素（包括经济、金钱、地位、声望等）渗入到经济、科学、医疗等活动中而导致的不良关系。利益冲突关乎一个部门甚至一个国家的和谐，因此引起了各国特别是美国的高度重视。

（一）利益冲突发生的经济根源

利益冲突首先是一个反映经济利益的法律概念。20 世纪 50 年代，利益冲突这个概念在美国已经是一个被普遍接受的法律术语了。1979 年第 5 版的《布莱克法律词典》（*Black's Law Dictionary*）对利益冲突的释义是："这个术语被用于公务员和受托人以及他们的私人利益或所得有关的问题，同时相关的道德问题被包括在大部分司法权和联邦的法规中。一般而言，当被用来暗示公务员不能履行他所规定的责任时，'利益冲突'指公共利益与个人有关的私人金钱利益之间的不协调。"[①] 1999 年第 7 版的《布莱克法律词典》对利益冲突重新定义如下："（1）个人的私责和公责或受信责任之间存在实际上不可调和性或表面不可调和性；（2）律师的两个当事人的利益之间实际不可调和或表面不可调和，以至若律师代表两方当事人利益，就会对其中一方构成不利影响，或者若两个当事人不同意这个律师同时代表两方利益，则该律师就没有资格代表两方当事人。"[②] 这

---

① Black H C Black's Law Dictionary. 5th ed. St. Paul：West Group，1979：271.

② Garner B. Black's Law Dictionary. 7th ed. St. Paul：West Group，1999：295.

些释义表明，法律上的利益是指与普遍利益相对的经济利益，因此法律意义上的利益冲突是指私人经济利益与公共经济利益之间的矛盾，或一个人同他/她同时为之服务的两个顾主之间的经济利益纠纷。

《大美百科全书》中的利益冲突是“指一个人之利益或忠诚同时与其自身所面临之利害关系发生冲突。一般而言，‘利益冲突’一词仅涵括两种利益：一为公务员或受托人履行责任以免责之利益，以收上述公务员及受托人之私人经济利益。如：国税局稽查人员审核其本身退税报缴事项。由是利益冲突之法规即是期能防止此类诱惑状况之发生，而此种利益冲突之法规，尤系特别针对防范事情之发生而非事后之惩罚。”①《元照英美法词典》（*English-Chinese Dictionary of Anglo-American Law*）把利益冲突定义为：“（1）指某人的个人利益与其作为公职人员或受托人应尽的职责存在实际上或表面上不相容的利益冲突；（2）指律师同时代理的两个当事人之间存在实际上或表面上不能相容的利益冲突，则如双方代理将损害一双利益，或当事人不同意时，该律师就无权担任双方代理。”② 这两种解释也将利益限定为经济利益，利益冲突特别指公务员或律师履行责任时与当事人之间在利益上的不协调。

最近几年，利益冲突这个概念已经成为描述一些经济现象的公共话语的一部分，特别是在会计（既做会计，又做咨询）和商务分析（既为企业做事，又做投资业务的分析师）行业，这个词出现的频率最高。显然，在利益冲突中，经济利益是核心，利益冲突的形成源于经济环境，其实质是私人利益与公共利益相抵触。更一般地讲，利益冲突是指这样一种境况，在这种境况下，某人P（个人或法人）有利益冲突，当且仅当P与另一个人处于要求P代表他做出判断的关系中，而且P具有某种干扰他在这个关系中做出合适判断倾向的特殊利益③。

从职业责任角度看，利益冲突是指：当个人由于下列原因不能履行其职业责任时产生的冲突：①在个人利益与其所属组织P应有的利益之间存在（或个人认为存在）实际的或潜在的冲突；②个人I有促进或阻碍X利益的企图（X指非I的某一利益主体），并且促进或阻碍X的利益与P的利益之间存在（或个人I认为存在）实际的或潜在的冲突④。例如，当决定某一主体职业判断的基本利益要求（如“病人的福利”、“确保研究结果的客观性”等），被其他次要利益考虑（如“经济收入”、“地位提升”、“学术声望”或“友情、亲情”等）所干扰时，将产生利益冲突。

总的来说，利益冲突是指这样的境况，在这个境况中，职业人员（包括律

① 大美百科全书编写组．大美百科全书（卷7）．北京：外文出版社，1994：263-264.

② 薛波，潘汉典．元照英美法词典．北京：法律出版社，2003：283.

③ 邱仁宗．利益冲突．医学与哲学，2001，(12)：43.

④ 赵乐静．论科学研究中的利益冲突．自然辩证法研究，2001，(8)：36-40.

师、公务员、科学家和医生）与其所属组织之间及他/她代表的其他组织之间有利益关系时，特别是职业人员同时为这两个组织工作并从中获得个人利益时，利益因素影响或危及职业人员做出正确、客观和公正的专业判断，从而危及公共利益。

（二）利益冲突发生的非经济根源

在利益冲突中，经济利益是核心，但并不是唯一根源。艾德（Edmund L. Erde）给出了利益冲突的经济解释不充分的三个理由①：

（1）许多角色和次角色被卷入了社会活动；

（2）寻求一种标准定义判断一些特殊的情况是否属于利益冲突；

（3）对于利益冲突，应该唤醒人们多大程度的道德关怀。

第一，除研究者外其他从事研究的人，如管理人员、研究机构、管理部门领导、企业人员等，也被卷入利益冲突之中。

第二，当研究者充当一个次角色时，如听任领导的指使，他们应该承担什么责任呢？事实上，利益冲突的含义包括两个方面：一是研究者的实际动机，如出于商业目的以此来获得酬金，或医生建议病人做一些不必要的昂贵检查；二是社会安排，如费用目录表或报酬制度。

第三，研究者的理想、自身利益、偏爱也会产生利益冲突。

第四，科研制度设计和安排的不合理是产生利益冲突的又一个根源。制度是约束人行为的规则，它与人的动机、行为有着内在的关联。好的制度可以提高激励和约束机制，也可以为实现合作和化解冲突创造条件，不好的制度则起相反的作用。虽然造成利益冲突的原因不少，如经济的（费用）、技术的（设备、水平）、道德的（责任心）、心理的（交流）等，实际上这些原因都与制度设计不无关系。

总之，虽然利益冲突常常与经济利益相关，但单纯把视角集中于经济利益方面还是有点简单了，其他利益根源如研究者的时间、安全、情感、精力、名声也与利益冲突有关。

（三）利益冲突中的两难困境

当利益冲突涉及角色履行的职责时，由于某些个人利益动机的驱使而表现出对职责的忠实程度。有些动机是个人化的，因人而异，有些动机是普遍的，不会

---

① Erde E L. Conflicts of interests in medicine: a philosophical and ethical morphology//Spece Jr R G, Shimm D S, Buchanan A E. Conflicts of Interest in Clinical Practice and Research. Oxford: Oxford University Press, 1996: 15.

随主体的变化而变化，也不会随环境的改变而改变。利益冲突这个概念反映了人对个人动机、利益、价值的关心。除经济利益或金钱外，其他实际利益，如研究者的业余时间、安全（如避免病毒感染）、情感、精力等许多其他因素，也能够产生利益冲突。实际利益可能导致研究者在某方面违反他们角色的道德要求，但这并不会直接影响他们的研究。

作为专业人员，研究者还有一种传统的职责，即监督他们的同事。但是，那些发现同事有不端行为的研究者可能不会对他人的欺骗行为进行揭露，因为如果他进行了揭露，他就需要上法庭作证，可能会失去那些被警告、被惩罚的同事的支持，或者受到被揭露人的打击报复，或者自己的利益受到损失。如果不揭露，研究者会因个人实际利益违反角色职责和职业道德。而当一个人实际奉行的价值准则同他在一定范围内或交叉范围内应当奉行的价值准则发生冲突时，两难困境就产生了。

两难困境有三类，具体如下。

（1）与道德无关而与自身相关的两难困境。一个人关注自身利益，并且在决定两个价值客体哪一个会更有利于自身（如买房子、找工作）时发生了冲突，这时就产生了两难困境，这种选择结果在很大程度上会影响一个人的情绪和快乐，但这个人在进行选择时并没有涉及职责，所以，这种情况产生了冲突，但不是利益冲突。

（2）与道德有关且与他人相关的两难困境。当对他人的职责与其他职责发生冲突时，两难困境就产生了。例如，一个人许下了许多承诺，他遵守其中一个承诺时却违反了其他承诺，或者，医生必须决定几个病人当中谁将接受特护病房的床位。这种类型的两难困境的产生是由于一个人同时扮演多种职业角色，如一个人可能同时具有医生、教师、研究员等多种身份，在这种情况下，哪一种职责应占主导地位可能是不清楚的，角色之间有了冲突，而且可能是利益冲突。

（3）混合道德的两难困境。一个人为另一个人的利益或职责服务时，会伤害自身的利益，这种情况下，就产生了两难困境。比如，对于医生来说，当履行专业职责与满足病人的要求相冲突时，他就陷入了两难困境，这就构成了一种典型的利益冲突。然而，我们必须注意到这样一种混合的道德两难困境，即一方在行使自身正当利益时与他人的正当的或不正当的利益相冲突。

（四）科学与医疗（人受体）活动中的利益冲突

在美国，各大学及研究机构所指的“利益冲突”包括一系列危及大学研究人员和管理人员的可信性和公共感知的境况。美国学术健康中心协会（AHC）1990 年的报告指出：“当法律义务或广泛承认的职业标准可能被个人利益，特别是那些不公开的利益危及时，潜在或实际的利益冲突就会产生。”①

AHC 还详细说明了可能产生利益冲突的境况：

（1）从事的研究倾向于私人企业的需要；

（2）从获得个人利益的公司购买仪器和其他材料；

（3）为个人目的将政府资助的研究结果进行不适当的转移；

（4）不适当使用特权信息；

（5）影响与政府资助的研究有关的合同和协议；

（6）在政府资助的研究合同方面，接受与大学进行商业活动的公司的赠物。

美国医学院协会②（AAMC）在 1990 年的政策中把“利益冲突”定义为这样一些境况：“在这些境况中，金融或其他利益在进行研究或研究报导中可能危及研究者的专业判断，或具有危及做出判断的现象。”③

格林斯巴勒北卡罗来纳大学认为：“利益冲突这个术语指这样的境况，在这些境况中，财政或其他个人报酬可能危及雇员的专业客观性判断，这在满足大学义务或责任，包括研究活动的安全性方面出现。这种冲突可能给予的偏见能够影响许多大学职责，包括关于人员的决定、设备和其他供应品的购买，数据的收集、分析和解释，研究成果的分享，研究协议的选择和统计方法的使用。”波士顿大学认为：“当研究者及其配偶，或他们未独立子女有重大金融利益（CSFI）包括薪金、咨询费、酬劳或其他服务支出，资产利益包括股票、职工优先认股权或其他所有权利益，知识产权包括专利、著作权和版税。这个利益能够直接和强烈影响设计、研究，在寻求外部资金的研究时，将产生利益冲突。”美国医药学院联合会执行委员会把利益冲突解释为这样的境遇，“其中，经济或其他个人考虑，可能危及，或有危及研究者在进行或报告研究中的专业判断的迹象。这种冲突给予的偏见不仅影响数据的收集、分析和解释，而且影响人员的雇佣、材料的获得、结果的分享、计划的选择和统计方法的使用。利益冲突也影响其他学术责任，特别是在考虑生物医学和行为研究方面是重要的，因为这种利益冲突可能对人的健康产生影响”④。

康奈尔大学主张“当研究者以能够导致个人获利或以任何类型利益的方式有

---

① Association of Academic Health Center. Conflicts of Interest in Academic Health Centers：A Report by the AHC Task Force on Science Policy. Washington D C，1990.

② 美国医学院协会代表国家认可的 126 所医学院校，拥有超过 400 个主要的教学医院和卫生系统，以及 94 个医学学术团体，代表将近 105 000 名教师成员。

③ Association of American Medical Colleges. Guidelines for Dealing with Faculty Conflicts of Commitment and Conflict of Interest in Reseach. Washington D C：AAMC Ad Hoc Committee on Misconduct and Conflict of Interest in Research，1990.

④ 魏屹东．科学活动中的利益冲突及其控制．北京：科学出版社，2006：245-273.

机会影响大学的商业、管理、学术研究或其他决定时，利益冲突就会产生”①。加利福尼亚大学规定：“在更一般的意义上，利益冲突指这样的境况，在这些境况中，雇员可能以能够导致个人获利或给公司的合作人利益的方式，有机会影响大学的商业决定。在这个公司中，雇员拥有利益。”②

概言之，在科学和医疗活动中，利益冲突指这样一种境况，在这种境况下，科学研究者或医疗人员的某些利益具有干扰他/她在科学或医疗活动中做出客观、准确、公正的判断的趋势，从而对研究或者病人产生不良影响。

① Cornell University Medical College. Cornell University Conflicts Policy for Cornell University Medical College and the Graduate School of Medical Science. New York, 1986.

② University of California. Guidelines for Disclosure and Review of Principle Investigator's Financial Interest in Private Sponsors of Research. Berkeley, 1984.

第一章　美国科学利益冲突研究概述

第一节　研究背景

在美国，随着研究型大学与企业之间的合作日益增多，利益冲突问题对这些大学显得越来越重要。

在近几十年里，商业和企业对高校研究机构的资助呈急剧增长态势。比如，1970 年企业对高校研究机构的投资达到 61 000 000 美元。到 1980 年，这个数字又增长了近 4 倍，达到 236 000 000 美元。自此之后，投资数额年甚一年。在 2000 年，高校研究机构的企业投资已增长至 2 310 000 000 美元①。

自 1980 年贝赫-多尔法案②（Bayh-Dole）通过以来，它对大学的技术转让活动产生了深远影响。通过这项立法，联邦政府将任何从其资助的研究获得的发明或开发方面的产权移交给了大学。这项立法旨在确保大学研究的结果不致荒废，而是通过知识和技术的转让开发成有用的产品、过程和实践。

大学技术管理协会（AUTM）的报告显示，1980 年之前每年颁发给大学的专利数额小于 250 件；用于商业开发的几乎没有。到了 1999 年，有 3914 件新的许可协议被签署。在 1991 ~1999 年，每年公布的发明数量增长至 63%（12 324 件），新的专利申请量增加到了 77%（5545 件），以及新的许可证和期权执行量增加到了 129%（3914 件）。

随着大学开始追求可能的专利和许可协议，或在新企业中持有大股份，美国国会会员开始提出有关利益冲突的问题，美国大学协会③（AAU）被要求就这一问题展开调查，同时还确立了大学与企业之间的票据交换所（在 1983 ~ 1986 年运作）。该票据交换所发布了两份报告：《高校关于利益冲突和延迟发表的政策》（1985 年 2 月），以及《高校中的技术转让趋势》（1986 年 7 月）。

管控高校研究机构利益冲突的联邦法规始于 1995 年，那时美国公共健康服务中心和国家科学基金会已联合颁布了相关规定。但该机构并不直接管控高校的利益冲突。相反，他们让高校自主制定和实施自己的利益冲突政策。公共卫生服

---

① Hasselmo N. Individual and institutional conflict of interest：policy review by research universities in the United States. Science and Engineering Ethics，2002，8：421-427.

② 以两名赞助议员贝赫和多尔的名字命名。

③ 美国大学协会是一个既有公立大学又有私立大学组成的研究组织，该机构致力于保持强大的学术研究和教育体系，由 60 所美国大学与 2 所加拿大大学组成。

务部门要求高校在花费联邦研究基金之前报告是否存在利益冲突，要求高校确定它们现在运营的机构，以及裁剪或取缔的机构。如果高校没有运营、裁剪或取缔那些研究机构，国家科学基金会要求高校报告利益冲突。

虽然这些规定只适用于这两个机构所资助的高校，但是所有高校已经实施了相关的标准，并且大多数学校已将这些程序应用于它们所有受到或没有受到联邦政府资助的研究项目。

但是，近几年来，这一过程中的灵活性也引发了一些新问题，如技术转让活动增长的问题。媒体和公众都对利益冲突问题产生了极大的兴趣。

要最终解决利益冲突问题，必须处理现实的利益冲突和关于利益冲突的认识问题。在大学的角色严重依赖于公众认知，以及这些认知的方式会产生政治行动的情况下，有效处理上述两个问题就显得尤为重要。关于利益冲突保护条款的透明度和这些保护条款的实际有效性也变得越来越重要。

美国大学协会决定再次处理利益冲突问题。“再次”是关键的，因为正如先前提到的，这些问题在20世纪80年代以前都只是国家和公共机构的议程。AAU的负责人认为，重要的是让高校自己继续采取关于利益冲突的强硬立场，并尽力确保各个大学能解决这些问题。AAU在解决利益冲突问题方面，已与AAMC展开了密切合作。AAU的视角涉及整个大学的科研企业，尤其关注大学校长在确保相关有效政策和程序的采纳与实施方面的职责。

第二节　研究中的问责制

2001年10月AAU发布了关于利益冲突的报告。该报告是以特别工作小组的名义做出的，它由时任南加利福尼亚大学校长的萨姆普尔（S. Sample）和时任内布拉斯加大学校长的史密斯（D. Smith）联合主持。科尔曼爱荷华大学的斯休（M. Sue）、哥伦比亚大学的鲁普（G. Rupp）、普林斯顿大学的夏皮罗（H. Shapiro），以及加利福尼亚大学的迪内斯（C. R. Dynes）也都参与了这项工作。

工作小组将其任务分为两部分：个体的利益冲突和公共机构的利益冲突。关于前者，工作小组提供了某种政策和程序上的概括，并报道了一些在各个大学中被证明是有用的实践方法。对于后者，工作小组提供了一系列的原则和指导方针，还提出对公共机构利益冲突概念的进一步修正。

一、个体的利益冲突

关于个体利益冲突，工作小组采纳了AAMC1990年所发表的定义：

科学中的利益冲突是指：经济的或其他个人因素会与研究者报告研究中

的职业判断发生妥协。可以看到，这种因冲突而产生的偏见不仅会影响到研究数据的收集、分析和解释，还会影响到员工聘用、材料采购、成果共享、协议选择，以及统计方法的使用。①

问题的关键在于：一所避免个人经济利益的大学，如何对其研究进行开展和管理？

工作小组进一步明确了它的分析范围：

(1) 利益冲突将涵盖整个学术领域，而不仅仅是生物医学领域（尽管生物医学冲突尤其特别）；

(2) 分析将围绕研究中的经济利益冲突展开，并将义务冲突、非研究和非经济上的冲突（它们是独立审查的）排除在外；

(3) 个体的利益冲突主要涉及教师，但也涉及其他参与研究管理的政府官员和工作人员；

(4) 较高职位的个人如校长、院长、教务长、系主任等所涉及的经济利益冲突，具有某种不同的性质，它们将在公共机构利益冲突部分中处理。

工作小组一再强调：知识发现和技术转让，不仅对个别的研究者和研究机构极为重要，对病人及其家属（临床研究中）、企业和社会也同样重要。利益冲突产生于要将研究成果在社会中实现的语境中，因为它需要高校和企业之间的紧密合作关系。

这个问题有多严重？为什么要采取行动？近些年来，期刊、新发表的文章，以及政府官员的陈述和报道，提出了一些关于“高校如何较好地履行其关于个体利益冲突的责任”的问题。这些责任在两个重要的联邦代理机构的规定中已经得到界定。问题是：是否所有导致个人经济利益冲突的安排都能被处理，或者是否有一些应该被禁止？研究中个别参与者的利益是否应该被考虑进经济利益冲突政策当中？

工作小组的回答是：许多利益冲突都能被处理，但研究中含有人类参与者（human participants）的利益冲突，除了非常特殊的情况，应该被禁止。

工作小组总结了一套操作指南：

(1) 研究中的经济利益冲突需要有强而有力的校园管理系统；

(2) 有许多经济利益并不存在冲突，也有许多冲突能够被处理；

(3) 包括个别参与者的研究需要独立审查；

(4) 对待研究保持前后一致，不管其资助来源如何；

(5) 公开该研究机构的财务信息；

---

① Association of American Universities. *Report on Individual and Institutional Financial Conflict of Interest*. Washington D C, 2001: 2.

(6) 公开出版信息；
(7) 以口头方式公开财务信息；
(8) 公开联邦政府代理机构的财务信息；
(9) 在参与者评审过程中公开财务信息；
(10) 增加可供实施的资源。

工作小组认为，关键在于公开和建立一些有效系统，这些系统用于判断和管理那些被公开的财务安排。为此，工作小组提出和总结了一些管理办法：

(1) 重视对具有外部代表身份的委员的任命与使用；
(2) 重视对那些参与研究政策、程序，以及涉及公开方面的人员进行培训。

二、公共机构的利益冲突

工作小组采取了如下关于公共机构利益冲突的定义：

> 公共机构的利益冲突发生在如下情况中：公共机构在某家公司中有某种外在关系或金融利益时（其中，这家公司在与学校合作的科研项目中有经济利益）。高级管理人员或董事在服务于组织时也可能会有冲突，因为在这些组织与高校之间存在重要的商业交易行为。在高校主持的研究中，这些冲突会导致现实的偏见，或对可能偏见的怀疑。如果不对他们进行评估或管理，那么可能会出现的情况是，他们可能会做出与其使命、职责或高校价值观不相符的选择或行动。①

关于公共机构的利益冲突主要有两种。

第一类别一方面包括持有股权或有版税安排的高校，另一方面包括对研究项目的选择。这一类别所关注的一个特殊方面是有关研究的决策中的潜在偏见。在这种研究中，高校在公司中持有股权或有版税安排（这些公司大都是基于学校科研发明的起步公司）。该公共机构的财务收益会与其研究的优先选择发生直接对立。

第二种类别所牵涉的是高校行政人员。他们一方面在公司（高校与之做生意）中有经济上的利益，另一方面所做的决策具有关乎整个公共机构的意义。在某种程度上，第二类别可以被看作是个体的和公共机构的利益冲突的混合。由于所做的决策是关乎整个公共机构的，这一类别被纳入公共机构利益冲突范围之内。

那么，什么是最危险的呢？

---

① Association of American Universities. Report on Individual and Institutional Financial Conflict of Interest. Washington D C，2001：10.

工作小组认为，高校的一些最基本的责任可能受到威胁。这些责任包括：对学生教育的承诺、对学术自由的承诺、知识交流的开放性和及时性，以及关于提高认识、理解自然世界和不受经济（当然还有政治的、宗教的和文化的）因素影响的基本责任。

通过采取下面所讲的三个方面的内容，这一任务的复杂性被简单化了。

（1）总是公开。

（2）绝大多数情况下都处理利益冲突。

（3）在有必要保护公众和高校的利益时（前面提到的职责所规定的），阻止这种行动。

不过，公共机构利益冲突的主体还未得到很好的研究。工作小组一旦采用了关于公共机构利益冲突的一种定义，就会提出一系列可供高校执行的步骤。

对于每一所大学而言，第一步是制定和宣传明确的相关政策，并确立处理相关问题的行政程序。在大学中指派一个专门组织是十分有必要的。这个组织在审查公共机构及其主要负责人是否与外部有财务关系方面具有权威性。由于利益冲突的公开是由这一组织做出的，所以它将评估潜在的冲突，衡量风险和利益，就其所确认的公共机构利益冲突采取行动。它会专门审查那些牵涉患者或被试的冲突。它也会考虑该公共机构金融资产流动的程度，因为这些资产流动得越慢，高校在企业中的资产就会越受到研究（和其他由该公共机构做出的决策）的影响。

评审小组扮演了一个重要角色，因为这是正确判断得以施展的地方。可供小组使用的选项包括：

（1）修正财务安排；

（2）建立专门的监督程序，以确保研究的真实性；

（3）在公共机构中的财务决定和研究决定之间建立一道“防火墙”；

（4）在极端情况下，禁止所提议的研究。

最后，工作小组强调了大学建立恰当开放性和诚实性氛围的重要性。并指出，这是确保一所公共机构信誉的唯一道路。政策和程序是达到这一目的的一种重要手段。

工作小组也强调了在参研的主要成员与高校和联邦政府之间展开持续对话的重要性。由于企业研究的发展要得到联邦基金的扶持和高校的合作，所以只有持续警惕，才能确保利益冲突得到妥善处理，确保企业研究的诚信得到维持。

为了确保对利益冲突的防范和应对，工作小组提出了如下建议。

（1）对个体的利益冲突的处理要尽量达到最高标准。

（2）公共机构的利益冲突政策需要进一步制定和完善。

（3）研究客观性的风险已达到需要采取果断行动的地步。

（4）如果还没有做的话，需要对高校领导的利益冲突管理系统的恰当性做出评估。

（5）对当前变化莫测的研究环境继续保持警惕，确保高校的研究管理尽可能地仔细和谨慎。

（6）高校的研究机构与研究的主要资助人的伙伴关系，包括联邦政府，必须保持这样的信念：高校必须对自己所进行的研究负责任。

（7）如果研究型大学不能对个体的和公共机构的利益冲突负责，那么更规范的路径将由政府的行政或立法部分来制定。

（8）工作小组敦促高校给以应有的重视，如有必要，加强他们的利益冲突政策和管理流程。

第二章　美国国家研究院关于科学利益冲突的政策与指南

美国国家研究院由国家科学院（National Academy of Sciences，NAS）、国家工程院（National Academy of Engineering，NAE）、医学研究院（Institute of Medicine，IM）、国家研究委员会（National Research Council，NRC）组成，其机构报告特别重视机构组建的政策和程序，以保证机构的完整性并增强公信力。

这个机构的工作主要是由特殊专业研究领域的志愿者组成的委员会承担的。每年大约有 10 000 名科学家、工程师和其他专业人员从事委员会工作，他们贡献自己的知识和经验来解决国家面临的问题，识别新的科学技术目标和机会，以及提供其他形式的服务。这些志愿者来自全国各地和社会各界，包括学术组织、企业、政府、非营利机构和公共利益团体等。这些背景各异的人士的专业技能和观点使机构有能力始终如一地、准确地、客观地评估国家的问题、需求和机遇。

该机构通过选择高素质的委员会成员来确保其能够做出充实的报告。然而，要使一个报告不仅是口头上的，并且能起到有效的衡量作用，对其承兑的地区有影响力，报告是并且必须被认为是，不仅是非常合格的，而且是用相关知识、经验和观点来完成的。报告的结果是相当公平的，能够避免任何重大的利益冲突，能够使主管委员会的结论通过利益冲突的指控，避免因缺乏公平与客观性而遭到削弱。

这样，国家科学院的联邦宪章使得委员会作为一个联邦政府特许公司在整个机构（国家科学院）操作下运行。根据“美国政府要求企业应调查、检查、试验，并报告任何关于科学或艺术的主题”的规定，该机构每年召集的数百个适用于该机构发展报告的委员会为美国政府和其他赞助商提供的发展报告受制于该机构的报告制度和审查的各种政策与程序，包括适用于委员会发展报告的委员会组成和利益平衡与冲突的政策。

第一节　联邦咨询委员会法案

1997 年以来，《联邦咨询委员会法》①（FACA）已经包含了该委员会为美国政府进行有关工作的某些特定要求，包括一些关于委员会组成和利益平衡与冲突

① 《联邦咨询委员会法》制定于 1972 年，其目的是建立和利用各种公开的咨询委员会；该法对咨询委员会的利用进行公开监督，要求对其会议进行公开，允许公众获得在这些会议中所使用的各种文件。

的要求。FACA 15 款规定，在一个委员会与某个联邦机构有协议的情况下，美国政府机构不会采用由国家科学院提供的任何意见和建议，除非：

（1）委员会不受任何一个联邦机构或领导的实际管理或控制；

（2）被任命的委员会遵守 FACA 15 款（b）的规定；

（3）委员会遵守其他各种关于公开委员会会议的要求（包括某些委员会会议纪要不要向公众开放）和提交给委员会的书面材料，以及公众查看由委员会提供给赞助商的完结报告和主要委员会报告评论的认定。这些要求适用于国家科学院作为一个机构所开展的工作，因此也适用于作为一个整体的全国科研机构，包括国家工程院、医学研究院、国家研究委员会。

FACA 15 款（b）要求在委员会任命的过程中，对于机构任命或打算任命某个委员会的成员，机构必须确定并提供个人名称、公开公告和简短的个人自传。在任命前，该机构还必须确定并提供一个合理的机会让公众评论这样的任命，或者，若该机构认为这些先前的评价是不切实际的，在这期间要立即执行任命。

FACA 15 款（b）进一步要求机构必须尽最大努力确保：任何个人任命于该委员会，如果有利益上的冲突，将执行相关规定，除非这样的冲突被迅速披露，并且委员会认定冲突是不可避免的；在由委员会决定的相关规定被执行的过程中，委员会成员应该是相当公平的；委员会的最终报告应该是委员会独立判断的结果。委员会应要求被任命或打算被任命的委员个人知晓；如果在委员会工作中有个人的利益冲突，相关的规定将被执行。

委员会组成和利益平衡与冲突的政策，描述了该机构满足这些需求的政策和程序。它将适用于国家研究院（除了某些私人资助的国家工程院委员会）为赞助商提供发展报告，不论是否是特定的委员会，都要遵守 FACA 15 款的规定。

第二节 委员会的组成和平衡

所有选择在委员会服务的个人必须是高素质的，在知识和经验积累方面专业化程度高，能妥善处理该委员会分配的任务。该机构通过一个庞大的国内和国际人脉资源网络，识别这些专门人才，包括国家科学院、国家工程院、医学研究院的杰出成员，以及成千上万的其他高素质的科学家、工程师、公共卫生专业人员和其他通过国家研究委员会认定为国家利益服务的人员。

潜在的委员会成员也可以来自赞助商、对某个特定主题有研究兴趣的团体、在相关学科有专业知识和技能的专家、公众中有特别兴趣爱好的或专注于一个特定的研究问题的基层人士。在所有情况下，评估潜在的候选会员和最后决定被选中成为委员会会员，是机构的一个独立间歇性制度。在这个过程中，个人资格并不是唯一的决定因素。对一个委员会来说，能够拥有高素质的人选是必要的，但不是成功的充分条件。知识、经验是必要的，还有对潜在的委员会成员的前景进行细致评估，对特定的科学技术和其他要处理的问题的微妙和复杂的平衡问题，以及委员会所执行的政策和规定进行评估。

例如，如果一个特定的研究需要流行病学家、微生物学家、统计专家的专门技能，以及其他更广泛的公共卫生专门知识，任何遗漏都可能使委员会的分析和判断的质量受损，尽管大家都很清楚，该委员会是由高素质和杰出的人士组成的。即使在一个特定的学科，也可能存在非常重要的差异和区别，在特定问题的处理上，需要仔细考虑该委员会的组成及任命程序。

而且，评估要求一个特定的研究委员会考虑超出特定学科的科学或技术问题。例如，对于一些研究，一个“工业”或“环境”的视角透视可能是重要的，这并不是因为这些人“代表”工业或环境利益，因为没有人是指定的在机构研究委员会中代表一个特定的观点或特殊利益。而正是因为这些人，通过他们的特定的知识和经验，往往对于实现一个消息灵通的、广泛的、权威的理解和对具体问题的分析和可能的解决方案是重要的，从而被委员会所认可。

最后，评估是必要的，它使得机构发展报告的委员会工作不会由于偏见和缺乏客观性而被削弱。缺乏客观性的问题和偏见通常与表述的观点或立场有关，所采取的立场和观点主要来自智力动机，或源自个人封闭的身份识别和个人与某个特殊团体的观点或立场的联系。偏见的潜在来源未必会使为委员会提供的服务不合格。事实上，为确保一个委员会是完全称职的，它通常是必要的，以这样的方式任命成员，其代表一个在潜在的偏见背景或专业的、机构的视角之间的平衡。

例如，一个人可以被选择为一个委员会在新的太空科学领域进行广泛的研究，尽管这个人是某个航空公司的顾问或雇员，并且这个公司在这样的事务当中有广泛的商业利益，或者某个人可以被选择为一个委员会进行特定科学领域的替代研究和投资重点与机会方面的科研工作，尽管这个人是进行某一领域研究的某个机构的成员或科学家。在这两种情况下，尽管实际情况可能表明存在一个可能的偏见，这通常将不会取消一个人为委员会服务的资格，但是在整个委员会的组成方面，将会是机构考虑的一个因素。然而，一些潜在的偏见来源可能具有实质性影响，以至于会排除个人为委员会服务。

第三节　利益冲突问题

至关重要的是，适用于机构发展报告中的委员会工作不被任何重大的利益冲突所损害。出于这个目的，“利益冲突”一词是指个人因参与项目研究而可能为自己或第三方带来经济上或其他任何形式的利益。它能显著影响个人的客观立场，或给他人和机构带来不公正的竞争性优势。除了这些情况，该机构确定如果某个利益冲突是不可避免的，要及时和公开披露利益冲突，一旦发现某成员存在利益冲突，该成员将不被入选，或立即停止工作。

一、一般原则

“利益冲突”一词更多地意味着不仅仅是个人偏见，通常存在一个利益问题，一般是经济利益，这可能直接影响到委员会的工作。

利益冲突的存在是客观的和可预防的，尽管存在冲突性的利益，但这里并不是评估一个人的实际行为或性格，一个人践行客观立场的能力，或对一个特定资产的价值是否敏感。利益冲突要求的标准是客观的，旨在消除某些特定的、潜在的情况，从而保护个人、其他委员会成员、机构和公众的利益。个人、委员会、机构不应被放置在同一位置上，那样，别人会因为一些利益冲突的存在可以合理地质疑或对委员会的工作打折扣。

严格讲，“利益冲突”一词只适用于当前的利益。它并不适用于过去的利益，已经过期的、不再存在的利益不能合理地影响当前的行为。它也不适用于可能的利益，可能会在未来出现，但目前并不存在，因为这样的未来利益本质上是投机的和不确定的。例如，一个悬而未决的正式或非正式的应用项目，其前景还是未知的，因而有利益冲突只是一种可能性，我们不能为一个可能的利益冲突提前“买单”。

“利益冲突”一词不仅适用于个人经济利益，也适用于与第三方有实质性的共同经济利益。因此，在评估一个人的潜在的利益冲突时，不仅必须考虑其个人的经济利益，而且要考虑其配偶、未成年子女、雇主、个人的业务合作伙伴，以及其他与其个人有实质性的共同经济利益的人还必须考虑那些受托人或有类似能力的人的利益，如一个公司的领导或董事的受托人，无论其营利或非营利。

二、金融利益

“利益冲突”一词用在这里通常是指经济利益冲突。在评估潜在的利益冲突时，要考虑到个人为一个适用于机构发展报告的委员会服务过程的赞助商问题，委员会将特别关注下列类型的经济利益，如果存在关联的话，那么相关的政策将被执行：

（1）就业关系（包括私人和公共部门就业与自主创业）；

（2）咨询关系（包括商业和专业的咨询与服务安排，科学和技术顾问委员会成员作为诉讼的专家证人），股票、债券和其他金融工具及投资，包括伙伴关系；

（3）房地产投资；

（4）专利、版权和其他知识产权利益；
（5）商业所有权和投资利益；
（6）提供服务以换取酬金和差旅费用报销；
（7）研究经费和其他形式的研究支持。

三、访问机密信息

在机构中从事委员会活动期间，如有机会获得机密信息，如果滥用或误用，可能带来不公平的竞争优势。如果个人在参与机构的项目活动中，为了个人目的或实质性的经济利益，获得、使用或打算使用机密信息，致使该信息不能合理有效地为公众服务，这样的行为将构成一个利益冲突。该规则同样适用于这种情形——如果个人透露或打算透露这样的信息（虽然不是非法）给其他个人或组织，使他们获得直接和重大的经济效益。这些限制并不适用于进入公共领域的信息。

在某些情况下，如查看机密信息、医疗记录等，访问和使用这些信息将会有特殊的限制。如果不遵守将会受到实质性的法律处罚。此外，个人受雇于或与一个特定的组织或企业有关联，不应该访问竞争对手或潜在竞争对手的专有信息，除非建立适当的保护措施，合理地保护各方利益，否则，这样的访问可能会导致一个不公平的竞争优势，以及信息披露和使用不当的责任。

四、审查自己的工作

个人任职于机构委员会，其工作发展报告有助于赞助商自己的出版和专业工作，在这个领域与他人有共同之处，它是委员会技术基础和文献著作的一部分。这在一般情况下不会构成利益冲突。然而，个人作为一个委员会的成员不应该参与另外一个活动，否则就要对自己的工作进行审查和评估，包括对他/她的直接雇主，以及活动的主要目的。因为这将构成利益冲突，尽管这样的个人可能会给项目活动提供相关信息。

五、公开声明和立场

一个人可能会致力于一个固定的岗位，他/她通过公开声明（如见证、演讲、采访等）、通过出版物（如文章、书籍等），通过秘密的身份识别或与一个特殊团体的立场和观点的沟通，或通过其他个人或专业活动而可能获得利益。这通常会构成潜在的偏见而不是利益冲突。然而，在这种情况下，存在一些重要的、直接关联的利益或个人义务，如这个人当前是某专业协会主席，在这个问题上持相同的立场——这种情况可能构成利益冲突。

六、赞助商的雇员

对赞助商的雇员有特殊的规则要求。个人受雇于该机构或其他实体，从事一个特定的委员会的研究或其他活动获得赞助，通常不能成为委员会的一个成员（尽管个人可能是一个机构联络代表），因为该机构提供独立的报告和其他服务给赞助商，赞助商的雇员服务于这样的委员会通常会构成利益冲突。但是，在特殊情况下，在某种程度上不被联邦或州法律或法规所禁止，这样的个人可能会作为一个委员会的成员，但需要满足以下要求：

（1）个人在委员会的服务必须基于个人带给委员会的独特的科学或技术专长。

（2）个人不得以任何方式参与该机构任何协商或决策过程，或者任何与研究或其他活动相关的类似决策过程。

（3）必须明确确定在委员会任命过程中，个人的服务将不会损害委员会从事的特定研究，或者其他活动的独立性或客观性。在机构工作中的科学家、工程师、卫生专家和其他在国家实验室工作的人员，通常要满足上述要求，而政府高级领导和政府制定决策的领导则不需要。

第四节　政策的实施与利益披露

一、背景信息和秘密利益冲突的披露

为解决委员会组成和利益平衡与冲突的问题，被选中为委员会服务的个人，需要提交一些赞助商的背景信息和某些与利益冲突相关的信息，便于机构进行检查和委员会的任命。这些“背景信息和秘密利益冲突披露”的表格的准备和分发，由国家研究委员会行政办公室负责。

为了便于识别和披露相关信息，不同类型的表格可以用于不同类型的委员会活动。例如，与研究相关的项目审查和评估及与研究有关的政府监管，可能会制有单独的“背景信息和秘密利益冲突披露”表格。除了提交这些表格，在第一次委员会会议上，会要求委员会讨论委员会组成和利益平衡与冲突的问题，以及个体成员相关的背景，之后每年进行一次。

在委员会活动期间，披露相关信息是一个持续的义务，“背景信息和秘密利益冲突披露”表格也已备好。如果在个人为委员会服务期间，个人的信息披露有明显的变化，或有新的信息需要披露，这些信息必须及时报告给已完成表格的负责项目的主管。

除此规定外，由机构获得的特殊的利益冲突信息，来自“背景信息和秘密利益冲突披露”表格，来自第一次会议及此后每年的会议，或者来自修改披露及来自公众和其他来源，这些信息需要提供给关于委员会组成和利益平衡与冲突的保密委员会讨论。在机构中访问此类信息，仅限于那些有适当业务需要的办公室访问这些信息。这是机构的政策，对于一个赞助了参与项目活动的委员会的机构领导来说，如果官方有书面要求和征得国家研究委员会主席的同意，这样的信息在一个享有特权的基础上可能被发布。对于这样的信息，国家研究院和相关机构是不会公布的，除非法律要求发布。

二、公告和公开评论

委员会的活动受制于机构的程序。这个程序要符合《联邦咨询委员会法》（无论是作为一项法律或政策制度）第15款的要求，该机构将决定并在机构的网站上提供被机构任命或打算任命为委员会服务的个人的姓名和简短的个人传记的公告。在这样的任命完成之前，该机构还将确定并提供一个适当的机会进行公开评论。如果该机构确定之前的评论是不切实际的，在此期间会随即终止履行这个任命。

三、关于组成和利益平衡与冲突的制度规定

特殊的因素将由机构在评估委员会的组成和平衡问题时来考虑。适用于委员会发展的报告通常会以各种情况下特定的事实和情况为依据。这些问题的解决将以机构的最终独立判断分析为基础，机构要履行鉴别委员会和报告的性质与质量的责任，以确保这些报告满足机构的质量标准和代表机构处理问题时的独立判断。委员会的最终任命由国家研究委员会主席决定。

从“背景信息和秘密利益冲突披露”表格获得的信息，包括从第一次会议上及此后每年会议上关于委员会组成和利益平衡与冲突的保密委员会讨论中获得的信息，以及来自其他来源的包括机构在任用中处理和解决利益冲突问题的信息。除了这些情况，该机构确定利益冲突是不可避免的，并且及时和公开披露利益冲突，任何人不可以被任命于或继续服务于机构的一个委员会，如果个人存在利益冲突，相关的政策将被执行。

一个特定的个人利益冲突可能被认定是不可避免的，例如，个人的资格、知识和经验对委员会的工作是特别有价值的，机构无法识别另一个没有利益冲突的个人可与之相媲美的资格、知识和经验。一个利益冲突是否存在，以及一个利益冲突是否是不可避免的，由国家研究委员会行政办公室和总法律顾问办公室来判定。

对于某些涉及委员会审查有多项学术奖金、补助金等项目的申请，以及某些提供资助的赞助商的提议，在国家研究委员会行政办公室事先同意的情况下，一个替代的利益冲突程序可以被使用。这种替代程序可能特别适用于以下情况：

（1）可用的专家非常少；

（2）需要审查的申请数量非常大；

（3）一些潜在申请者的基本信息不为委员会所知，在申请被审查之前，需要很快确定并披露利益冲突；

（4）需要委员会的特殊和特定的专业技能。

在这个替代的程序下，以下要求将适用于申请每个委员会的任命：

（1）任何关于个人利益冲突的真实信息必须披露，包括个人的秘密的利益冲突披露，必须在实际审查之前提交；

（2）国家研究委员会行政办公室和总法律顾问办公室必须确定，在这种情况下，这样的利益冲突在委员会成员中是不可避免的；

（3）利益冲突必须及时公开披露；

（4）个人尽管被任命为委员会服务，若其申请存在个人利益冲突，必须被排除掉。一个公开的关于个人被排除的评审和决策笔录，必须由负责任的主管来保存。

第五节　利益平衡与冲突政策的应用指南

在任何既定的时间，美国国家科学院委员会从事数百项研究和其他活动，涉及成千上万的志愿者的工作，其主题范围包括科学、技术和公共政策等。这个工作的多样性和复杂性使它很难制定完整的、包罗万象的规则来预测和处理所有可能的涉及潜在利益冲突的情况。但是，下列指导方针对适用于发展报告中的委员会组成和利益平衡与冲突的政策做了部分补充，包括利益冲突原则的应用指南、一些常见的项目活动的类别。这些指南为委员会从事这样的项目活动，为定义和识别可能的利益冲突提供了帮助。

一、一般科学技术研究和援助

机构的很多工作涉及科学技术研究和赞助商通过广泛的活动提供的援助，包括：确定研究需求重点、机会和议程；评估技术发展问题和机会；解决促进人体健康的问题、保护和评估；提供科学技术援助、评估和支持，为政府机构程序开发提供的服务；提供国际和国家科学与技术评估、研究及援助。这样的活动在足够广的范围，经常解决科学、技术和政策问题，它们不包含具体的经济利益或利益冲突问题。

然而，这样的解决更多特殊问题的活动有重大的经费问题，比如，资助望远镜 A 还是望远镜 B，一个特定的专有技术的政府发展或评估、促销或认可的一种具体医疗服务或医疗设备，与有特定商业利益的外国研究机构的联系，等等。就任命委员会的成员来说，必须考虑到可能的利益冲突问题，以及适用于发展报告中所提及的赞助机构。

在每种情况下，利益冲突调查压倒一切的目标是确定当前的、直接影响经济利益和其他所述利益与个人为委员会服务的冲突，因为它们可能会损及个人的客观立场，或导致一个不公平的竞争优势。这些概念应用到特定的科学技术研究和项目，在有关的特定事实和背景的基础上，每种情况必须给予解决。然而，潜在的问题在于，在每种情况下，个人或者个人与第三方是否有实质性的共同经济利益、有可识别的利益，可能会直接影响委员会的项目活动的结果。

二、程序审查和评估

该机构经常由赞助商提供一个关于特定的项目或项目赞助的独立审查和评估。对于适用于机构发展报告的任何一个委员会，将对赞助商的一个或多个项目进行独立的审查和评估。利益冲突调查的重点是识别和评估关系项目或被审查项目的关系网，以及由审查和评估会直接影响到的其他利益。例如，如果该机构正在对赞助商的一个特定的研究项目进行独立的审查和评估，利益冲突调查的关注点是识别和评估该项目存在的利益，如果机构的报告提供关于项目变更中作为和不作为的依据，那么该项目将受到直接影响。令人担忧的是，如果个人或个人与其他第三方拥有实质性的共同经济利益，或者存在当前利益，可能会直接受到审查和评估过程的影响，在参与审查和评估的过程中，个人的客观立场会受到损害。

这些利益可能包括个人主持的被审查和评估的项目所存在的研究资助或合同（或个人与其他第三方拥有实质性的共同经济利益）。例如，如果当前的资助或合同可能被修改或终止，或者如果存在一个对当前研究经费持续性增强或丧失的预期，其他的利益可能会受到直接影响，包括可能影响个人被雇佣或雇主的经济利益、个人的自雇佣或客户的经济利益、与研究相关的合作伙伴或商业企业的利益、与研究相关的专利和知识产权利益，以及各种实质性的非经济性的研究支持方面的利益。

赞助商的某些关系也可能产生利益冲突问题。例如，作为赞助商的一个顾问所提供的服务，可能构成利益冲突的基础，如果这种咨询关系受到直接影响，或与审查和评估的项目主题直接相关。

三、与政府监管相关的研究

对于任何一个适用于机构发展报告的委员会，它必须要处于政府监管过程中，利益冲突调查的关注点在识别和评估任何在监管过程中受到这些报告直接影响的利益。例如，如果该机构正在进行一项政府监管的一个特定生物应用技术的修改建议研究，利益冲突调查的关注点是识别和评估任何受到监管过程直接影响的利益，如果机构的报告提供监管作为或不作为的依据。然而，如果个人有特定的经济利益，那么个人的客观立场可能受到监管过程的直接影响。

这些利益包括：一个人持有受到潜在影响的生物技术公司的股票，或作为公司的一个领导、董事或雇员，作为公司的一个顾问所提供的服务将构成一种利益，如果与该公司的咨询关系受到直接影响，或直接与监管过程的主题相关。其他可能的利益包括：与专利和其他形式的知识产权相关的利益，或作为在直接与监管过程主题相关的诉讼中的专家证人。接受一个将会直接受到监管过程影响的团体的研究经费，将会构成一个利益冲突；如果研究经费可能直接受到监管过程的影响，或与监管过程的主题直接相关的研究和调查员的独立处理及出版研究结果的权利被赞助商所限制或控制。还要考虑给拥有实质性共同经济利益的第三方所提供的利益，尤其是配偶、雇主、客户和商业或研究合作伙伴。

四、关于合同、补助金、学术奖金等奖项的咨询和协助

该机构定期审查由赞助商提供的合同、补助金、学术奖金等奖项的具体使用情况。这是该机构必须遵循的原则，个人不应参与有关合同或赠款或其他对个人、与个人拥有实质性共同经济利益的第三方、其家族、与个人有专业关系的团体等，不应参与有任何实质性的经济利益的奖项的任何决定。其他当前直接影响经济和竞争的利益也是不允许的，因为它们可能受委员会工作的直接影响，例如，给一个竞争对手提供咨询的奖励，在评估潜在的利益冲突对个人选择为委员会服务中也需要考虑。

该机构还经常参与一些项目，涉及工作报告的发展，以及关于赞助商采购和财务援助项目的要求建议。若一个项目涉及特定的采购或资助活动计划，包括开发的建议要求、工作报告或说明等，如果委员会成员用设计的程序来支持自己的提案或拥有共同经济利益的第三方的提案，一个不公平的竞争优势可能出现。要解决这个问题，任何一个委员会成员在项目下有兴趣寻找采购或授予资助，必须披露个人的秘密利益冲突的事实。作为一个受限的例外秘密规则，它适用于背景信息和秘密利益冲突披露形式，赞助商将被告知此类信息。为了避免导致一个不公平的竞争优势，赞助商可能会被限制委员会成员的后续资格，或任何个人或组

织在项目下寻求一个奖项由委员会成员识别。然而，这些信息不一定会取消个人为该委员会服务的资格。

五、其他活动

一些项目活动可能不易被以上四个类别全部涉及，可能还会出现从实质性的到可以忽略不计的利益冲突。这些项目将由机构基于个案来解决，由国家研究委员会行政办公室根据以上所列一般原则和概念来执行。

第六节　项目评审研究的背景信息与涉密利益冲突披露

这一节我们介绍美国国家研究院关于项目评审的管理政策，包括一般科学技术研究与政府监管相关的研究项目。项目评审材料封面上的信息包括姓名、电话、地址、电子邮件、所在单位。这些信息由申请人或者研究者填写①。

一、背景信息填写指南

申请人要提供所需的下列信息，涉及相关组织关系、政府服务、公开声明和立场、研究支持，以及附加信息（如果有的话）。如果你的知识、经验和个人见解涉及表中所针对委员会处理的主题和问题，并且可能对他人有利，那么这些信息就是“相关的”。如果部分或所有所需信息都已包含在你的简历中，只要你愿意，在表中附上你的简历即可，下述额外的回答和解释作为必要的补充。

（1）组织关联。报告相关商业关系（如员工、雇主、主管、主任、顾问等）及你的相关有偿或志愿的非商业关系（如专业机构、行业协会、公共利益或民间团体）。

（2）政府服务。报告你在美国联邦、州或地方政府的相关（全职或兼职）服务（包括民选职位或委派的职位、雇佣、顾问委员会成员、军事服务等）。

（3）研究支持。报告与支持研究的公共和私人资源相关的信息（不仅仅是你的当前雇主），包含资金与设备设施等的来源。

（4）公开声明和立场。列出你的相关文章、证词、演讲等，注明它们出现的日期、标题和出版物（如果有发表），如果数量太多的话可提供相关有代表性的论著。提供与你密切相关的或者你比较认同的组织或团体的相关立场的简要描述。

---

① 该表分为两个部分，第一部分是背景信息；第二部分是涉密利益冲突披露。两个部分都要填写，在表的最后一页署名并写上日期，然后要求交回美国国家科学院项目和委员会活动的相关负责人。

（5）附加信息。如果在你的背景和当前情况中有上述方面并未涵盖的内容，而其他人有理由认为这些内容可能会影响你在委员会委派的任务，或者你受邀为之服务的专家小组中具体事务的判断，从而你有可能产生潜在偏见，那么请简要描述这些内容。

二、涉密利益冲突披露的操作指南

保证发展报告中所使用的机构委员会的成果不受任何实质利益冲突的影响，这一点至关重要。为此，“利益冲突”一词意指与个人服务相冲突的任何经济或其他利益，因为它有可能：

（1）影响个人的客观。

（2）为特定个人或组织制造不公平的竞争优势。除非机构判定利益冲突不可避免，并且及时公开披露利益冲突，否则，任何情况下，任何人都不能在他/她将要承担的职务存在利益冲突的情况下，被指定去为该机构的委员会服务或继续为之服务。

“利益冲突”一词不仅意味着个人偏见，也肯定存在某种利益，它有可能直接受委员会活动的影响，这种利益往往是经济利益。

对利益冲突的要求是客观与预防。这不是对个人实际行为或品格的一种评价，不是个人在利益冲突情况下公正行事的能力，或者因个人财富有余而对一定数量的金钱财富有相当的免疫力。利益冲突的要求是设计客观的标准，从而将某些特定的潜在的妥协情况扼杀在摇篮，进而保护委员会其他成员，保护机构，保护公共利益。个人、委员会及机构都不应该处于这样的境况，即人们能仅仅因利益冲突的存在而合理地质疑乃至贬低、拒斥委员会的工作。

“利益冲突”一词仅用于“当前利益”。它并不用于已经失效、不复存在、不能影响当前行为的先前利益，也不用于未来可能出现但目前尚未出现的可能利益，因为这种未来利益本质上是猜测性的和不确定的。比如，即将正式或非正式地用于特定工作的就是一种当前利益，但如果仅仅是将来用于这一工作的可能性，那就不能说是一种当前利益。

“利益冲突”一词不仅用于个体的个人利益，也用于与个体有实质性共同经济利益的其他人的利益——如果这些利益与将要实施的职能有关。因此，在评估个体潜在的利益冲突时，不仅要考虑个体的利益，还要考虑该个体的配偶、子女、雇主、经济伙伴及其他与之有实质性共同经济利益的其他人的利益。还必须考虑在信托或类似情况下被代理者的利益，比如，作为一家公司的高管或主管，是营利的还是非营利的，或者是否是受托人。

赞助方常常要求研究机构为特定项目或赞助方的项目提供独立的鉴定和评

价。对于研究机构在一个或多个发展报告中将要用到的任何委员会而言①，利益冲突质询的重心在于确认和评估与项目或有待鉴定或评估的项目之间的关系，还有可能受到该鉴定或评价直接影响的其他利益。比如，如果该机构负责赞助方的一个研究项目的独立鉴定和评价，利益冲突质询的重心就是确认和评价该项目中可能受到直接影响的当前利益，假如该机构的报告为项目变更的作为或不作为提供了基础。

问题在于，如果一个个体或与该个体有实质性共同经济利益的其他人拥有可能会受该鉴定和评价过程直接影响的利益，那么该个体参与该鉴定和评价过程的客观性可能就会受到损害。

这种利益可能涉及该个体（或者与该个体有实质性共同经济利益的其他人）主持鉴定或评价的项目下的当前研究资助或合同，如果资助或合同可能被修改或终结，或者如果能够合理地期望保住可能失掉的研究资金。其他可能受到直接影响的利益包括：一个人从事的工作及其雇主的利益，一个人的私营事业及其顾客的利益，合作伙伴的利益，与项目有关或由项目而产生的商业风险、相关专利的利益，以及其他与项目有关的知识产权形式和其他不同形式的实质上的非商业的研究支持的利益。

与赞助方的特定关系也可能导致利益冲突。比如，作为赞助方的顾问可能构成利益冲突的一种基础，如果这种顾问关系可能受到直接影响，或者与鉴定和评价的主题直接相关。

下面设计的问题是为了从申请人那里探明涉及可能的利益冲突的信息。这些利益冲突关系到申请人受邀为之服务的特定委员会将要执行的功能。

（一）与评价的项目的关系

考虑申请人的利益及与申请人有实质性共同经济利益的其他个体（如配偶、关系密切的同僚和合作者、经济伙伴等）的利益。

（1）申请人或类似的其他人，是否从可能受到委员会报告直接影响（如当前协议的可能终止或失去未来资金的合理预期）的评价的项目接受经常性的经济资助（如研究和/或开发的资助或合同、采购合同、咨询协议、其他赞助支持等）？

（2）申请人或类似的其他人，是否从可能会受到委员会报告直接影响的评价的项目接受实质性的非经济支持（如设备、设施、产业合作、研究助手或其他研究人员等）？

（3）申请人或者其他人从或者通过可能会受到委员会报告直接影响的评价

① 这些报告是由研究机构提交给赞助方的，用作赞助方的一个或多个项目的独立鉴定和评价。

的项目有得到任何其他当前经济利益吗？

如果上述“与评价的项目的关系”中的所有问题的回答都是“否”或“不适用”，请在表中填“否”。如果上述“雇佣情况”中的任一问题的回答是“是”，请填“是”，并在表的最后一页简要描述具体情况。

（二）投资权益

如果该委员会活动产生的报告为鉴定或评价的项目变更的作为或不作为提供了基础，那么就要考虑股票、债券和其他金融工具，以及包含合伙关系的投资①。

（1）申请人、其配偶或子女是否直接或间接（通过养老金或分红计划中的信托或个人账户）拥有任何可能受到影响（不管是直接的影响，还是通过对基于投资的商业事业或活动的直接影响）的股票、债券或者其他金融工具或投资。

（2）申请人是否拥有任何其他可能受到影响（不管是直接的影响还是通过对基于投资的商业事业或活动的直接影响）的重要金融投资或权益，如商业权益（如独资）、投资权益（如股票期权）或者投资伙伴（如涉及父母或子孙）？

如果上述“投资权益”中的所有问题的回答都是“否”或“不适用”，请填“否”。如果上述“雇佣情况”中的任一问题的回答是“是”，请填“是”，并在表的最后一页简要描述具体情况。

（三）财产利益

如果该委员会活动产生的报告为鉴定或评价中的项目变更的作为或不作为提供了基础，那么就要考虑不动产和其他有形财产权益，以及知识产权（专利权、著作权等）权益。

（1）申请人、其配偶或子女是否直接或间接拥有任何可能受到直接影响的这类财产权益？

（2）尽申请人所知，任何与申请人有实质性共同经济利益的其他人（如雇主、经济伙伴、亲属）是否直接或间接拥有任何可能受到直接影响的这类财产权益？

如果上述“财产利益”中的所有问题的回答都是“否”或“不适用”，请填“否”。如果上述“投资权益”中的任一问题的回答是“是”，请填“是”，并在表的最后一页简要描述具体情况。

（四）雇佣情况

如果上述权益中的所有问题的回答都是“否”或“不适用”，请填“否”。

---

① 不包括一般的多样化的共同基金，以及任何少于10 000美元的投资或金融权益。

如果上述“投资权益”中的任一问题的回答是“是”，请填“是”，并在表的最后一页简要描述具体情况。该委员会形成的报告，为政府在报告中提及的事务的监管活动的作为或不作为提供了依据，那么：

（1）如果申请人受雇或自营，那么申请人（或配偶）当前的受雇或自营是否会受到直接的影响？

（2）申请人及其配偶的雇主的经济利益是否可能受到直接影响，如果是自营，他及其配偶的雇员及/或经济伙伴的经济利益是否可能受到直接影响？

（3）如果申请人是任何公司或其他法人实体的高管、主管或受托人，该公司或法人实体的经济利益是否可能受到直接影响？

（4）如果申请人是顾问（不论是全职还是兼职），他当前的顾问关系是否可能受到任何直接影响？

（5）且不考虑对顾问关系的潜在影响，申请人是否有与政府监管活动可能的作为或不作为直接相关的任何当前或继续顾问关系（比如，涉及商业和专业咨询及服务安排、科学技术咨询委员会成员、在诉讼中作为专家证人、以服务换取酬劳和差旅费补偿）。

（6）如果申请人是或曾经是美国政府（民事或军事）雇员，是否存在可用于其受此次委员会活动的利益约束，而与联邦政策冲突？

（7）如果申请人是美国政府雇员，他现在受雇于资助该项目的联邦部门吗？如果申请人不是政府雇员，他是该项目的其他任何资助者的雇员吗？

如果上述“雇佣情况”中的所有问题的回答都是“否”或“不适用”，请填“否”；如果上述“雇佣情况”中的任一问题的回答是“是”，请填“是”，并在表的最后一页简要描述具体情况。

（五）其他利益

（1）如果委员会产生的报告建议对评价的项目做出变更：

（A）如果申请人（或其配偶）有工作，那么申请人（或配偶）当前的工作可能受到直接的影响吗？

（B）申请人及其配偶的雇主的任何重大金融利益（如果是私营，那么申请人及其配偶的雇员或经济伙伴的经济利益）可能会受到直接影响吗？

（C）如果申请人是任何公司或其他法人实体的高管、主管或托管人，该公司合法实体的经济利益有可能受到直接影响吗？

（D）如果申请人是顾问（不论是全职还是兼职），那么申请人目前的协商关系有可能受到任何直接的影响吗？

（2）申请人和鉴定或评价的项目的赞助方、受让人或承担者之间有协商关系吗？这种关系直接涉及本披露表格为之准备的项目鉴定和评价的主题（如就项目鉴定和评价为赞助方、受让人或承担者提供帮助的协商关系)。

(3) 项目鉴定和评价的核心目的是对申请人自己或其雇主的工作做一番批判性鉴定或评价吗?

(4) 申请人是一个机构或组织的领导或雇员吗?该机构或组织是鉴定和评价的项目的赞助方，并且是该项目鉴定和评价的委员会活动的赞助方。

(5) 申请人是否肩负某种职业责任（如作为科学或工程社团的主管)?在与这一委员会活动将要执行的功能有关的问题上，这种责任实际上要求你公开捍卫预设的立场。

(6) 申请人对该委员会活动的参与是否会使其能够获得竞争对手或潜在竞争对手的机密产权信息?

(7) 如果申请人是或曾经是美国政府（民事或军事）雇员，是否存在可用于他的此次委员会活动的利益约束的冲突?

(8) 申请人在其受邀任职的委员会的工作是否有可能为他或与他有实质性共同经济利益的其他人创造某种金融上的或商业上的竞争优势?

(9) 如果表格为之准备的委员会活动涉及需要赞助方决断的某些申请的复核及合约、津贴、人事等方面的提议，申请人、与申请人有实质性共同经济利益或者与其有家庭关系或重要职业关系的其他人是否在得到或入围那些奖项方面受益，而这些奖项当前是由该委员会主导审核的。

(10) 如果表格为之准备的委员会活动涉及提出建议、工作陈述和说明等要求，申请人有志于在项目下寻求奖励吗?

申请人受邀任职的委员会就该项目提出建议、工作陈述和说明等要求；或者，申请人是否受雇于其在该项目下寻求为奖励的任何人或组织工作，或者与之有金融利益或其他经济方面的关系。要简要描述具体情况。

在填写表格所申请的活动相关的服务期间，任何已报告信息的变更，或者任何新的信息，如需报告，都应该及时通过书面或电子通信方式报告给负责事务的主管。

第三章　美国医学院协会关于人受体研究中的利益冲突政策与案例

第一节　导　　论

众所周知，生物医学研究的活力和完整性，对于解决社会问题是至关重要的。这些问题又是一些有关公众健康的、最引人注目且最困难的挑战。在美国，大学和医学院是人受体研究的主要经济和科学主体，同时也是人受体研究的主要来源。在这个全球化的社会中，现在比以往任何时候都更加重视这个研究部分。

在过去的30多年里，为了符合学术机构这个新角色，各个大学的研究机构都出现了很大的文化转向，尤其是在医疗学校领域。然而，一旦市场经济不被重视，这些研究项目也会跟着衰落，甚至会轻视其中的研究人员。因此，科学家可以通过分享他们的专业知识和业务能力与企业界合作，推行产品开发，进而鼓励成立自己的公司。

1980年实施的贝赫-多尔法案允许保留教师和机构的知识产权，即使这些是在政府资助下完成的，并且鼓励他们通过技术授权来促进商业发展，这样可以加速技术向经济的转化。毫无疑问，贝赫-多尔实验室向市场的成功转化产生了巨大的经济效益，2002年12月12日的《经济学家》杂志将贝赫-多尔法案誉为“美国立法程序在过去半个世纪中最闪亮的一页”。

然而，贝赫-多尔法案和其他一些经济个体还存在着诸多缺陷。在这个新范式中，其机构和教师的链条完整性也决定了这个转化的成败。承诺转化为研究，研究又必须应对激励的市场挑战，这对任何一个政府、大学和它们的学术医疗机构而言都不轻松。作为社会经济发展的引擎，机构及其成员之间关系的深化决定了它们与这个行业的密切程度。现在诸多鼓励这些关系的形式大都是良性的，但在其他情况下，则可能造成严重的利益冲突。在这些经济关系的背景下，在大学商业交易中，公众对于各个行业、各个部门金融利益冲突（FCOI）的关注也大大增强了。

在承认这些不断变化的情况下，美国联邦政府和学术界一直致力于规范各自的职责，以确保这些商业关系的完整性。自1995年以来，联邦政府监管的金融机构开始资助相关研究，并对各大学的政策给予了很大的尊重。AAU和AAMC已经认识到，这种尊重的关键在于树立诚信和学术机构的问责制，在2001年和2002年，这种用于解决过去20年的利益冲突的政策和做法，已经使得每个协会的成员开始致力于各自的政策程序、监督管理的相关机构[①]。

对此，学术界付出了高昂的代价。它们的计划和程序都是用于适应其政策和做法而存在的。作为一个持续的过程，它们之间的关系是行业利益冲突的一部分。学术界提出建议后，AAMC进行了为期三年的实证调查，尤其是针对个别金融利益冲突，它们的目的是希望将机构财务方面的体制政策统一化[②]。然而，最近的调查数据表明，随着社会经济利益冲突的加剧，这将成为一个非常复杂且极具挑战性的议题[③]。

虽然这些努力已经大幅度缓解了学术研究内部的利益冲突，但据美国卫生研究所（NIH）的实地考察得知，尽管机构表现出了对这一问题的重视程度，但是盘踞在“社会意识”和联邦利益之间的冲突并没有得到很好的解决。针对该报告所要求的法规规定，美国卫生研究所及人类服务部办公室又继续进行了调查，并提出了自己的批评意见：监管职能缺失，而这点恰是需要在今后的报告中详细阐释的[④]。这些建议又一次突出了监管在执行机构中的重要作用，不力的监管将产生社会的不信任感，并使得公众开始质疑这些机构的执行能力。

值得重视的是，诚信研究，保护人类研究对象，并重获公众信任是学术文化价值中最重要的部分。然而，由于利益纠结及商业部门的参与，教师和机构面临着重大的挑战，这在十多年前是无法想象的。因此，协会研究在很大程度上都在致力于提出解决这些利益冲突的政策和管理办法。高等教育和学术医疗机构是以机构的核心价值和研究的公信力为基础的一种持续性研究机构，其目标是加强学术研究的协调、管理和监督，并促进个人和机构在生物医学领域的融合。

就目前的情况来看，已经确定的至少有两个问题。

一个问题是学术机构之间缺乏统一的研究规范和标准，这容易造成利益冲突。虽然联邦法规具有很大的灵活性，它们尊重各个联邦的制度文化，但这种文化的差异性应该是以保障完整的核心原则和保护人类研究对象为前提的，而不应

---

① 参见：Association of American Medical Colleges. Task Force on Financial Conflicts of Interest in Clinical Research. Protecting Subjects, Preserving Trust, Promoting Progress—Policy and Guidelines for the Oversight of Individual Financial Interests in Human Subjects Research, 2001; Association of American Universities. Task Force on Research Accountability. Report on Individual and Institutional Financial Conflict of Interest, 2001; Association of American Medical Colleges. Task Force on Financial Conflicts of Interest in Clinical Research. Protecting Subjects, Preserving Trust, Promoting Progress II: Principles and Recommendations for Oversight of an Institution's Financial Interests in Human Subjects Research, 2002.

② Ehringhaus S H, Korn D. US Medical School Policies on Individual Financial Conflicts of Interest. Results of an AAMC Survey, 2004.

③ Ehringhaus S H, Weissman J S, Sears J L, et al. Responses of medical schools to institutional conflicts of interest. JAMA, 2008, 299 (6): 665-671.

④ National Institutes of Health, Office of Extramural Research. Observations from NIH's FY 2006 Targeted Site Reviews on Financial Conflict of Interest. http://grants.nih.gov/grants/policy/coi/index.htm [2007-2-15].

当歪曲机构的调查结果。

另一个问题是学术文化机构到处弥漫着不确定的信息。各个学院虽然看到了贝赫-多尔法案对于促进经济发展、加强机构联系的重要意义，但它们也敏锐地意识到了这一法案有可能会增加政治、技术转移的压力。然而，这些都需要在“学术-经济”完整性被确定的前提下进行。制度文化在容纳这些利益冲突时，必须不断阐明和强化专业诚信，对检测和处理冲突问题进行一个总体预测和评估。

为了应对这些问题，AAU 和 AAMC 于 2006 年年底召开了一次咨询委员会，以期更加精确地指导个人和机构在利益冲突的情况下应当如何进行优先选择。该委员会同意审查和适当澄清 AAU 与 AAMC 早期的一些条例法规，这有助于加强和协调文化差异方面的制度性保障。

此外，它还会使得大学和学术医疗机构更好地权衡具体的生物医学建议，并针对特定个人和机构的财务状况进行有关科学完整性的一个风险收益预估。

最后，这些行为都有助于树立公众信心，技术转让和业界互动的重点已不只是强化学术研究，而是需要创造和传播这些科学知识，并将其应用到经济研究中，以期保护人类研究对象。因此，咨询委员会已经开始审视生物医学界所面临的利益冲突和监督管理方面的问题，并在这些原则指导下对先前公布的法规条例进行进一步的改进和澄清。

这一研究分为六部分。

第一部分是对个人经济利益冲突中人受体研究政策方面的分析，主要包括三方面内容：界定与医疗相关的定义及其所包括的个体，“必要条件”的含义，报告拓展及其信息披露。此外，它还提供了一个临床前研究建议。

第二部分侧重从金融机构的利益角度来分析相关的政策及问题，如 AAU（2001 年的报告）和 AAMC（2002 年的报告）及人类卫生服务部（2004 年的报告）等机构。不仅如此，这些报告还提供了利益优先度、利率标准、体制冲突的利益政策模块等①。

第三部分则着重强调了利益冲突政策的实施，并为利益冲突政策的实践提供了具体的指导。同时分析大学和医学院的利益冲突状况，并对这些冲突的复杂性和应用性进行深入的案例分析。这些案例将会是非常宝贵的教学工具，为科研人员、学生和其他学员提供相关政策指导及解决方案。

第四部分侧重人受体研究中机构利益冲突的政策，机构利益冲突主要描述的是经济利益或机构官方或者代表机构的权威方可能或似乎影响到该机构的科研、

---

① Boyd E A，Lipton S，Bero L. Implementation of Financial Disclosure Policies to Manage Conflicts of Interest. How seven Universities of California campuses deal with their research relationships. Health Tracking，2004.

教育、医疗、交易或其他活动，尤其是当经济利益可能会对机构的系列活动造成不利影响时，机构利益冲突就出现了。机构利益冲突政策旨在保护免受危机干扰，这些危机可能会影响到机构赞助进行的研究。

第五部分侧重人受体研究中潜在利益冲突的案例分析，通过对 10 个案例的深入分析和讨论，给出了利益冲突的案例模式，概述了对经济利益冲突情形所要求的主要成分。这一模式列出了从最初实施评估到风险效益分析，再到回顾可能解决方案的一系列步骤。

咨询委员会认为，通过制定相关的国家可接受标准、补充指导和建议，可以应对共同的利益冲突。相应地，学术界也应当进行更加深入的研究以维护其核心科研诚信原则，最终获得更多的令人信服的政策和做法。这不是一蹴而就的，而是有针对性的、透明的和有效的。

这一研究虽然更加侧重于对人受体利益冲突方面的研究，但这种利益冲突一定要在医学院和教学医院工作人员的监督下完成，因此，各院校应当认真考虑这一研究中提出的原则和流程。其实，无论这些与人受体相关的研究挑战是否存在，维护完整性和树立公众信任的确是支撑所有学术研究走下去的动力。

第二节 关于个人经济利益冲突的政策

AAMC 和 AAU 赞同它们在 2001 年和 2002 年提出的关于个人与机构的经济利益冲突政策。但仍有些方面需要说明和改进①。这一部分主要论述个人经济利益冲突政策。

一、研究中的经济利益的界定

研究中的经济利益包括所涵盖人员（他/她的配偶和成年子女）的以下利益，或者任何由个人或其配偶经营的基金会或实体。

（1）咨询费用、酬金（包括来自第三方的酬金，如果来源是有经济利益的公司）、礼物或其他酬金、经济利益公司的实物补偿（或同等量的权利），或讲座费、旅行费，或顾问董事会的服务费或其他与研究不直接相关用途的费用。

（2）股权利益，包括在非公开交易的经济利益公司所持的股票权。

（3）在公开交易经济利益公司的股票权和股权收益（或享有同样收益的权利）。

（4）版税收入，或由于专利许可或著作权而享有将来版税权利，尤其是与研究与技术许可或相关工作直接相关的版税收入。

---

① AAU 和 AAMC 的报告在 aau. edu 和 aamc. org 网站可以找到。

(5) 任何非版税支付或与研究相关但与研究的合理费用不直接相关的支付权。这包括超过合理费用之外的支付给研究人员的奖金或付款，无论这些支付款项是来自经济利益公司还是来自机构。

(6) 作为有经济利益公司的领导、经理或任何其他信托角色收到的服务费，是否作为这项服务的酬金。

研究中重大金融利益不包括以下几点例外情况。

(1) 公开交易的任何数量利益、多样化共同基金。

(2) 对机构所付款项，或机构对个人的支付款项；这些款项与研究进行中产生的在赞助者与机构研究协议中详述的合理费用直接相关。

(3) 薪水和其他用于机构服务的款项。

二、个人经济利益冲突政策的澄清

(一) 相关人员

1995 年公共卫生署 (PHS) 法规的采用，已经产生了实际效果。学术界在一项 PHS 资助项目中认为，该法规适用于所有研究人员，而不应仅仅是主要研究者。这些差异在 NIH 的 2006 年有针对性的现场审查程序中表现得尤为明显。NIH 倡议要同等关注评估制度和规则，因为它们是 NIH 资助的。虽然参加审查的机构“深思熟虑和努力”，但 NIH 发现，一些机构对“研究者”的定义过于狭隘[①]。

法规认为“研究者”是主要研究者，而其他人负责设计、执行或资助研究报告，包括研究者的配偶和子女。在 NIH 现场审查访问的基础上，NIH 重新认识到公共卫生服务的机构对研究者的定义非常广泛，并且是依靠研究者决定哪些人受利益冲突法规的影响。因此，NIH 要求机构考虑研究者的角色，而不是头衔，应当考虑他们的研究和他们工作的独立程度。“当研究者被限定在头衔或名称(例如，限定为主要研究人员、关键人员和教师)，那么不明的经济利益冲突的风险可能会损害研究计划。”[②] NIH 强调“相关人员”，不仅包括主要研究者的配偶和子女，也包括其他为设计、执行及为研究报告付出心血的人。

根据 NIH 的决定，应当对角色而不是头衔进行控制，机构应采取它们自己的利益冲突政策，对“相关人员”进行更广义的解释。也就是说，为了使机构的

---

① National Institutes of Health, Office of Extramural Research. Observations from NIH's FY 2006 Targeted Site Reviews on Financial Conflict of Interest. http://grants.nih.gov/grants/policy/coi/index.htm [2007-2-15].

② National Institutes of Health, Office of Extramural Research. Observations from NIH's FY 2006 Targeted Site Reviews on Financial Conflict of Interest. http://grants.nih.gov/grants/policy/coi/index.htm [2007-2-15].

个人利益冲突的政策涵盖每个人，应对个人进行界定：主要研究者、其他设计人、执行和报告财务研究的人、研究人员和为研究做出贡献的人员的配偶及子女。

（二）迫不得已的情况

2001 年，AAMC 的报告形成了这样的分析框架：假定一个推论，即在人受体研究中存在利益争议的研究人员的参与。然而，这一假设可以克服，尽管研究者有明显的利益冲突的存在，但仍可以继续参与项目研究，因为冲突的影响同样可以得到有效管理。

2001 年 AAMC 报告中提出："在迫不得已的情况下，有明显的经济利益冲突的个人也可能在人受体试验中被允许进行研究。这些情况是否可信将取决于：科学的本质、利益的本质、利益和研究的相关度，以及利益被研究影响的程度。当经济利益与研究直接相关并受其充分影响时，例如，有一部分股权在生产研究产品的新兴公司，那风险和障碍就最大；但有时直接的、潜在的、丰厚的经济利益在某些情况下会被证明是可取的。例如，当一个人靠实践和经验持有唯一的资格利益，并且没有这个人研究就不能安全进行，他/她应允许有反驳推定经济利益的机会，通过事实获得利益冲突委员会机构的认可。在确保有效的冲突管理、可靠的研究监督的条件下，利益冲突委员会会同意这样的一个人参与到研究中。"①

利益冲突委员会提出两个建议。第一要做早期阶段的研究。除了在 2001 年 AAMC 报告中提供的在迫不得已的情况下的例子，早期阶段的进一步发展同样需要洞察力、知识、毅力、实验室资源，或者特殊的病人群体。受益的病人的最大利益可以证明，发现者可以作为一个研究者进一步参与其中。如果这些情况被利益冲突委员会视为是迫不得已的，结果就应确定为研究的阶段和具体的活动，因为有冲突的发现者/研究者的参与这些迫不得已的情况，并且在这些阶段和活动中，应设立管理计划以限制研究者的角色。管理计划应包括确立明确的讨论时间线，建议从参加研究的人员中排除持有争议的研究人员，并把参与到其中的有争议的研究人员的时间缩到最短。

不过，冲突的审批和管理的目的并不一致。一方面，实验设计是为了促进进一步的发展；另一方面，实验的设计是为了使实验结果生效。当然，如果人体试验研究能严格分析对人体风险的程度，并且保证冲突管理计划的有效性以保护人体，防止有争议的人在实验中的偏见，这样的研究是值得赞同的。

---

① AAMC. Task Force on Financial Conflicts of Interest in Clinical Research：Protecting Subjects，Preserving Trust，Promoting Progress—Policy and Guidelines for the Oversight of Individual Financial Interests in Human Subjects Research. 2001：7

第二是低风险的研究。按照2001年的报告，应考虑人受体的风险的程度，利益冲突委员会可能会通过仔细的评估，发现在人体试验中对人受体的风险足够低，这样，委员会对于相关冲突的处理与非人体实验研究的处理相一致。

（三）潜在的利益冲突的报告

2001年的AAMC报告区分了“报告”和“披露”的利益冲突。“报告的意思是由相关人员向机构领导、利益冲突委员会提供人体试验中的重大金融利益信息，或者通过制度性渠道传递这些信息。”① “披露意味着向利益冲突审查机构和管理流程以外的当事人，如研究者或编辑，发布关于人体试验中重要的经济利益信息。”②

2001年AAMC对机构内部的报告提出以下建议：“该政策应该要求由相关人员向机构报告所有重要的经济利益，经济利益应合理地展现出它受个人当前或预期的人受体研究的影响。在编制报告时，相关人员必须明确地声明他/她是否有这样的经济利益；失败的报告是不能接受的。报告应至少每年一次，当重要的经济利益发生临时的物质变化时要及时更新。有些机构要求研究者明白，附带有关于研究人员是否能在研究中掌控一切经济利益研究提案的机构模板。各机构应考虑采用这种涉及人受体研究的实践。”③

按照1995年PHS的规定，AAMC在2001年的报告中关于由相关人员进行经济利益报告符合“重大、显著”的原则。在某些情况下，按照公共卫生署的制度规定，“重大”与最低金额美元相联系，在一个单一的实体中，个人有10 000美元的咨询费和其他种类的补偿及礼品，超过10 000美元及占总额5%的利益。

利益冲突委员会建议，要求相关人员的外部经济利益与对机构的职业责任直接或间接联系起来，因此，经济利益应该扩展为消除任何最低限度。然而，在人受体研究中，为了运用可反驳假设阻止有冲突的研究者的参与，公共卫生服务的最低限额可能会继续被用来界定重大的经济利益。

一个机构可以考虑从值得报告的经济利益的界定中免除某些有着明确定义的

---

① AAMC. Task Force on Financial Conflicts of Interest in Clinical Research: Protecting Subjects, Preserving Trust, Promoting Progress—Policy and Guidelines for the Oversight of Individual Financial Interests in Human Subjects Research. 2001: 12.

② AAMC. Task Force on Financial Conflicts of Interest in Clinical Research: Protecting Subjects, Preserving Trust, Promoting Progress—Policy and Guidelines for the Oversight of Individual Financial Interests in Human Subjects Research. 2001: 11.

③ AAMC. Task Force on Financial Conflicts of Interest in Clinical Research: Protecting Subjects, Preserving Trust, Promoting Progress—Policy and Guidelines for the Oversight of Individual Financial Interests in Human Subjects Research. 2001: 17.

咨询种类和费用，例如，评审拨款委员会（研究部门）的服务费、由学术机构向一个学术活动提供的酬金的费用，如研讨会或巡回报告。

AAMC 在 2001 年的报告中对相关人员委以重任，从而决定他/她的外部经济利益是否能合理地展现出受个人当前或预期的人受体研究的影响。这一提法几乎可以肯定会对个人的多种利益产生潜在的分歧。因此，提高准确性和一致性，确定哪些经济利益与利益冲突相关，这种责任应该转移到审查机构。

相关人员应要求人受体研究者报告他们的所有外部的经济利益，这直接或间接地与他们对该机构的职业责任相关，包括他们的酬金，不管他们是否相信这些经济利益可能会合理地展现出受个人当期或预期的人受体研究的影响。

由机构制定的政策应该向报告的人员说明他们的财务信息将如何及在何种程度上被机构处理和共享。这一提法承认个人可能有外部的经济利益，但这与他们的专业能力，如他们作为研究者的角色无关。这也使机构对于一种特殊的经济利益是否能产生潜在的利益冲突做出准确一致的判断。

在临床研究方面，机构应考虑要求个人明白，是否与他们所报告的经济利益相关的非人受体的研究能成为合理预期的临床试验新药（IND）的一部分，或在未来 12 个月内发展为涉及人受体的研究。在这种情况下，利益冲突委员会应该有权决定是否任何政策规定都适用于人受体的研究，适用于个体“临床”阶段的研究。

（四）潜在的利益冲突的披露

报告是向机构内部提供信息，包括相关人员的经济利益。与报告不同，披露是将关于特定的人体试验研究工作中的经济利益信息向利益冲突委员会审查和管理流程之外的当事人公开。2001 年的 AAMC 报告指出：涉及人类试验研究中的重大金融利益存在的信息披露问题是：“政策应该要求在人受体研究中重大金融利益的披露对象为：按照法律或法规的要求，向州和联邦领导、研究的赞助者或负责人、出版物的编辑呈递相关人员的实验研究的手稿，以及以口头或书面形式提供的、重要研究结果的公共宣传物。”①

需要注意的是，当利益冲突咨询委员会建议相关人员向机构报告所有与他们的专业能力相关的经济利益时，为了显露出所有相关的研究工作，委员会建议披露应仅限于与研究工作相关的经济利益。

利益冲突委员会建议，应扩大信息披露的范围和受众对象，以确保他们充分

---

① AAMC. Task Force on Financial Conflicts of Interest in Clinical Research：Protecting Subjects，Preserving Trust，Promoting Progress—Policy and Guidelines for the Oversight of Individual Financial Interests in Human Subjects Research. 2001：18.

认识到潜在的冲突和机构的努力。具体来讲，就任何人受体研究工程而言，机构的政策应要求向以下对象披露与人受体研究项目相联系的人员的所有经济利益：

（1）按照法律或法规的要求，向州和联邦领导披露；

（2）向研究的赞助者或负责人披露；

（3）向机构中与上述研究工作中的人员一起工作的所有的研究人员、学生和受训者披露；

（4）向出版物的编辑呈递相关人员的实验研究的手稿；

（5）以口头或书面形式提供的重要研究结果的公共宣传物；

（6）向研究工作的人受体等对象披露。

重大的研究成果的交流形式包括向媒体展示或交流，而不用考虑其对象是法律人士还是其他专业人员。

机构的政策应表明，上述披露应被足够具体地说明经济利益是经过安排的，而并不限于以下方面：

（1）咨询费或其他费用；

（2）版费；

（3）股票、股票基金或股票期权；

（4）制度上规定的投资者的份额；

（5）董事会或其顾问或受托责任的职位；

（6）本应被明示或被表明的一种类型的安排或这些安排的组合。一般来说，这些披露也应表明：冲突已被该机构报道，或是受到该机构的管理。

就人受体研究的内容形式的披露而言，2001 年的 AAMC 报告就指出，“内容形式的披露具体措辞应该由制度复查部（IRB）确定，但应包括一种事实解释，即经济利益的问题已被利益冲突委员会审批，受委员会的监督，并由委员会和 IRB 决定不会对研究对象的福利或研究的完整性构成任何额外的重大风险”①。

这个建议的目的是，由文件或声明组成的披露，不包含上面涉及的所有信息，条件是，信息披露包含对利益冲突的明确介绍，包含利益冲突的细节、利益冲突怎样被管理，以及这些信息如何产生。这些对披露人轻易获取额外信息而言是有效的。

（五）IRB 的责任与利益冲突

机构应该有明确的政策，以符合用来解决 IRB 成员利益冲突的报告和管理的

① AAMC. Task Force on Financial Conflicts of Interest in Clinical Research：Protecting Subjects，Preserving Trust，Promoting Progress—Policy and Guidelines for the Oversight of Individual Financial Interests in Human Subjects Research. 2001：18.

联邦法规。规定应要求 IRB 成员报告所有经济利益（不是最低阈值），同样，研究者要根据自己最初向 IRB 的预约进行报告，并当环境变化时及时更新。制度应详细说明 IRB 主席、管理者怎样认定、评价 IRB 成员潜在的利益冲突，并明确任何有冲突的 IRB 成员必须在商讨关于 IRB 成员有潜在的利益冲突的研究时回避。

三、个人利益冲突的政策和实践

2001 年的 AAMC 报告称："专责小组承认，一些制度可以决定额外的限制是适当的。同样，只要我们提倡的审核与管理机能被完全执行，我们不反对指南中所述的在监督职责的过程或分配中存在制度的变化。"①

尽管专业机构有关于临床研究中利益冲突的统一指导方针和政策方面的优势，大学和学术医疗中心在许多方面有所不同，包括它们的制度文化、传统、任务和目标，以及它们所服务的人口。因此，咨询委员会支持 2001 年的报告中关于制度变化的声明，但强烈反对报告提到的缺乏严格的标准的变化。

四、临床实践中的利益冲突

就对人受体研究中的利益冲突的外在管理而言，咨询委员会认为，许多从事人受体研究和涉及重大的经济利益的科学家，也有积极的临床实践，在这种实践中，这些经济利益可能存在问题并要保证制度的监督。该委员会也承认，对临床试验设置中的医生教师的经济利益冲突的监督和管理是必要的。它建议，机构应采取政策并建立标准，减少由医学院的实际或可能的利益冲突造成的医学实践中的偏差。

五、利益冲突的避免和管理

咨询委员会认识到，对公众来说，通常情况下对学术医疗中心的病人，尤其是对研究治疗方法、设备和疾病预防策略的了解。该委员会还认识到大量的公众收益可能源于对研究提供资金的方式及大量的管理程序（为避免或减少冲突中的任何潜在的不利影响，关注人受体研究中的潜在利益冲突）的理解有所提高。

因此，该委员会强烈敦促 AAMC、AAU 和其他专业组织负责制定和实施战略，以教育公众、媒体和政府关于学术与产业两者关系的价值，关于学术医疗中心如何运用它们的利益冲突政策，以保护人类研究对象的安全性和临床研究的完

① AAMC. Task Force on Financial Conflicts of Interest in Clinical Research：Protecting Subjects，Preserving Trust，Promoting Progress—Policy and Guidelines for the Oversight of Individual Financial Interests in Human Subjects Research. 2001：6.

整性。这样的教育策略需要持续的、长期的实施，而不应是对公众关注的事件的短暂回应。

第三节　人受体研究中的机构经济利益冲突的政策

一、政策的形成和实施

机构利益冲突被定义为：建立在机构本身或者处于领导或管理职位的领导的经济利益基础上的利益冲突，它是人受体研究中的一种特殊利益。涉及人体的研究（尤其是风险大于最小值时）可能是或部分是由个人或机构的经济利益造成的。这种观点是不能接受的。保护研究对象避免机构利益冲突的存在或合理出现，这是学术机构的一个核心价值观。

许多机构已经制定了政策和执行程序，以消除或管理机构的冲突。咨询委员已对 AAU 和 AAMC 2001 年及 2002 年的指导文件进行重申、扩展和细化。根据经验，它们讨论了一些特别困难的机构利益冲突问题，对于这些问题机构必须解决，并为机构的政策提供一个模板。这种模板不是提供一种关于模型的政策，而是作为案例说明机构怎样选择所要解决的问题。

在一定程度上机构还没有这样做。咨询委员会鼓励所有机构发展自己的、符合这些建议的机构利益冲突政策。咨询委员会认为，那些修改或补充它们的政策的机构，可能找到了这里提供的有用方法。咨询委员会虽然承担着检验机构的利益冲突，尤其是人受体研究背景下机构的利益冲突，但委员会仍建议，AAU 和 AAMC 成员机构应致力于制定和实施综合性的机构利益冲突政策，以管理大学或学术医疗中心的所有业务。

咨询委员会建议，所有 AAU 机构和 AAMC 的医学及教学医学院校都应做到：

（1）在人受体研究中，建立机构的经济利益冲突政策（机构领导包括院长、系主任和处长）。

（2）完成机构利益冲突的报告、评估和管理过程，并创建一个客观的和可信的机构利益冲突的审查过程，包括设立内部委员会或外部审查实体。不论其结构如何，这些实体必须有权报告机构的领导层和机构决策。

（3）要保证两年内完成政策的制定和实施。

二、机构利益冲突的定义

目前有两种基本类型的机构利益冲突：一种侧重机构的交易和股份；另一种侧重机构行政人员的活动和股份。这种双重性在 2002 年的 AAMC 报告中被很好地定义为："保护人体，保证诚信，推动进步：在人受体研究中，建立机构的经济利益监督的原则和建议。机构在人受体研究中可能都会有利益冲突，无论是机构的经济利益或代表机构的他/她的职权范围内的机构行政人员的经济利益，这都可能会影响（或合理地出现影响）人受体研究中机构的执行、审查、监督过程。"①

了解这两种定义的全部意义非常重要。对于在机构的责任中处于高职位的人，如院长、系主任或处长，在他们个人的经济利益和机构的人受体研究之间的冲突多于个人的冲突，更确切地说，它构成了机构利益冲突。机构利益冲突的潜在影响对于系主任、处长和经济利益冲突研究所董事十分严重，因为他们对个人的与冲突相关的研究有直接的监督责任。

三、机构利益冲突的指导管理原则

（一）管理责任的分化

研究过程、经济决策过程和代理人必须分开。如果一个机构没有将人受体研究的监督和管理责任从它的机构经济利益的管理责任中分开，那么危及人受体的安全性和研究的完整性的风险就会显著提高。

机构和机构的领导必须将决策研究政策的委托人从涉及机构的业务投资或其他经济利益的所有决策、过程和工作分开。大多数高等教育机构建立"防火墙"，就是出于这些目的。然而，在一些高水平的大学里，经济与研究监督这两个分支就不可避免地趋于一致。因此，制度应该在适当的地方，无论是在大学校长或总裁的办公室里，抑或是其他高排名大学的领导，以确保人受体的安全和人受体研究中产生的数据的完整性，确保完成该机构的首要任务。即使功能的分离被强大的防火墙固定，但仍应仔细检查那些与商业研究赞助商相关的经济关系，以避免机构利益冲突。

（二）可反驳推定

是否要在机构的利益冲突面前寻求一项特殊的人受体研究项目，这个决定应由反对在相冲突机构的赞助下做研究的"可反驳推定"来控制。

AAMC 的 2002 年报告中对"可反驳推定"是这样定义的：如果情况是迫不得已的，且与委员会已批准一项有效的管理计划冲突，这种假设可能会被推翻。

① AAMC. Task Force on Financial Conflicts of Interest in Clinical Research：Protecting Subjects，Preserving Trust，Promoting Progress Ⅱ—Principles and Recommendations for Oversight of an Institution's Financial Interests in Human Subjects Research. 2001：2.

“机构利益冲突”委员会认为是否是迫不得已的情况应取决于每个案例中科学的性质、利益的性质、利益与其相关的研究的密切程度、人受体研究的风险程度，以及在何种程度上的利益可能会受研究的影响。委员会应凭借机构的属性（如特殊的设施或设备、独特的患者群）和机构中调查者的经验与专业知识，评价这个机构是否是唯一有资格进行研究并保护其中人受体的利益。即使该机构被认为是唯一有资格的，与对人受体有重大风险相关的冲突也应尽可能避免，如果允许的话，应严格管理①。

在这一推定能克服的条件下，可能有迫不得已的情况，可以允许研究进行，这种决定要通过严格的、成文的和透明的体制的利益冲突评估过程。

（三）贯彻实施

评价是否存在迫不得已的情况，首先应该是一个常设委员会的责任，作为机构的管理规定，最终的决策权归属于总裁/校长或管理委员会。如果机构的利益冲突委员会确定，允许该项目继续进行，它应该批准和记录做出决定的基础和条件，如以下提供的几个方面。如果涉及人受体，机构利益冲突委员会应向相关的制度复查部提供报告。在特定情况下，外部的制度复查部的审查和外部监督管理机构及其他管理机构作为利益冲突的管理者，可以确保对研究足够的监察。制度复查部应要求在知情同意文件和其他相关的情境中披露机构的利益冲突。

总之，机构应在政策和实践上确保机构利益冲突会被处理，并始终贯穿机构，这样，那些从属于机构经济利益冲突的政策，特别是该机构的领导和机构本身，受实质性的报告、披露和他们经济利益的管理的支配，以保护人受体研究、参加试验的受体及机构的价值观和决策的完整性。

四、机构利益冲突政策的规定和流程

作为定义机构利益冲突的方法，每个机构的政策应包括以下几方面：

（1）确定机构的领导、董事会成员、系主任、处长、中心主任及学院院长等的潜在利益冲突，通过该机构的机构利益冲突政策或个人利益冲突政策监督人受体研究。

（2）确定机构领导有哪些。这个决定可能是由领导（如总理、总统、院长、系主任、中心或研究所主任、科长等）做出，或由功能（即关于人受体研究的监督或决策元素）构成，或两者兼而有之。机构应谨慎确定说明这个政策是如何

---

① AAMC. Task Force on Financial Conflicts of Interest in Clinical Research：Protecting Subjects，Preserving Trust，Promoting Progress II—Principles and Recommendations for Oversight of an Institution’s Financial Interests in Human Subjects Research，2001：10-11.

具有包容性。

（3）对机构所持的股份制定一个具体的报告标准。机构领导要详细说明个人的利益冲突政策所涵盖的活动和资产。这也属于机构的利益冲突政策。

（4）所有机构和机构领导的经济利益应到指定的机构办公室（并定期更新）报告，并受到机构利益冲突政策的审查。

（5）应成立一个机构利益冲突委员会来协调和解决个人利益冲突问题。

（6）负责技术转让和授权的机构办公室应随时向机构的利益冲突委员会（或指定的机构领导）报告，作为许可协议的结果，机构可以获取股权、版税或赞助人受体研究的其他利益，并且作为协议的一部分，赞助公司随时被允许参与机构的人受体研究。

（7）应在机构利益冲突过程和 IRB 之间建立机构的报告链接。

（8）当机构的利益冲突委员会决定潜在的机构利益冲突是否应消除或它是否能让研究进行，这些决定都应该被记录在案，并告知受影响的个人和领导。

（9）送给大学的礼品必须与研究协议的赞助和赠款区分。礼物不应附加任何明示或暗示的关于替代物的条件，而赠款采取与大学的使命、研究政策、非营利的地位相一致的方式，含有关于信息共享的条件。两者都会产生潜在的机构利益冲突，这就需要机构的利益冲突委员会予以考虑。

（10）由于礼品和慈善事业可能会带来潜在的机构利益冲突，机构应授权唯一指定的机构的领导代表机构接收礼物、金钱或其他东西。

（11）应在校园或者机构部宣传，并让公众了解机构利益冲突政策。

五、潜在机构利益冲突的识别

由于机构利益冲突有两方面的含义，阐明机构的过程是必要的，以确定潜在的利益冲突。首先，当机构与赞助研究的实体之间或它们的产品在机构的试验中被研究的实体之间的关系得到发展时，机构应准备向指定的部门或领导报告。其次，当个人的决策能力涉及财务关系时，这会影响他们的判断或选择。这时机构应该及时做决定。

以下一种或多种情形都可能会在人受体研究中形成潜在的机构利益冲突。因此，如果存在下面任何一种情况，机构都应进行具体的、以事实为依据的调查，看是否有特别的经济关系会影响或看似合理影响机构主持下的人受体研究。

（1）当在以研究性产品为主题的研究中，机构有权从产品的销售中获得税费时；

（2）当通过其技术许可活动或与这种活动有关的投资，该机构在赞助人受体研究的非公开交易中已取得一种股权或价值股权的权利（包括购股权或认股权证）时；

（3）当通过其技术许可活动或与这种活动有关的投资，该机构在赞助的人受体研究的公开交易中已获得所有权利益或超过 100 000 美元价值的（参考当前公开的价格，或者使用当地适合的公认的估值方法）股权（包括购股权或认股权证）时；

（4）对于在机构中执行，或在机构的支持下进行的一项具体的研究项目，人受体研究中负有直接责任的机构领导在商业研究赞助或研发的商品中获得重大金融利益。定义“重大金融利益”的目的是：保持与机构的个人利益冲突政策相一致。

AAMC 在 2002 年关于机构的利益冲突的指导方针中的定义包括以下几点。

（1）在非公开交易的公司的任何数量的股权或权益（包括购股权或认股权证），包括：人受体研究的赞助者；在机构的支持下，进行研究或测试的产品的制造商。

（2）在机构执行或支持下的人受体研究的赞助商在公开交易中超过最低金额（不包括额外特定的互惠基金）的股权或权益（包括购股权或认股权证）。

（3）咨询费用、顾问委员会费用、报酬、酬金、礼品或其他酬金、公司的“实物”补偿：在该机构中进行人受体研究的赞助商；在该机构的支持下进行人受体研究获得产品的制造商，其总计超过最低金额，或预计在未来 12 个月超过该值。

（4）无论是以个人还是代表的身份，以公司受托人的角色进行的预约服务：在该机构进行人受体研究的赞助商；在该机构的支持下进行人受体研究获得产品的制造商。这种服务是否能收到报酬，通常情况下，将涉及该公司的管理人员、董事或其他董事会任命的成员。

（5）除非官方目前没有重大金融利益的赞助或研发产品，并且同意在由该机构执行或在其支持下的任何相关研究完成后不到三年时间，不持有这样的利益，否则，由该机构执行或在该机构的支持下进行的人受体研究的商业赞助者担任科学顾问委员会。

此外，也有其他关系可能值得特别审查。机构应通过对机构利益冲突潜力的评估和对人受体研究的风险大小的测量，确定所需的所有关系或利益的性质和对它们的审查程度。这种关系包括但不限于以下几个方面。

（1）当拥有研究监督权的调查员、研究管理员或机构的官员参与采购或采购决策中，包括主要从赞助该机构的人受体研究的实业公司购买，或与其签订非日常供应的合同时。

（2）当该机构从人受体研究的潜在商业赞助商那里获得了丰厚的礼品（包括实物礼品）。潜在赞助商的礼物的评价可能包括：礼物是否有足够的规模，甚至被用来捐赠给机构，成为整个机构的利益，可能会影响或合理地表现出影响该机构人受体研究的监督；礼物是否被用来展示进行人受体研究的大学、学校、院系、机构或其他单位的利益；任何机构的相关人员，是否根据他/她的职位，影响或可能影响礼品的征集、人受体研究的执行、审查或监督。

六、潜在机构利益冲突的分析

一旦潜在的机构利益冲突被认可，就必须确定，迫不得已的情况是否能够证明反对研究行为的可反驳推定。要解决该问题，应考虑如下理由和文件。

（1）所涉及的学科的性质。

（2）机构利益冲突的描述和与研究相联系的密切程度。

（3）研究中研究对象的潜在风险的大小，以及哪些风险怎样受到机构的利益冲突结果的影响。

（4）参与方坚持从研究中获得利益的程度。

（5）存在迫不得已的情况下是否允许研究进行的决定，如果允许研究进行，那么做出这种决定的原因是什么。

（6）如果存在迫不得已的情况，管理计划细则包括：制度复查部的通知（要考虑风险-效益的比率，包括知情同意程序/文件中的披露性语言，以及其他事物）；如果涉及联邦资金，赞助项目办公室提醒赞助实体符合联邦规定的通知；披露机构利益冲突的刊物、简报、申请许可证，以及其他交流的类型的要求。

该报告应被机构的利益冲突委员会审查和批准。

七、机构利益冲突委员会及其职责

机构应组建一个常设机构的利益冲突委员会，以审查和分析如上所述的潜在的机构利益冲突。为此目的设立的委员会，机构可以选择使用以解决个人的利益冲突。该委员会必须能够接受和管理冲突，其职责包括以下几方面。

（1）外部经济关系和研究兴趣重叠时，委员会应有权解决这种情形，包括现实的和潜在的机构利益冲突（除非机构利益冲突通过回避或消除已经得到解决）。

（2）委员会需要确定，回避不是一种有效的管理战略，由于个人将不能在他/她的职位上履行责任，那么该机构的利益会迫使个别人员撤出股份或从机构职位辞职。

（3）委员会应该由具有足够的独立性、专业知识和资历的个人承担。

（4）委员会要尽最大的可能使人受体研究的机构监督具有独立的权威。在可能的情况下，委员会要包含一个或多个外部（公共的）委员。要公开表示，保证至少有一个委员会的成员在机构冲突中是自由的，并被认为是独立的机构，它可能有助于在公众中提高信誉。然而，对于一些机构，由于特定的管理或政策的限制，公共成员可能行不通。

在大多数情况下，机构利益冲突委员应就他们向大学校长/名誉校长或董事会直接访问或报告的情形，向拥有权力的领导提出建议。委员会应有权提出重大的建议，其中包括以下四点：

（1）禁止拟议的研究机构或理由，决定让若干项目在管理的条件下进行；

（2）消除、减少或修改该机构的经济利益关系；

（3）增加或建立防火墙或者其他冲突管理体系，使经济和研究决策的制定相分离；

（4）建立一个可靠的监测程序，使其能密切关注研究，以保护人受体的完整性和利益。

另外，机构还要考虑使用下列两点。

（1）把冲突的领导从研究中或关于研究的决策中隔离/撤离出来。

（2）建议减少、修改或消除冲突的领导所持有的股权或专利权所得。

概言之，利益冲突政策的制定和实施已被证明对于许多机构是具有挑战性的①。一些机构已经在努力起草机构利益冲突政策，一些机构已经在机构利益冲突政策的执行中遇到困难，特别是由于需要建立新的、协调的机构的信息系统，还有一些机构在管理与鉴定的机构利益冲突中面临挑战。咨询委员会应该对机构利益冲突政策的原则和流程进行进一步的讨论，使它们更全面、有效，并尽快解决与机构利益冲突相关的诸多挑战。

第四节　机构利益冲突政策的实施

由于对 2001 年和 2002 年 AAU 和 AAMC 的准则的实施缺乏具体的指导，机构之间的实施在做法上不一致。也由于合法制度上的差异和不同的监管框架，这些机构面临一些挑战。美国联邦法规本身认可在既定的监管框架内，机构对于利益政策和实践之间的冲突有具体的解决办法。然而，由于缺乏关于利益冲突评估和管理的能被广泛接受的模式，可能对于利益冲突的管理过于简单化，这提醒管理层要足够重视，从而确保设立政策和程序能像预期那样有效，并贯彻应用和强制执行。

---

① Ehringhaus S H, Weissman J S, Sears J L, et al. Responses of Medical Schools to Institutional Conflicts of Interest. *JAMA*, 2008, 299 (6): 665-671.

一、利益冲突委员会的职责

AAU 和 AAMC 的指南建议：机构建立一个利益冲突委员会以评估研究中潜在的利益冲突，并向机构提出解决这些冲突的适当策略。关于利益冲突过程中应该保护的价值及对实际过程的分析和解决，这里通过潜在利益冲突如何得到该委员会解决的案例，提供更多的指导。

在提交案例时，利益冲突委员会应谨记责任，并应采用一致的方法来检查该案例，其职责在最低限度上包括：

（1）保护参与研究的人受体的安全；

（2）保护研究人员从研究中得来的数据和信息的完整性，并提供给公众、学员和同事；

（3）维护研究人员和机构的声誉，他们都从事与研究相关的活动；

（4）保护学术自由，特别是教师发布他们学术成果的权利、教育过程的完整性，以及从事研究的学员的自由的学术交流；

（5）随着机构管理的加强，在道德上和负责的研究行为上教育与协助相关教师和研究人员。

二、利益冲突的管理

2001 年的 AAMC 报告指出，“当一个在经济上拥有权益的个人被允许进行人受体研究时，利益冲突委员会应指定监控程序或其他受处罚的条件”①。学术研究机构中人受体研究的执行应体现三个基本价值观：保护研究课题；坚持诚信研究；维护公众对学术机构及其工作人员的独立性的信任。在存在潜在利益冲突的地方，对那些冲突管理的决策应当成为一种必要条件，它保证临床研究的根本目的是服务性的。

（一）迫不得已的情况和风险效益分析

机构要坚持临床研究中的利益冲突的一种原则，该原则在 2001 年的 AAMC 报告中有如下阐述：“由于研究对象总是最为关心福利问题，机构应该把所有的人受体研究中的重大金融利益看作潜在问题，因此需要密切关注。机构的政策应建立可反驳推定，即在人受体研究中持有重大金融利益的人不能进行这样的研究。这样做的目的不是表明所有的经济利益都会危及人受体的福利或研究的整体

① AAMC. Task Force on Financial Conflicts of Interest in Clinical Research：Protecting Subjects，Preserving Trust，Promoting Progress—Policy and Guidelines for the Oversight of Individual Financial Interests in Human Subjects Research. 2001：15.

性，而是确保机构能系统地审查所有的经济利益，它可能会产生利益冲突的感知。进一步讲，它们限制由经济上拥有权益的个人执行人受体研究，那样的情况是迫不得已的。无论人受体研究是由公共机构赞助、非营利性的实体赞助或商业赞助，反对研究中的重大金融利益的推定都是适用的，不论研究在哪里进行”①。

“在迫不得已的情况下，在人受体研究中有重大的经济利益的个人，可以被允许进行研究。情况是否被认为是迫不得已的，取决于科学的性质、利益的性质、利益与研究的紧密程度、利益受到研究影响的程度……”② 而“当机构发现人受体研究中的经济利益是正当的，那些利益和研究就必须由那些与研究没有任何经济牵连或专业关系的人员严格、有效、公正地管理，或直接向研究人员报告利益与研究之间的关系”③。

一个涉及经济利益的研究人员是否将被允许参加人受体研究项目的执行，这个过程始于他/她个人向机构呈递的经济报告。对于这一点，该机构必须评估经济利益，评估它们和研究的关系，以及个人与研究的关系。当确定的冲突已经消除或没有消除时，这样的审查将决定是否允许个人参加所提议的研究。

结果依赖于是否存在迫不得已的情况的测定。如果这种情况存在，则主要依赖于风险-效益分析，它可以平衡项目及参与其中的个人的潜在利益和研究对象的风险、研究数据整体性的风险、偏见的风险和冲突出现的风险。可反驳推定/迫不得已的情况的标准是一个很高的障碍，不容易克服。可反驳推定是：有冲突的个人不得参与人受体研究。只有当情况是迫不得已时，推定才应该被推翻并进行“严谨、有效、公正的监控”。

任何风险-效益的可靠分析是根据有效的冲突管理技术和在特定条件下对它们的效果进行仔细、具体的评估做出的。为了帮助识别和评估这种有效的管理技术的潜在效能，以下几个问题值得考虑。

（1）坚持基本的学术价值观了吗？

（2）保持了一个开放的学术环境吗？

（3）冲突的研究者和机构资源能为研究提供独特的能力吗？

（4）研究适用于机构的使命吗？

---

① AAMC. Task Force on Financial Conflicts of Interest in Clinical Research：Protecting Subjects，Preserving Trust，Promoting Progress—Policy and Guidelines for the Oversight of Individual Financial Interests in Human Subjects Research. 2001：7.

② AAMC. Task Force on Financial Conflicts of Interest in Clinical Research：Protecting Subjects，Preserving Trust，Promoting Progress—Policy and Guidelines for the Oversight of Individual Financial Interests in Human Subjects Research. 2001：7.

③ AAMC. Task Force on Financial Conflicts of Interest in Clinical Research：Protecting Subjects，Preserving Trust，Promoting Progress—Policy and Guidelines for the Oversight of Individual Financial Interests in Human Subjects Research. 2001：9.

（5）对研究成果的出版物或传播有限制吗？

（6）机构的资源和设施的用途是否适当？

（7）人受体研究的风险有多大？

（8）学生、实习生、初级职称教师和工作人员的角色是适当的吗？能摆脱剥削吗？

（9）研究项目是否有适当的渠道得到沟通和监督呢？

（10）所做研究会对社会有重大利益吗？

（二）临床研究中利益冲突管理的策略选择

潜在利益冲突的管理范围涉及从参与研究项目的研究人员的具体条件到抽象的保证，但所有这些都是确保完整性，保护受体和公众的信任。这里提供的案例并不代表所有的管理技巧和策略的完整，而是学术机构被用于减轻潜在冲突所带来的挑战的方法的集合，目的是提供一系列选项，这样机构就会依照特定情况选择不同策略。根本没有特定策略“适合”特定冲突的公式。最终的判定是靠机构对当地机构的各种情况的总体水平进行评估。每个机构在评估它自己的利益时有独特的优势，这符合联邦的利益冲突的监管框架，也符合该机构对其主持下进行的研究的质量和完整性的责任。

然而，任何管理策略的一个关键组成部分是对冲突的个人理解，管理是一个过程，始于管理计划的批准，需要个人的积极参与及整个计划期间的承诺和关注。机构应认真参加关于利益冲突方面的教育。

（三）管理计划

这里提供一些冲突管理的技巧。无论机构选择哪种技术，利益冲突的程序的可信性非常重要，管理计划的建设性吸引了冲突的研究人员，并且商定冲突管理的规定，应记录在管理计划中。这些计划提供了审议情况和决定的记录，并对受影响方的责任、机构的设立、责任的证据进行提醒。

管理技巧1：披露

披露是指机构内或机构外的人们在特定的人受体研究中关于经济利益的相关信息的释放。尽管披露本身很少会被认为能足够管理冲突，但它是一个重要的初始步骤。人们普遍同意披露必须十分详细，让披露的对象能了解冲突的关键要素。通常情况下，冲突的披露是基于这样一种理念，即披露通过接受者来说明在他/她的研究评估中的冲突。然而，这一理念往往不切实际地假定了那些披露的对象具有足够的知识和能力做出这样的调整。另外，不向受影响的群体公开已确定的冲突，违反了公认的学术标准，并使冲突的个人和学术机构暴露在保密性、误传和欺骗的指控中。

对于任何确定的研究项目，披露仅限于针对研究项目本身的经济利益。如前所述，披露的文件或声明本身并不需要包含所有相关的信息，在这种条件下，披露包含对利益冲突存在的提及，根据要求提供关于冲突的利益细节的额外信息的指示，它是如何被管理，以及它如何很容易被披露的对象获取的。个人对那些群体所做的披露，或在这种背景下所做的披露，包括但不限于以下方面。

（1）在制度复查部批准的知情同意书中，根据要求，额外信息的解释应提供给研究对象。研究者应该认识到，研究对象的通知应在适用的制度复查部的范围内，这决定利益冲突是否且如何披露给相关的人受体。

（2）向冲突的个人报告研究的原稿所交给的任何出版物的编辑披露，向冲突的个体的听众宣传，向其提交陈述的摘要的会议发起人披露。

（3）在研究结果的任何口头或书面的大众传播中，不仅包括向学术界，也包括向外行的观众和新闻界披露。

（4）向研究的资助者和赞助商披露。

（5）按照联邦和/或州法律或法规的要求，向联邦和/或州政府官员披露。

（6）向所有从事研究项目工作的研究者、研究人员、学生和实习生（及他们的上司）披露。

（7）向冲突的个人的直接领导者（如主席、处长、院长等）披露。

（8）向多中心临床试验的赞助商和其他参与机构的制度复查部披露。

（9）向相关的诊所或医院管理者披露。

机构应考虑以冲突的个人为手段进行定期自我核定，提醒个人应负的责任，即遵守商定的管理计划的所有细则并记录他们的认同和保证。

管理技巧 2：人受体

机构制定出具体的、在出现利益冲突时能够保护人受体的政策是极其重要的事情。当利益冲突委员会制订任何冲突管理计划时，必须特别注意保护人受体的策略。在一个冲突的研究者和人受体参加拟研究项目的相互作用中，必须接受最严格的审查，因为这种相互作用充满了道德困境，并在执行中有潜在的危害。被限制有利益冲突的研究者在研究项目中的角色，以及调整的预期风险水平，是保护人受体的主要策略。因此，下面的问题应该得到利益冲突委员会的解决，从而决定一个有利益冲突的研究者与人受体互动过程中应该发挥什么样的作用。

（1）在什么情况下，有利益冲突的个人应被允许参加到人受体的招募中？

（2）在什么情况下，有利益冲突的个人应被允许参加人受体的选择，包括接收/排除的筛选标准是什么？

（3）在什么情况下，有利益冲突的个人都能参加知情同意的过程？

（4）在什么情况下，有利益冲突的个人应被允许参加人受体的临床试验，并从研究干预或程序中隔离？

（5）在什么情况下，有利益冲突的个人应该被允许参加人受体在研究过程中的临床评价，并能从研究干预措施或程序，包括不良事件的评估和报告隔离出来？

管理技巧3：学生、实习生和同事

学生和学员参与研究项目对他们的教育经验非常重要，并且他们也是知识创造型企业的主要贡献者。当他们为自己的职业生涯做准备时，应提供给学生和实习生机会，让他们了解与工业行业的相互影响，了解在出现利益冲突时，人受体研究及研究完整性的风险。当学生、实习生和他们的年轻同事及教员一起参与人受体研究项目时，由于真实或明显的压力，对个人的涉及和排除及干扰学术方案和进展，就会产生重大的隐患。由于这些原因，机构的政策应要求制定特殊规定以保护易受伤害的研究团队中的成员。相关机构应解决以下问题。

（1）在什么情况下，学生、实习生和年轻的教师及工作人员应该被允许参与由有冲突的高级或指导教师和工作人员执行的研究项目？

（2）在什么情况下，学生、实习生和年轻教师及工作人员应该被允许在新成立的公司工作，而这个公司涉及利益冲突的教师和工作人员，他们有权力或影响力对学生、实习生和年轻的教师及工作人员进行管理？

（3）在什么情况下，学生、实习生和项目的年轻教师及工作人员应被告知有潜在的利益冲突？

（4）在什么情况下，有冲突的人员，包括学生、实习生和年轻教师及工作人员所做的外在于研究活动的学术决定应该由他人审查？

（5）在什么情况下，参加项目的学生、实习生和年轻的教师及工作人员，应该由高级教师和工作人员或管理员监督？他们不参与研究项目，以确保他们对研究能独立地审查任何问题或关注点。

管理技巧4：研究和数据完整性

没有任何单一的策略可以确保在各种条件下研究或基础数据的完整性，但要确定对人受体研究和数据完整性的风险，应考虑使用以下一个或多个技巧。

（1）让机构中对研究或外部企业没有任何关系的个人或人们，进行客观独立的数据监测，以确保有效性。机构也应考虑有影响的机构之外的有魅力的个人的无形或者附加价值。当该机构本身也被认为在研究中有冲突时，有魅力的个人是特别有用的，否则，数据完整性的风险就会特别高。

至于数据监控，可以通过一个常设委员会来完成，但如果有对研究领域非常熟悉且有该研究领域的专业知识，并能具体问题具体分析的人，由这样的人来完成可能会更有效。但是，机构应该知道，从事执行此任务的个人或委员会可以要求赔偿，并且该机构要做好准备，以决定如何分配这些费用。此外，该机构应在责任的分配上给予关注，如安排这些职责并监督这些职责的履行。

（2）审查研究设计，以解决经济利益中的潜在偏见。

（3）禁止将冲突的人作为主要的研究者。

（4）禁止将冲突的人作为共同负责人或研究者。

（5）禁止冲突的个人参与数据的收集。

（6）禁止冲突的个人参与数据的分析。

（7）审查作者的地位。

（8）对由具有足够的独立性和专业知识的个人或群体组成的整个研究项目进行监督，以评估项目的研究和进展情况。个人或者群体可能来自内部或外部机构。

管理技巧 5：经济利益

管理经济利益本身的各种形式也可以被视为消除、减少或管理人受体研究中的冲突的策略。这些策略主要关注经济利益的性质，或关注冲突的个人与成为经济利益的主要来源的外部实体的关系。这些策略包括限制研究者的经济利益，而不是限制研究者的活动。利益冲突委员会应考虑以下活动。

（1）各自利益的剥离。

（2）将利息率减少到可接受的水平，如果存在的话。

（3）限制行使/买卖股票期权或股票。然而，因为存在潜在的股价的操纵，应谨慎对待管理策略等限制的制定。

（4）如果利息由特许权使用费、相关研究的进度付款、因为技术的许可（这是研究部的主题）而得到的部分或全部的赔偿组成，该机构不妨考虑推迟或放弃付款。可以通过设置一些界限来解决，如具体的时间表或取消由研究进度引起的款项。

（四）创业公司和小企业的特殊注意事项

在人受体研究中，外部实体是冲突与特定的研究项目的源泉，特别是新的或小企业的参与，而相当大的风险都与冲突的个体参与外部实体的活动有关。由于对机构，对学生与实习生，对教师和工作人员，以及对制度基础上的研究项目的最初承诺潜在的扭曲，这些风险会非常高。如何应对这些风险，机构必须紧密结合具体情况下的具体事实与情况的评估，并结合他们的机构咨询和利益冲突政策。而在这种情况下，利益冲突也很常见。因此，当个人正在进行与实体相关的研究时，为解决个人在外部实体中的作用，利益冲突委员会应考虑对冲突的个人予以以下限制。

（1）除了该机构的允许，禁止参与机构与公司的谈判。

（2）禁止在董事会任职。

（3）禁止担任政府官员。

（4）禁止担任科学顾问委员会的成员。

（5）禁止成为演讲局的成员。

（6）禁止担任顾问。

（7）禁止披露机构的机密信息。

（8）禁止与外面的企业串通。

（9）禁止接收由有冲突的个人所创立的公司的研究资金支持。

（五）利益冲突的管理人员和监管人员的特别注意事项

2002 年 AAMC 在关于人受体研究中的机构的经济利益冲突的指南中指出："……政府官员的职位，可以传达一种普遍的权威或对研究计划或管理的责任，这非常直接，以至于个人的经济利益之间与该机构的人受体研究之间的冲突应该……被认为是'机构的利益冲突'。"① 但是，如果有的话，不是是否及如何，而是这种冲突应由个人管理，除了先前发现的，另一种价值是股权。"机构领导除了必须遵守政策和程序，还必须在研究企业中培养一种所谓的良心文化……以个人为例，领导人员和管理人员应该对学术界和公众展示一种观点：关于经济利益冲突的负责的、解释的、道德的行为是必要的，反映了核心机构的价值观。"②

由于管理者的经济利益冲突对"良心文化"有不利影响，要特别注意对承担管理或监督责任的有冲突的个人的管理策略的选择。有这种责任的个人包括机构的董事会成员、校长和名誉校长、副校长或研究教务长、院长、副院长、系主任及部门负责人。此外，在学术机构中，一些实际上的监管角色可能存在，如影响的结果、资金、资历或其他因素。因此，利益冲突委员会不但应特别注意冲突的个人可能担任任何官方的管理职位，还应特别注意冲突的个人的个体情况。

除了已经讨论过的，还有四个负有管理或监督角色的利益冲突的个人注意的事项可以供利益冲突委员会考虑。

---

① AAMC. Task Force on Financial Conflicts of Interest in Clinical Research. Protecting Subjects, Preserving Trust, Promoting Progress II: Principles and Recommendations for Oversight of an Institution's Financial Interests in Human Subjects Research, 2002: 4.

② AAMC. Task Force on Financial Conflicts of Interest in Clinical Research. Protecting Subjects, Preserving Trust, Promoting Progress II: Principles and Recommendations for Oversight of an Institution's Financial Interests in Human Subjects Research, 2002: 5.

（1）让冲突的管理员回避与经济冲突的来源，即与外部实体相关的机构决定。

（2）在他/她的监督下，由冲突的个人定期向所有的教师、员工和学生做出关于冲突的书面披露。

（3）充分利用监督委员会。

（4）委任独立的、无利害关系的个人或委员会，以监察领导或高层行政决定（经济决策、空间分配、聘任和晋升等），以防止特权优待或滥用资源。

三、监测冲突的程序和利益冲突的管理

正如 AAMC 在 2001 年的报告所提到的，“机构应通过使用内部审计机制及其他适当的自我评价策略，定期评估是否符合利益冲突政策”①，这里仅提供关于执行这项建议的指导。

（一）责任

机构有责任使自己确信它们的利益冲突政策和程序是有效的。除此之外，还有新的对 NIH 的利益和压力，以确保机构努力执行其利益冲突的政策并遵守联邦法规。机构选择用这样的方式去做应该能反映机构的文化，调节行政和财政的情况，并能提供必要的关于在研究中的利益冲突要遵守适用的联邦和州规定的文件。但是，除了法律规定，监督行为是确保数据的完整性、受体的保护和公众信任的不可分割的方面。

1. 监管

除了确保要遵守政策规定，任何监督程序的一个关键点应该是：遵守冲突管理计划、对教师和工作人员的教育，因为需要他们的积极关注，以确保管理成为一个持续的参与过程。因此，最初的管理计划可能会由于额外的监督而增加额外的条款，使该机构确保它的决定已经付诸实施，政策得到执行。这项监督职能具有将冲突管理的重点从依靠完整性和信任，转移到遵守规定的潜力上。因此，建立这两者之间的平衡，能反映根本性的制度价值与合作机构、个人问责制及责任，这点很重要。这些都是利益冲突的计划成功的关键要素。

---

① AAMC. Task Force on Financial Conflicts of Interest in Clinical Research. Protecting Subjects, Preserving Trust, Promoting Progress—Policy and Guidelines for the Oversight of Individual Financial Interests in Human Subjects Research, 2001: 21.

2. 机构的数据库

无论制度的差异如何，机构数据库的建立是必不可少的。它是识别机构的利益冲突，建立最佳、有效的教育和监督系统，并实行问责制的先决条件。除了能够识别机构的利益冲突，这种系统还能够促进了解个案管理在所有必不可少的方面的情况，并在管理过程中与重要参与者之间建立一种交流。最理想的情形是，这样的数据库应该足够全面，能使以下部门一体化：研究中的道德操守的教育的监督部门、制度复查部、技术转让事务所、赞助商计划事务所、处理送给机构礼物的事务所，以及利益冲突和承诺事务所。这种全面的系统不仅有助于机构处理类似于临床研究活动的大领域的复杂性，也容许机构提取具体的数据集，以衡量案例管理和监督制度的有效性。

（二）监督

机构应考虑由有冲突的个人向利益冲突委员会，或其他坚持自己管理计划的委员会进行认证。这种自我认证的过程可能是一个有用的管理利益冲突的策略。它将提醒有冲突的个人使他们记得自己的职责，也可以作为个人与各项管理规定合作的文档为机构服务。

大量分散数据是经批准的管理计划的组成部分。一方面，对它们进行集中收集，对利益冲突委员来讲是一项重大的任务，这会产生明显的物流成本影响。另一方面，自我保证使得冲突管理可以免受独立记录所遵守各项规定的责任的指控。自我认证的举措须定期审核，以证明它们的功能是适当的。

机构监管代表着对一个定期审核的自我认证系统的另一种方法。监管的程度将取决于特定的机构政策，特别是个案的事实和情况，以及与它们相关的任何特殊敏感性。接下来是与监管相关的领域、系统、任务和活动。在每个监视的区域，应始终注意监测的范围、方法及结果。此外，还必须考虑报告结果将如何使用并考虑结果的潜在后果。

机构在制订前瞻性监测计划时，可以考虑从下面所列的项目中选择一个或一些，而不是全部。

（1）管理计划已被遵守的证据（管理计划本身可以作为一个清单）：冲突的个人同意提供的项目的副本；任何监督的个人或团体报告的副本；数据分析计划的副本；保证书的副本；披露的副本；出版物的副本；与学员关于冲突交流的副本；海报、摘要、数据和其他材料的审查；与经济利益相关的财务记录的审查。

（2）该机构的冲突政策和程序得到遵守的证据：受利益冲突政策影响的个人经济利益的报告记录；咨询和其他外部关系的记录；给机构所送礼物的记录；利益冲突的审查委员会的定期会议的时间安排；这种会议所产生的会议纪要；各

种群体或个人的潜在利益冲突的披露记录；监督或安排的记录或会议记录；冲突管理计划的记录；向 NIH 通知的记录。

四、外部的专业活动和咨询

关于外部的专业活动或咨询的政策和做法，在机构之间有很大的变化，尽管大多数政策是建立在相似的假设基础上。这种假设包括教师的主导地位和工作人员对学术机构的责任，以及限制外部危害主要义务的承诺。机构之间的差别，主要是关于员工在专业活动或咨询外部机构方面是否付出或付出多少努力。大学之间在它们的认识水平和它们的员工参与外部活动方面差别很大。

咨询往往是一个非常明显的外部活动，它们由教师和工作人员参与，并且在人受体研究中，咨询关系不考虑适用的制度政策的细节，经常会带来潜在的冲突。因此，检查机构参与到教师咨询的可能领域，以此作为评估当地政策的手段，这也许是有用的。机构的参与程度，可以从最小的报告要求到必要事先审查和建议活动的批准。一些机构拒绝检讨合同安排，以避免任何机构的赞助或支持受到牵连，而有些机构则需要全面的机构合同审查和批准。国家或系统范围内的规定也可能会影响机构咨询政策。

五、教　　育

对教师和工作人员关于机构利益冲突政策和程序的教育，在任何一个负责任的利益冲突程序中是必不可少的。各种机构已开发机构具体的教育材料。这些机构关于全国共享这些教育材料的意愿，可以提供一种协助其他机构表现这种责任的方法。由于学术界和产业界的支持与繁荣之间的建设性关系非常重要，学生和学员将不可避免地接触到这样的关系，除非他们不在教育环境中，否则，他们的培训一定是完整的。因此，在他们接受培训期间，披露如何应对这些影响对客观性和独立性带来的挑战显得非常重要。利益冲突的主题应被纳入提供给学生和学员的有关课程中。对于普通的研究团体，利益冲突的培训是必要的。

通过学术界关于利益冲突的讨论会，美国医学院协会在连续的基础上更新和补充案例研究，使它们在合适的网站上公布，从而使它们作为教育人受体研究中的利益冲突的手段对研究团体继续有用。美国医学院协会也广泛使用其他优质的、已由利益冲突的特定机构研发的教学工具。

六、实　　施

机构可以通过强制实施它们的政策并将利益冲突的政策作为标准的方式，发出关于机构文化的强烈信息。执法一致、公平和过程透明，这样才能实施执法，对不利的决定有提出上诉的权利。为了维护冲突政策背后的价值观，全力支持机构的管理，这些都是诚信文化的重要组成部分，机构应该主要关注：保护人受体、科研诚信和公众的信任。机构应审视自己的执法实践，以确保恰当地反映这些价值观。

第五节　人受体研究中机构利益冲突的政策

机构利益冲突主要描述的状况是：一种机构的经济利益或机构官方或代表机构的权威方可能或似乎影响到该机构的科研、教育、医疗、交易或其他活动。尤其是当经济利益可能会对机构的系列活动造成不利影响时，机构利益冲突就出现了。当人文学科保护和机构研究整体可能受到威胁时，这种危机在人受体研究中尤其敏感。机构利益冲突政策旨在保护免受危机干扰，这些危机可能会影响到机构赞助进行的研究。

一个机构，包括其领导，必须平衡诸多竞争压力。它涉及与各方赞助者的关系。这些赞助者们关乎该机构多种形式的经济利益，包括巨额捐献、版税收益、知识产权许可和赞助的教育科研协议。此外，大学教育-产业关系也不可或缺，它推进科学前沿并促进学术发现的商业发展从而使公众受益。然而，一般而言，一些正规教育、研究和商业活动，与商业实体之间的关系难以达成妥协，机构的主要使命是保证它的完整性，包括安全、研究、教育和医疗的完整性。因此，保护人文研究学科和机构的完整性必须保证最高优先权。

与咨询委员会负责的范围一致，该政策意欲涵盖整个大学但只专注于人受体研究。该委员会认识到机构利益冲突也可能出现在非人受体研究，如医疗、教育及采购和大学其他交易方面。因此，该委员会强烈建议各个机构全面执行机构利益冲突政策，使之包括机构活动的所有方面。

除了有政策规定外，作为强调机构利益冲突的总方针，对研究尤其是对人受体研究的行政责任，应该在最大程度上与投资管理和技术许可的行政责任分开。

一、机构利益冲突的定义与识别

当一个机构的经济利益或机构当权者代表整个机构行为时，可能会影响设计、实施、报告、评论，或疏忽人受体研究，该机构就可能在人受体研究中出现利益冲突。

如何辨认可能出现的机构利益冲突呢？下列机构的重要经济和信托利益在人受体研究中可能出现机构利益冲突，这些利益冲突在政策中必须一一列出。

（1）使用费。当机构可能收到大笔付款或者科研课题产品出售得到版税时，会出现机构利益冲突。

（2）非公开交易股权。通过技术许可活动或与该活动相关的各项投资，机构在非公开交易公司获得股权利益或任意价值股权授权（包括期权或认股权证）：公司赞助机构的人受体研究，或机构赞助人受体研究或试验产品的加工。

（3）公开交易股权。通过技术许可活动或与技术许可活动相关的投资，机构在公开交易公司获得的所有权收益或股权授权（包括期权或认股权证）价值超过10万美元（参照当前价格或在可适用的地区使用普遍接受的计价方法），包括公开交易公司赞助机构的人受体研究，或机构赞助人受体研究或试验产品的加工。

以下是所涉及领导的重要经济和信托利益，确保在人受体研究中不出现机构利益冲突。

这一部分主要辨别“涉及的领导”，即机构利益冲突政策可适用的那些行政领导，如董事会成员、校长或名誉校长、学院院长和副院长、副校长或名誉副校长、系主任或系副主任、系部主任、分部主任、中心主任、制度复查部主席、利益冲突和机构利益冲突委员会主席、生物研究安全委员会主席和干细胞审查委员会主席。

（4）机构领导。在机构赞助下所从事的具体研究项目中，对该研究直接负责的机构领导在商业研究赞助商或拥有研究产品的公司实体中掌握重大金融利益。“重大金融利益”的定义目的是与机构的个人利益冲突政策相一致。在美国医学院协会2002年的机构利益冲突指导准则中，这一定义包含以下几点。

①在非公开交易公司任何数量的股权收益或股权授权（包括期权或认股权证），包括该公司赞助机构的人受体研究，或机构赞助人受体研究的试验药物。

②股权收益或股权授权（包括期权或认股权证）在公开交易公司或机构赞助下进行的研究中超出少量时（不包括某些共同基金以外的收益），正如美国医学院协会2001年的个人利益冲突指导准则中所解释的那样。

③咨询费用、顾问委员会费用、薪金、谢礼、礼品和其他酬金，或公司“实物”补偿，也即公司赞助机构的人受体研究，或机构赞助人受体研究的试验产品的加工；合计超出美国医学院协会2001年的个人利益冲突指导准则中所规定的最少量，或期望在未来一年超出的量。

④承诺以个人或代表身份或信托角色为公司服务，包括公司是在该机构的人受体研究的赞助商，或机构赞助人受体研究的试验药物，无论该服务是否得到酬金。

⑤承诺为人受体研究的商业赞助商的科学咨询部工作，此人受体研究要在机构赞助下进行，除非机构领导在赞助方或试验药物中没有重大金融利益，或也不同意维持机构赞助的任何相关研究完成后至少三年的时间限制。

除以上情况外，与科研赞助者的经济关系可依据情况保证内部与外部审查。

一般而言，机构应当评估潜存的利益冲突并权衡人受体的风险度。

（5）个人负责采购。当负责人、研究执行者或机构领导及研究监督机关参与到具体材料购买，从赞助本机构人受体研究的公司购买，或机构赞助人受体研究试验药物，而该公司与研究机构没有签订非常规供货合同。

（6）赞助商提供的礼品。当研究机构从人受体研究可能的赞助商那里收到大量礼品（包括实物礼品），或拥有控制在人受体研究中的试验药物公司时，以下情况应该得到评估。

①无论礼品是否充足，甚至是为了整个机构利益的一般捐赠，也有可能会影响或似乎会影响机构的人受体研究。

②保留礼品是否为了提高大学、学院、系部中心或其他部门的专属福利，因为这些部门是进行人受体研究的单位。

③机构领导凭借自己的权力、权威影响人受体研究的进行、监管，他们是否参与了获得礼品的游说活动。

尽管以上所列情况都是关注的可能方面，政策的目的并不是不让机构接受赞助人受体研究或控制人受体研究在研制药物的公司的慈善行为。政策主要是想通过开诚布公、责权分开，向机构提供辨认和检测此类情况。同时，通过开诚布公、责权分开或另类适当方法，应对可能引起的任何实际或显性利益冲突。所有礼品的接收都应当符合政策并上报研发办公室以备在案。系部成员都要遵守机构礼品政策。

二、机构利益冲突政策的实施

机构利益冲突政策实施责任方应是机构办公室，它应当向一位高级领导汇报，这位领导能衡量特定需要保护的 HSR 和整个机构的普遍需求。机构办公室会要求接触敏感数据，因此必须考虑到安全问题。尽管这些问题的机构特点决定了问题的监管和解决需要更高层次，但考虑到机构办公室对利益冲突问题熟悉，负责个人利益冲突比较方便。

为此目的，启用负责个人利益冲突的机构办公室，或者无论启用哪类部门，个人利益冲突政策和机构利益冲突政策的实施关系必须明确，包括针对个人和机构利益冲突是否由同一委员会评估、建议并做决定。如果所涉机构负责人报告经济利益的时间在个人利益冲突政策中没有单独言明，在这部分也需要确定。

机构利益冲突事务的实施，主要由负责利益冲突的部门处理。为了让负责利益冲突的部门了解可能存在的机构利益冲突情况和事务，下列部门至少每三个月向负责利益冲突的部门汇报所涉及的利益问题。

（1）技术转让部，负责许可安排、专利和发明公开。

（2）项目赞助部、科研管理部或团体研究关系，负责研究赞助协议和研发产品。

（3）研发部，负责礼品。

（4）基金部，负责联邦和州拨款。

（5）制度复查部，负责人受体研究协议。

这种研发部跟踪礼品事宜是机构的特色。为确保遵守税法，建立礼品储备数据库及跟踪潜在的机构利益冲突情况，这种功能需要集中在一两个主要部门。机构应当建立一个统一的礼品数据库，并颁布处理礼品的统一规定。机构政策应有明确指导原则区分针对研究的礼品与基金，并要求所有礼品都应通过研发部来处理。

所涉机构负责人递交的报告清单（标注时间），还应该提供给利益冲突负责部门。利益冲突负责部门至少在一年内审查这些利益冲突报告，最终由机构利益冲突委员会审查潜在的机构利益冲突。

机构利益冲突委员会由校长任命的七名成员组成，至少两名成员与机构没有业务来往。两人中其中一人与机构根本没有任何关系。如果成员与机构有关系（如校友），那么应该注意他们或其直系亲属是否是机构成员。机构利益冲突委员会至少两名成员来自个人利益冲突委员会。法定人数有四名投票成员，至少一名是公共成员。机构利益冲突委员会成员不负责人受体研究保护项目的机构监督。但他们是人受体研究项目的主要负责人。当委员会成员本人涉及与监管研究相关的机构利益冲突时，他们应该避免参与机构利益冲突委员会的事务。这是机构政策中所规定的。

如上所述，机构利益冲突委员会的组成是随意的，与机构类似的委员会人数一致。这些成员与利益冲突委员会成员可能相同或有交叉，也可能完全不同。公共成员对委员会的可信度至关重要，多名公共成员的任命可能会强化机构监管，但由于机构特定的管理规定，外部成员任命在一些机构可能不可行。

三、机构利益冲突的监督与管理

这一部分假定：机构已由利益冲突部门来负责机构利益冲突政策（该部门负责对个人利益冲突执行机构政策）。还进一步假定：利益冲突部门实施初步监督，并把潜存机构利益冲突案例移交到机构经选举建立的机构利益冲突委员会，而不是由同一委员会负责监督潜存的个人利益冲突。

当与人受体研究相关的潜在机构利益冲突得以辨认时，利益冲突部门会通知制度复查部和项目赞助办公室（如果机构利益冲突涉及赞助的项目）。利益冲突办公室会监管潜在的机构利益冲突，并准备一份描述案例和关于真实的或潜存的机构利益冲突性质的分析报告。在涉及假定的机构利益冲突的案例中，案件资料将提交给机构利益冲突委员会。

机构可能选择明确的机构利益冲突类别，包括假定的机构利益冲突，这些冲突不会对研究整体造成风险，不会对人受体造成风险，并且能用确定的管理计划和文件资料进行处理。这些类别应该由机构利益冲突委员会定期检查监督。低层机构关注的是这样的情形：一系部主任在医学院其他系部的人受体研究赞助中持有股份，但没有参与到研究或监督责任。

一旦潜在机构利益冲突得以确认，机构利益冲突委员会有权决定，是否取消经济利益或者在机构中不应该实施人受体研究。如果机构利益冲突委员会认定是迫不得已或者不可抗拒的情况，也可能驳回原来的决定，假如委员会赞同一个有效的机构利益冲突管理计划。

每一案例的推定能否成功驳回主要取决于对以下几点的分析。

（1）科学的性质。

（2）交叉利益的性质。

（3）利益与研究的相关程度。

（4）研究可能影响利益的程度。

（5）研究对人受体和研究整体造成的风险度。

（6）对机构利益冲突有效管理的程度。

机构利益冲突委员会应该考虑，根据机构的特点（如专门的设施、独特的病人群体），机构是否是唯一有资格进行研究并保护受体者的福利。

如果存在迫不得已的情况，机构利益冲突没有取消或减少经济利益的情况下，决定允许研究继续进行，那这些情况应该在机构利益冲突委员会报告中予以说明。对统一由机构利益冲突委员会安排的管理计划也应该说明：冲突的性质、受体者的具体风险、冲突对研究整体性造成的风险、对机构名声构成的风险。

以下是一个或多个管理策略。

（1）机构利益冲突公开的知情同意过程。

（2）如果机构利益冲突涉嫌高管，那将正式撤除冲突的领导对项目的一系列权力，也可能撤销他们对薪水、升职、空间分配的决定权，这些都会影响到研究者并将这种撤销的安排通知到其上司和同事们。需要说明的是：由于冲突主要源于私人经济操控，撤职本身不是有效管理策略，因为这样会妨碍他们履行职责。在这种情况下，机构的最大利益可能需要抽去自身利益并腾出位置。

（3）如果机构利益冲突牵涉到高官，所谓的“保护伞”，（如没有冲突的身居高位的个人）研究者可以向他们说明机构利益冲突相关的忧虑。

（4）动用外部机构监督委员会（因为多数机构监督委员会主要由机构内的系部和管理人员组成）。

（5）研究的外部监管，尤其是终端评估。

（6）运用外部数据流管理系统或类似的监督委员会去评估设计、分析协议、主次终端评估，并且持续评估研究安全性、进展问题并汇报结果。

（7）在公开演讲和出版物中公开机构利益冲突。

（8）在多中心试验中对其他中心公开机构利益冲突。

这份报告和建议决策递交给主任或副校长等做最后决定。首先同意管理计划的是院系主任或是资深机构研究中心负责人，尽管最后决定权还是在校长和学校理事会。最初决定上诉必须遵循学校上诉程序。管理计划遵守的监督需要由相关机构实施。

利益冲突办公室应该提供机构利益冲突委员会的决定及对制度复查部和项目赞助部门的报告（包括受赞助的机构利益冲突研究项目），以便制度复查部对项目的监管能够深思熟虑并处理机构利益冲突，以便研究赞助部门能履行他们的报告义务。

四、计划的实施

每个机构利益冲突管理计划应该具体说明谁负责实施管理计划。遵守由机构专门部门负责评估的管理计划。与实施监管相关的问题应调整到负责监督机构的部门。机构可能希望处罚那些不能执行政策的领导。

第六节　人受体研究中潜在利益冲突的案例分析

一、人受体研究中潜在利益冲突的案例模式

下列短期分析模式概述了对经济利益冲突情形所要求的主要成分。这一模式列出了从最初事实评估到风险效益分析，再到回顾可能解决方案的一系列步骤。

（一）研究描述

利益冲突委员会成员应对所提议研究进行详尽描述，以便他们了解可能出现的冲突。描述应该以案例报告形式并辅以支撑材料，如果合适的话，还包括：研究协议和相关协议；主要人事部门和外部实体的协议；知识产权、技术许可和相关费用等信息，并附上其他可能在研究项目中恶化冲突的因素。例如，该描述应该指出研究是否包含人受体和协议中如何对待人受体；再比如，研究过程是否会抽血或提取组织样本，是否是主要手术过程，或服用有较小副作用的药物。

（二）外部利益描述

利益冲突委员会成员应该描述个人所有的外部利益，无论是经济的还是别的

利益，澄清个体在多大程度上与经济利益有冲突。这主要包括以下几点。

（1）外部公司与其他实体的特点及与研究的关系：例如，公司是不是科研项目推荐的赞助商，是不是研究设备、研究用品的供应商。

（2）拥有利益的个体在研究项目中的角色：他/她是不是主要的研究员、合作者、研究者配偶，或是项目中主要人事的决策者。

（3）拥有利益的个体在外部公司和其他实体中的角色：例如，他/她是否为顾问、主任、科研董事会成员或主席提供服务，包括为其服务所支付的补偿。

（4）拥有利益的个体在大学中的角色：例如，他们是否是院系成员、系部主任、研究生或研究员、管理者或研究队伍成员。

二、外部利益与研究的关系及潜在利益冲突的确认

根据上述所列事实，利益冲突委员会成员应该分析个体的外部利益如何与个人研究相联系，特定利益冲突是因为机构政策，还是由于州政府或联邦政府规定出现的。

三、风险效益分析

如果利益冲突得以确认，利益冲突委员会应该分析风险效益决定利益冲突应当管理、减少还是消除。潜在风险与可能利益的范围实例包括以下几方面。

（1）被征召或参与研究人受体的风险。分析应该确定冲突在多大程度上可能提高人受体的风险，这取决于有冲突个体如何征召受体，以及根据合同如何对待受体。

（2）有冲突的个体对数据偏见造成的风险。要分析的问题是，在多大程度上有冲突的个体能与数据整体性达成妥协。

（3）利益冲突表现的风险。无论是否真实存在利益冲突，对经济利益风险表现的测定是非常重要的。

（4）有冲突个体和机构声誉的风险。即使冲突已解决，考虑有冲突个体和机构的声誉受损程度也很重要。

（5）如果研究允许照计划进行，医学、科学和公众健康的利益会增加；反之，如果研究不允许进行，效益可能会降低。分析的问题是，如果研究允许进行，那么效益可能超过风险的程度如何。

四、冲突的减少或取消

委员会应该确定，如果没有进一步行动，有冲突的个体是否能参加到研究

中。如果不能，委员会要确定是否可能减少或取消冲突保证研究继续进行。方法包括以下几种。

（1）剥夺外部利益。

（2）取消外部利益管理。

（3）拒绝任何外部补偿。

（4）减少外部补偿量。

五、可反驳推定和迫不得已的情况

在有冲突个体不愿改变他们的外部服务或补偿程度的案例中，利益冲突委员会会推定有冲突的个体不应该进行人受体研究。如果委员会决定在特定情况下有冲突的个体迫不得已参加研究，这一推定也可被驳回。

六、冲 突 管 理

如果确定有冲突的个体迫不得已参加研究，那么机构必须制订一个有效管理计划并且有冲突的个体必须同意。依据案件事实，以下是有效管理计划的几个因素。

（1）以公开演讲或出版物形式向研究团队其他成员，如被研究的人受体、学术监督者及同行和公众公开冲突。

（2）确保数据完整性的措施。

（3）保护受体的措施。

（4）对学生、受训者和处于监管下的其他人员的保护措施。

（5）关注冲突的管理者和监督者的措施。

七、人受体研究中的利益冲突案例

当重大金融利益（或其他个人利益）可能会与进行或者报告研究达成一致时，或似乎要达成一致时，会存在利益冲突。

根据可适用的联邦规定，当利益超过公司、研究赞助商或者其他公司或实体要求的阈值时，重大金融利益是任何货币价值的东西。而且这些利益似乎与研究相关。如果研究项目得到联邦拨款，那么就必须遵守联邦规定。公共卫生署已经确定可适用的财产类别及最低阈值。

（1）为公司服务支付（如顾问费或谢礼）的费用（实际货币或实物形式），每年不超过 10 000 美元。

（2）股权收益（如股票、购股选择权或其他所有者权益）在交易市场不超过 10 000 美元，或所有权收益在单个实体不超过 5%。

（3）知识产权（专利、版权或专利版权收益）。

（4）在公司或其他实体的管理职位，如董事会成员、主任、主席、合作者或理事。

除了公司适用的联邦规定外，很多机构还将美国医学院协会处理医疗研究中的利益冲突的一些建议引入了机构政策中。许多机构也将美国医学院协会建议运用到大学的研究中，不考虑机构间的区别，也不考虑基金来源。其他机构，尤其是员工由州利益冲突规定管理的公共机构，还强加了更多限制，包括基于零报告的经济利益。

接下来是根据上面描述的案例模式所进行的一些具有典型性的案例分析。

案例1：咨　询

1. 研究描述

斯密斯博士是当地一个大型的第三阶段多试验中心的主要负责人。他要在那些仅通过节食和运动不能降低胆固醇的人受体试验一种新药物抑制素。CardioX抑制素生产商是一家公开交易公司，也是该研究的赞助商。斯密斯博士也是某大学的一名教学人员，每注册一个受体者，他都会付给该大学一笔固定费用。这项研究将按照研究合同组织执行，并建立了数据安全监督董事会。CardioX将研究成果交给食品药物监督局检验上市。斯密斯博士研究所共有50人参与了研究，希望受体者能达到2%~3%。

2. 外部利益描述

斯密斯博士是CardioX科学顾问董事会成员，每年参加四次会议。他对公司的建议总共可以得到8000美元。科学顾问董事会的工作与人受体者没有直接联系，该公司继续聘请斯密斯博士当顾问，他也是该研究的主要成员。

3. 特定利益冲突出现了吗?

斯密斯博士从赞助商那里收到的补助金低于一些机构设定利益冲突的阈值，因为他不是科学顾问董事会领导，研究可以允许进行。然而，一些机构要求对医学研究公开外部经济利益，并实行可反驳推定，禁止与赞助单位有经济利益关系的研究者进行研究，除非出现迫不得已的情况。

4. 风险效益分析

在某些情况下，如果机构政策允许斯密斯博士进行研究，那么这种安排的风险是什么?

(1) 它会对人受体安全增加风险吗？是否增加风险不能遵守协议选择或淘汰标准？他是不是可能在征求同意过程中过分强调药物的可能效益？

机构可能会给医药研究者发补助，在赞助商付给大学固定费用这种情况下，机构或斯密斯博士不可能获利。因为斯密斯博士的顾问个人所得补偿费并不多。然而，即使他对 CardioX 公司的咨询领域与研究无直接关系，这种关系能创造一种相互理解。由于斯密斯博士没有股权，对抑制素药物的赞同并不会直接增加他的补偿费用，但可以改善斯密斯博士与公司的关系并继续做 CardioX 公司的顾问，而且有利结果有可能改善他的咨询地位。综上考虑，利益冲突委员会还可能发现人受体不会因为斯密斯的顾问安排增加风险。

(2) 数据整体性会有风险吗？

此风险很低。斯密斯博士对研究协议没有控制权。首席维护师（CRO）监控站点数据收集活动，且数据安全性监控板每三个月复查一次数据。

(3) 对利益冲突出现构成风险吗？

存在风险。可能出现这样的情形，即使斯密斯博士认为 8000 美元只是很小的一笔钱，也与他的研究无关；即使数据由别人分析，公众对他与赞助商的经济关系也会持不同看法。这种感觉可能会与日俱增，尤其是不利情况发生时，鉴于这种利益冲突已经在医药研究和抑制素上市中汇报，学校不可能有机会去提出这些情有可原的事实。

(4) 研究的结果会有利于公众吗？

是的。如果任何真实的和感觉到的利益冲突都得以有效解决的话。

(5) 斯密斯博士如果从 CardioX 公司得到顾问费还能继续研究吗？

斯密斯博士会被迫放弃他的顾问工作或也可以继续，但为了不出现利益冲突，他得不到公司任何补偿。如果他不再是 CardioX 的顾问，就可以继续在站点负责，但要遵守利益冲突管理计划，除非机构利益冲突政策禁止这种安排。如果能设计出有效管理计划并实施到位，公众利益与低风险的结合可能推翻试验中的可反驳推定禁令。机构可能考虑再加强以下一个或多个管理条件。

第一，至少斯密斯博士得把研究赞助公司得到的顾问费在所有相关出版物、公开发言和同意书上公开，并对研究团队其他成员公开。

第二，所有出版物和公开发言必须由研究者亲自书写，而不是由 CardioX 代作者写。

第三，斯密斯博士不能参与研究参与者的选择、征召与取得同意过程。

第四，要求斯密斯博士告知首席维护师和数据安全性监控董事会他的利益冲突。

案例2：授权许可

（一）授权许可和领导阶层

1. 研究描述

在实验室做动物研究试验时，罗斯是大学医学部教授和胃肠科主任，他确认了一种生物标示物，他认为这种生物对癌前病变肠的确定很重要。他还开发了生物标示物照明法，以便通过镜像发现该标示物。他的初步工作暗示小肠中生物标示物的出现，可能与人受体最终发展为胃肠癌有关。罗斯提议研究人员动用国立卫生研究所补助金验证他的假设。

在协议中，医生会从接受胃肠手术的病人的小肠提取小肠组织样本做诊断，但不同于癌症。罗斯试验生物标示物的组织样本，接下来三年会将他试验的结果与病人临床进展相联系。如果能发现生物标示物的显性出现与癌症相关联，他就能确立试验的预测作用。根据协议，研究协调员需游说外科病人同意，罗斯不参加手术。他的实验室会根据外科医生提供的小肠组织样本做试验，并建立医疗数据基准。

2. 外部利益描述

大学允许罗斯在小肠组织照亮生物标示物为诊断公司试验，该公司主要开发诊断试剂盒。许可条件包括最低年费和4%的后营销提成。根据大学知识产权政策，罗斯享有大学特许试验总收入的35%，且他所在的胃肠科享有总收入的30%。

3. 特定经济利益冲突存在吗？

答案部分取决于项目是否是国家高等教育协会指导建议的，如果主要研究人员存在重大利益冲突，机构政策应禁止该医疗研究的进行，而且联邦规定也认为版税就可能是重大金融利益。一些大学可能不把协议考虑到医疗研究中，因为他们认为医疗研究必须涉及在活体受体的实验步骤，并依赖制度复查部来确定，研究中的可能利益是否能证明提取组织样本可能造成的风险。其他大学决定协议不涉及医疗研究，而且存在利益冲突。相应地，这些大学希望利益冲突委员会对风险效益做彻底分析。

4. 风险效益分析

（1）参加研究的人员安全存在风险吗？是否增加风险不能遵守协议选择或

淘汰标准？他是不是可能在征求同意过程中过分强调试验的可能效益？

对人受体由提取组织样本造成的风险主要是由机构审查委员会确定的，这与罗斯在研究结果中的经济利益造成的风险是不同的。参加研究的人受体的总体危险很低，因为罗斯并没有参与选择、招募或征得同意过程或手术过程。

（2）数据整体性会有风险吗？

潜在危险是诊断试剂盒出售的承诺可能会影响罗斯对数据分析的判断，并使他过多强调诊断技术的成功和实用性。然而，每个样本中生物标示物的表现形式和癌症的诊断是由第三方医生在三年里客观处理的。在这个过程中，不仅数据收集可靠，数据解释的偏见也可能显而易见。

（3）会有利益冲突出现的风险吗？

在此案例中，有出现经济利益风险的可能，但通过利益公布于众或其他安排，这种风险可以在很大程度上被消除。

（4）罗斯在大学的角色如何影响到利益冲突监管？

作为胃肠科主任，罗斯对院系、员工、学生和采购的执行决定会受到他想试验成功得到版税的欲望的影响。他也可能以不正当方式将院系、学生和员工参与到研究中来，或按其喜好对薪金和升职做决定。还应该注意避免科室共享的版税可能会对罗斯自己有利。然而，很多系部设有内部监督制度解决利益冲突，包括主任的监管。尽管避免利益冲突的出现也同等重要，但公众和科室其他成员可能怀疑由于罗斯的个人经济利益而受到不公待遇。

（5）如果允许，研究效益如何？

那将可能是无价的诊断技术，用于商业发展会带来重大收益。

（6）鉴于他的发现许可给诊断公司，是否允许罗斯进行此项研究？

罗斯可以决定放弃他和他的科室版税收入以防利益冲突出现。即使他不选择放弃，委员会仍然能决定研究继续进行，因为利益冲突的恰当管理使得风险降低。由于罗斯处理研究结果的能力有限，尤其是存在监管时，将来版税承诺所致的有意识或无意识偏见就可能存在。

除非机构利益冲突政策完全禁止这种安排，机构应该考虑强加一条或多条以下管理条件。

第一，基于各自在相关出版物、公开发言和赞同形式的许可条件，机构要求罗斯就研究中其他成员和外科手术条件向他的系部主任、科室成员、参与科研项目的受训者和研究手术条件的其他参加人员报告，且在将来费用和版税中公开自己的经济利益。

第二，要求主任或被任命者审查罗斯与受训者的互动情况，如果他们认为罗斯的经济利益干扰了他们的研究。

第三，要求系部主任监管罗斯的行政决定，确保合理补偿、行为审查、升职及其他影响科室和实验室的相关决定。如果科室得到版税，利益冲突委员会可能建议对罗斯基金使用情况做单独审查，确保他遵守大学采购和其他伦理要求。

第四，要求一名博学、公正的人监管研究数据的收集、分析和报告。

第五，任命一名或多名博学、公正的人作为科室部门成员与员工的“安全港”，尤其是那些对安排有忧虑的人们。

（二）事实的变化

1. 研究描述

除了在手术过程中从病人身上提取小肠组织样本外，罗斯的协议还要求医生在病人小肠壁注射放射性复合物，以备后期生物标示物成像检测使用。这就允许小肠的复杂成像。

2. 风险效益分析

（1）人受体安全存在风险吗？

机构审查董事会发现注射对人受体造成较大风险，因为尽管风险不是致命的，放射复合物的注射及之后的成像可能会对人受体造成短期或中期伤害。然而，罗斯的利益冲突影响病人协议实施的风险是不变的。

（2）数据整体性会有风险吗？

协议引进一个新终端：分析小肠壁成像。然而，影像分析是由不冲突、独立的放射专家完成的，他们不会报告给罗斯。数据完整性风险没有显著变化。

（3）利益冲突的出现有风险吗？

人受体增加的风险会提高利益冲突出现的可能性。

（4）监管的利益冲突风险会增加吗？

监管的利益冲突不变。

3. 鉴于他的发明授权给诊断公司，随着人受体风险的少许增加，是否允许罗斯进行研究？

协议涉及造影剂注射到人受体，为生物标示物的出现成像。如果大学政策禁止此项研究，但政策认可可反驳推定，利益冲突委员会可能评估案例中的一些关键因素是否会驳回不允许罗斯为主要研究人员的推定。在关键性决定因素中，罗斯是否具备协议中特许的资质和技术；大学是否是唯一可进行研究的地方；独立的、没有冲突的研究者是否可能充当主要研究员。委员会建议一个包括下列部分或全部因素的管理计划。

（1）计划应该包括部分或全部之前列举的成分，还增加了罗斯向放射专家公开他的经济情况。

(2) 计划可能允许罗斯继续研究，但也要任命一位非该科室的无冲突并独立的主要研究员指导监管数据的收集与分析。

案例3：启动公司（新兴公司）

1. 研究描述

塞拉斯博士是大学血液学/肿瘤学部助理医学教授，也是卵巢癌的临床研究员。她发现卵巢癌细胞中一种蛋白，并标明附着在这种蛋白的单克隆抗体可在小鼠移植瘤模型中减缓癌细胞的扩散。还没有一家公司从大学授权单克隆抗体，而且全国卫生研究所也没有资助任何提议第一阶段人受体研究中找到可能证据的原理。

然而，塞拉斯博士是这一技术的有效捍卫者，并在当地集资开了一家小型生物技术公司进一步研究该项目。根据大学政策，塞拉斯获得同意成立公司，大学将该技术授权给塞拉斯的启动公司。公司提议赞助第一阶段的临床试验，在试验中，塞拉斯将单克隆抗体注射到患卵巢癌的人受体中，研究抗体在癌症进展中的效果。

2. 外部利益描述

塞拉斯博士只是最低限度参与到公司与大学之间的授权谈判。公司机构的监管显示，塞拉斯博士已得到100 000股创始人股票。她不是一名官导或董事会负责人成员或公司科学咨询董事会主席。然而，她是公司咨询董事会的一名成员，并且每年因为她的服务可得到30 000 美元。

3. 特定经济利益冲突存在吗?

肯定存在。作为公司的创立者，公司运用大学授权的实验室技术，塞拉斯博士在她的研究成果中有重大经济和知识产权利益，这可能会影响到试验实施和之后试验结果数据评估中的判断。国家高等教育协会指导原则和许多利益冲突机构政策禁止她作为主要研究员参与试验，除非可反驳推定被推翻。

4. 风险效益分析

当机构政策在某些情况下可能允许研究进行，这种安排有哪些风险?

(1) 对人受体安全会增加风险吗? 是否增加风险不能遵守协议选择或淘汰标准? 她是不是可能在征求同意过程中过分强调单克隆抗体的可能效益?

由于塞拉斯博士提议直接参加选择、征召和研究的同意过程，并在执行单克隆抗体中起重要作用，例如，她可以选择和征召病人以提高她自身的利益，但不能以最有利于病人的方式将他们安排到试验小组。她可能会告知病人研究存在的风险，并征得他们同意参加试验，但没有将科学事实或她个人的经济利益完全公布于众。

（2）数据整体性存在风险吗？

存在。塞拉斯博士通过选择那些不符合征召标准和以有利于单克隆抗体形式解释的数据，她的立场会影响试验结果，以便有利于她和公司的经济利益。

（3）利益冲突的出现和名誉损害会存在风险吗？

存在。卵巢癌严重的病人希望他们的医生的诊断是基于科学证据和临床经验的。塞拉斯博士可能受其利益冲突影响，为个人利益操控病人和临床试验，这种现象会损害她和学校的声誉。不利事件和不满意结果风险可能会由于单克隆抗体的安全性、有效性和其未知副作用而增加。塞拉斯博士作为主要研究者的利益冲突，既是现实的，也是表面的利益冲突。在试验实施过程中，她可能会将自己和机构的声誉置于危险当中，尤其是有不利事件发生时。这种声誉损害事后可能很难修补，即使她和机构行为都没有过错。

（4）研究结果会对公众有益吗？

尽管这一点上有点臆断，单克隆抗体治疗卵巢癌可被证明有效。严重卵巢癌病人希望能得以成功治疗，因此他们坚信潜在效益。然而，在这一阶段项目仍然缺乏重要的同行支持。初步的结果还不能提供足够的证据证明全国卫生研究所通过赞助所做的深入研究。

（5）鉴于塞拉斯博士的利益冲突，允许她参加研究吗？

基于大学政策和国家指导原则，利益冲突委员会很有可能限制或彻底禁止塞拉斯博士进行试验。在这个案例中，她可以选择通过减少或者放弃她的经济利益消除利益冲突。或者，大学可以选择决定塞拉斯是否能在可反驳推定的特殊情况下进行试验。测试说明理念后拥护者才能将其变为试验的证据，但是拥护者本身不能成为推翻可反驳推定标准的理由。实施试验时，特殊技术并不是必不可少的，因此可反驳推定验证的关键因素不能得以满足。而且，试验的评估似乎并不要求特殊技术，尽管主要研究员应该在人受体卵巢癌进程评估方面有经验。

利益冲突委员会可能会建议公司在另一机构赞助研究。如果大学校方认为与启动公司或试验保持密切关系对校方有利，委员会可以推荐试验在大学进行，但条件是塞拉斯博士不能作为主要研究人员，而且管理计划可以包括以下条件。

第一，确认一位独立的、无冲突的主要调查员，将其任命为院系调查者。在这个案例中，机构确保新的主要研究员不是塞拉斯博士的亲密朋友或亲戚，不会向她报告不是她授意的人受体。

第二，责令实验室或项目组所有成员向所有人受体研究参与者公开他们的经济关系。各自经济利益需以口头发言和与此主题相关的书面出版物形式公开。

第三，将塞拉斯博士限制在合作者或主要共同研究者角色上。

第四，禁止塞拉斯博士参与选择、征召或同意过程，禁止塞拉斯与人受体交流。

第五，人受体研究参与者的进展评估责任只指派新上任的主要研究员或指定的其他人完成。塞拉斯博士或其实验室成员在实验中的角色仅限于对不知情数据进行分析。

第六，如果大学持有启动生物技术公司股权，大学应该想办法报告机构利益冲突，或者在临床试验前放弃在公司的股份。

案例4：股票期权

（一）股票期权所有权

1. 研究描述

罗伯特博士是大学小儿科教授，作为主要研究员，他提议第二阶段临床试验要在儿童人群中验证惰性牛痘苗对呼吸道合胞病毒的安全性和免疫原。儿童受体会被注射这种疫苗，并与控制人群进行一段时间的对比，决定该疫苗是否可以保护儿童免受呼吸道合胞病毒引起细支气管炎。

提议研究的赞助商是SuperVax公司，它是一家公开交易的、生产疫苗的小型生化公司。呼吸道合胞病毒是引起婴儿和一岁以下儿童支气管和肺炎极为普通的原因，并且是在老年人或有其他病症的病人群中引起疾病的原因。罗伯特博士已经是由全国卫生研究所赞助的R01项目（研究呼吸道合胞病毒的基本免疫特点）的研究人员，他计划分析SuperVax在呼吸道合胞病毒临床试验中产生的样本作为R01项目的一部分。

2. 外部利益描述

罗伯特博士在SuperVax有股票所有权。公司股票正以低于他期权的运行价交易。

3. 特殊经济利益冲突存在吗?

存在。在生产研究药物的公司持有股权被认为是重大金融利益。当公司也赞助研究时冲突会增加，即使这时持股者的利益不能获得价值。如果研究证明疫苗安全有效，随后授权给大公司销售，罗伯特的股权价值可能大幅度增加。这种可能性会影响他在临床试验中的判断。需要额外呼吸道合胞病毒样本可能会激发罗伯特博士实施劳斯氏肉瘤病毒（RSV）试验，这有益于他的全国卫生研究所赞助的研究，这种关系不是经济利益冲突，并且利益冲突委员会可能要求更多信息来确定是否出现其他利益冲突。

4. 风险效益分析

机构政策可能允许他的研究在某些情况下进行，那么这种安排的风险有哪些？

（1）对人受体的安全会增加风险吗？增加风险是否不能遵守协议选择或淘汰标准？他是不是可能在征求同意过程中过分强调药物的可能效益？

罗伯特博士的股票所有权和希望公司成功可能会影响到对控制病人的征召和实验组群，而且可能会影响到两组病人的临床评估，以有利于疫苗实验的成功。他可能在疫苗长期效应得到认可之前通过 SuperVax 向很多大公司的疫苗商授权实现收益增加。

（2）数据整体性存在风险吗？

在这种情况下，数据整体性内在风险可能比个体研究参加者的风险更大。罗伯特博士希望增加公司股票的价值并提高自己的经济利益，这可能会影响他如何从儿童受体的实验组和控制组记录来解释数据，以有利于疫苗的成功。

（3）利益冲突的出现会有风险吗？

风险一定出现，并且因为受体是婴儿和一岁以下的儿童，风险会更大。即使有利益冲突管理，也可能说服公众数据的操作可以避免，并能对机构的完整性和调查者执行涉及婴儿的试验提出质疑，这种实验有经济收入的可能性。

（4）研究结果会使公众获益吗？

是的。呼吸道合胞病毒是一大健康问题，一种有效疫苗对于孩子和成人来说能防止严重疾病和经济损失。

（5）鉴于罗伯特的利益冲突，还允许他作为主要研究员进行研究吗？

如果罗伯特不同意放弃期权，由于他存在利益冲突且情况不能使可反驳推定测试例外合理化，美国医学院协会指导原则和高等教育机构政策会禁止他作为主要研究员参加临床试验。实验是一种多实验研究，罗伯特并不是唯一有资格的主要研究员。然而，由于可能存在巨大公众利益，在允许实验进行前，机构可以考虑增加以下一条或多条条件。

第一，要求一名没利益冲突的独立的主要研究员来取代他。新的主要研究员向人受体公开其经济状况，或要求其父母也公开经济状况。

第二，如果罗伯特作为研究员合作参加试验，前提至少是要公开研究赞助者和疫苗生产商取得的经济利益。这一信息需在与此研究相关的所有出版物、公开发言及取得同意表格中体现出来，并与研究团队成员共享。

第三，要求所有出版物和公开发言由研究者们完成，而不是 SuperVax 公司代笔。

第四，禁止罗伯特博士参与人受体选择、征召和取得同意过程，而且之后试验的各个阶段或评估阶段不与人受体交谈。

第五，要求人受体的临床评估由新任主要研究者或任命的其他人执行，任何由罗伯特博士及其试验人员分析的资料，都仅限于不知情数据。

（二）次要同事或研究者

1. 研究和外部利益描述

罗伯特博士提议他的一位同事布瑞尔博士在研究中作为主要研究员。布瑞尔博士是一名助理教授，她需要发表论文确保升职。SuperVax 对该大学的大笔资助包括预算 10% 作为对布瑞尔博士薪水的补贴，但这部分预算是以布瑞尔博士对研究做出的努力为基础的。她与该公司没有顾问或股权关系。

2. 特殊经济利益冲突存在吗？

布瑞尔博士没有直接的利益冲突，因为她的薪水是由大学支付的，不是直接从 SuperVax 获得的。

3. 布瑞尔博士被允许继续研究吗？

只要她独立于罗伯特博士，那么她参与的研究不存在风险。如果她既不向罗伯特报告，又不受罗伯特的监管，在实验进行时她是不会受到罗伯特影响的。

案例 5：股票与专利

1. 研究描述

维斯博士和格鲁恩博士是大学肺科成员，琼斯博士是大学药科副教授，他们提议进行第二阶段的、由膀胱纤维基金会赞助的随机性、不知情安慰剂控制的试验。研究的目的是验证口服药物对囊胞性纤维瘤病人肺部炎症消除的效应。维斯博士和格鲁恩博士共同作为主要研究员，琼斯博士是合作者。研究是基于先前发现囊胞性纤维瘤病人谷氨酸盐水平降低，谷氨酸盐水平降低会引起肺炎，而神经链调整术（NAC）增加血白细胞中的谷氨酸盐。

动物研究揭示神经链调整术会减少囊胞性纤维瘤病人肺部炎症。文献进一步指出血白细胞对囊胞性纤维瘤病人肺病起着关键作用。维斯博士和格鲁恩博士监督囊胞性纤维瘤病人的用药，抽取血样迅速送往琼斯博士实验室评估病人对药物的临床反应。琼斯博士会运用多参数血细胞计数法（FACS）分析血样中细胞内谷氨酸盐的含量。这种方法是实验室开发并用于测量血白细胞中的谷氨酸盐含量的。

血白细胞一旦从人体抽出来，就会改变其功能特点，因此时间很关键，样本必须在收集后的一小时内进行分析。琼斯博士实验室也研发了新的措施，防止血白细胞的人工激活。因此，样本必须在琼斯工作地点收集。到另一地点的运送时间和样本的震动可能会引起血白细胞的激活，从而可能毁掉结果。

2. 外部利益描述

琼斯博士提供神经链调整术复合物给私有启动公司，大学为囊胞性纤维瘤病人使用神经链调整术申请专利，发明人是维斯博士、格鲁恩博士和琼斯博士。这家公司不是现在唯一生产神经链调整术的有声望公司，但公司没有为此用途的专利利益。作为为研究提供复合物的报偿，公司要求一份将大学神经链调整术专利授权给公司的物质转移协议。如果试验成功，公司会销售神经链调整术来治疗患囊胞性纤维瘤的病人，大学和专利发明人会享有股权。

3. 特殊利益冲突存在吗?

三位研究者都有与研究相关的经济利益冲突。琼斯博士在生产复合物的公司拥有股权，而且如果治疗成功，琼斯也可以通过授权的股权受益。其他两位研究员只能从可能的股权价值中受益。

由于公司的私有性质，琼斯的股票不太容易估价。然而，启动公司的普通股可以代表重大金融利益，尤其是，如果研究结果有效，公司继续出售神经链调整术。美国医学院协会指导原则建议在与临床研究密切相关的启动公司持有股权的研究者应该禁止参与研究，除非可反驳推定测试能够由于特例而被推翻。

人们可能会质疑三名研究者也有与利益冲突相关的收入。许多高等教育的机构销售政策要求每一名在商业公司有经济利益的员工要公开其利益。这种公开引起采购条件的监管，以确定员工是否利用职务影响采购决定而提高他们的经济利益。利益冲突委员会可能发现，在这个案例中没有与利益冲突相关的收入，因为公司被描述为唯一神经链调整术的销售商。

4. 风险效益分析

机构政策可能允许研究在某些情况下进行，那么这种安排有哪些风险?

(1) 对人受体的安全会增加风险吗? 是否增加风险不能遵守协议选择或淘汰标准? 琼斯是不是可能在征求同意过程中过分强调药物的可能效益?

是的，会对研究参加者的安全造成风险。维斯博士和格鲁恩博士在参与研究人员的选择、征召、同意的过程及临床评估的过程中，如果研究结果有利于神经链调整术的使用，他们的判断可能会由于希望得到可能的股权而受到影响。

(2) 数据诚信存在风险吗?

是的。尤其是琼斯博士的经济利益可能影响到他对数据的分析。维斯博士和格鲁恩博士在如何记录临床评价方面可能会受到影响。然而，这种风险会降低，因为研究是双盲安慰剂对照研究。

(3) 利益冲突的出现会有风险吗?

是的。公众和囊胞性纤维瘤的病人希望他们的医生和科学家们分析数据，避免数据安全性和人受体的安全性受到威胁。这里的风险可能会由于三位研究者在试验结果中的经济利益而增加。

(4) 研究的结果会对公众有益吗?

是的。肺部炎症是囊胞性纤维瘤的一种严重的并发症。囊胞性纤维瘤病人的并发症的缓解会改善他们的健康和生活质量。

(5) 维斯博士、格鲁恩博士和琼斯博士鉴于他们的经济利益冲突会被允许参加研究吗?

首先应要求这三位研究者减少或者消除他们的经济利益。美国医学院协会指导原则建议，如果研究人员不放弃利益冲突，就不应该进行临床研究，除非他们有特别的理由推翻可反驳推定测试。然而，对三位研究员不利的是，维斯博士和格鲁恩博士好像并不独自具备实施试验的资格，即使囊胞性纤维瘤病人在治疗过程中不需要临床专业和技术。由于大学可能有一两个已有专业受体人群的囊胞性纤维瘤专家，利益冲突委员会可能迫不得已允许他们参加研究，尤其是鉴于他们与琼斯博士的合作。利益冲突委员会可能发现，琼斯博士是由于其实验室对血白细胞的谷氨酸盐含量的特别分析法，而成为唯一合格的研究者。各种情况综合可能出现迫不得已允许试验在大学进行，同样也迫不得已要使用公司的神经链调整术，因为没有别的研究方法。

如果大学政策允许这种安排，利益冲突委员会可以考虑管理计划是否允许研究进行。在这种情况下，机构可能考虑增加以下一条或多条管理条件。

第一，至少要求三位研究员通过相关出版物、公开发言和赞同的许可条件形式公开自己的经济利益，这种信息也要提供给研究团队的其他成员。

第二，如果维斯博士和格鲁恩博士被认为是唯一可以选择和征召人受体，那么要求不向他们报告的无冲突人员需取得研究参与人的同意。

第三，要求监管委员会组织监督征召、选择和同意过程的诚信，评估原材料并监管手稿。委员会要求科室主任分担一些责任，确保研究的责任和伦理实施。

第四，要求医院药科对药品和安慰剂的监管对病人保密，并且编码直到研究结束。

第五，要求从琼斯实验室得到的细胞计数法和其他试验数据，一经收集立即安全储藏，以防任何编辑意图直到编码解除。

第六，试验治疗阶段结束后，要求研究者对原始数据的分析对病人治疗分配小组是保密的。

第七，完成初步分析后，要求独立于琼斯博士、维斯博士和格鲁恩博士的数据统计者破译编码并分析试验。数据统计者必须以预先定的端点和结果测定为基础，并确定试验仪器与试验端点不同。

案例6：授权知识产权、启动公司股权所有权

1. 研究描述

里弗博士是大学人类遗传学和药科教授、癌症研究专家。从动物研究中，他开发了一种由易传染的腺病毒而来的可以治疗各种癌症的基金治疗带菌物（IP）。这一突破已被认可为重要的知识产权，而且大学研究基金会已经授权给里弗博士的启动公司。马丁博士是另一名独立于里弗博士的同一系部成员，他被提议作为大学第一阶段安全性试验的主要研究员，对患有周期性卵巢癌的女患者使用里弗博士研制的带菌物实现基因治疗。

试验的目的是验证：①最大使用量、麻醉范围、潜在遭遇IP供应、抗肿瘤临床活动；②对IP供应的生物效应；③对IP产生的免疫反应。里弗公司计划通过给马丁博士提供基金赞助研究，作为回报，马丁博士提议将数据分析转包给里弗博士大学实验室，并且里弗博士提议作为转包试验的主要研究员。他会将5%的精力投入该项目。然而，他不会向基金索要薪金，因为他可以使用可用基金的很大一部分；而且，大学系部的两名成员在这一项目分担费用和工作。里弗的博士后同事由于投入85%的精力得到补偿，他的研究人员在该拨款中由于投入50%的努力得到补偿。

2. 外部利益和大学角色描述

当发明专利被大学研究基金会建档时，里弗博士、他的合作者和其他同事会以发明者身份出现在名单上。马丁博士既不是作为发明者列于名单之上，也与授权发明的启动公司没有任何关系。

里弗博士成立的启动公司也只处于启动的早期阶段。当公司成立之时，要从外面雇佣一名执行总监。然而，里弗博士是负责科学事务的副校长，他的配偶是公司的财务主管。他们没有任何实验室，但里弗博士和他的配偶在家里地下室有一间办公室。里弗博士和他的配偶、他的系部及学校研究基金会也在授权协议中通过分配方案收到费用和版税。里弗博士处于系部资深地位，但他的配偶与此没

有关系。在启动公司拥有股权的同事们和里弗博士一样，在同一系部拥有一定的系部职位，但他们没有参加研究或参与人受体的招募。系部主任与公司没有关系，但是在大学政策指导下，系部可能会由于版税分配获益。

3. 特殊利益冲突存在吗?

在几个方面都存在冲突。美国医学院协会指导原则和高等教育机构政策在启动公司解释了股权，以及由于授权知识产权收到版税作为主要的经济利益，可能会影响研究者实施研究的判断。里弗有利益冲突，因为他作为启动公司创立者持有股权，现在公司提议赞助由马丁博士进行的临床研究并转包给里弗博士。

大学或大学研究基金会的股权及董事长在将来版税中的股份构成了机构利益冲突，这也可能是大学不能实施研究的一个原因。如果研究结果有利于里弗博士的基因疗法带菌物，那么里弗博士和校方都会由于拥有股权而受益。里弗博士的利益冲突会由于他对大学和公司两方冲突负有责任而可能恶化，因为他和他的配偶是公司的领导。即使他不处于公司领导地位，冲突也无法消除，因为利益冲突规定包括了主要研究人的配偶。马丁博士没有个人利益冲突。

4. 风险效益分析

机构政策可能允许研究在某些情况下进行，那么这种安排的风险有哪些?

(1) 对人受体的安全会增加风险吗? 增加风险是否不能遵守协议选择或淘汰标准? 马丁博士是不是可能在征求同意过程中过分强调药物的可能效益?

不会。因为马丁博士没有经济利益，不会影响他执行试验角色的判断。

(2) 数据安全性存在风险吗?

存在。因为所有试验都是转包给里弗博士做的，他在赞助公司的股权及将来售卖时对收益的期待，会影响到他进行试验及对数据的收集和解释。

(3) 利益冲突的出现存在风险吗?

存在，而且风险很高。公众可能会因机构或研究者存在利益冲突攻击基因疗法试验，在这种情况下机构利益冲突很难得到管理。

(4) 试验结果会使公众受益吗?

是的。成千上万的女性刚诊断为卵巢癌，还有成千上万的女性死于卵巢癌。由于成像率无效及症状不明朗，卵巢癌患者在初次诊断时，大部分女性癌症已经发展严重了。在该提议研究中，所有患周期性癌症的人受体对这时的治疗没有反应。新治疗方案可能会缩小肿瘤或使之得到控制并延长病人的生命，而且不需要承担重度麻醉的风险。改良这种疾病的病毒疗法可以影响到一系列其他疾病的基因疗法策略的发展。

(5) 鉴于研究者和大学的利益冲突允许他们进行研究吗?

AAMC 指导原则和多数机构政策禁止里弗参与试验。他的经济利益不能得到有效管理，而且事实不支持可反驳推定测试的例外情况。

大学可以通过放弃提供赞助的启动公司股权消除机构冲突。如果有另一独立于里弗博士的实验室可确认进行试验，马丁博士可以没有任何利益冲突而在大学进行试验。然而，他应该谨慎，不向里弗博士咨询试验的任何方面，而且不应该在公布之前讨论试验结果。

假设不允许里弗博士作为转包商参加试验，相关利益冲突问题将会继续存在。一个问题是他的员工或学生可能以不合适的身份加入，另一问题可能会集中于他计划让系部分担薪金成本。要求大学为代表公司付出的努力付费，可能会造成他对委托公司委托责任的违约。

案例7：冲突监管、启动公司股权、知识产权与独立开发

(一) 冲突监管、启动公司股权和知识产权

1. 研究描述

威尔逊博士是大学神经学系主任，她研制了一种能在很大程度上减缓早期阿尔茨海默病的药。这种药是在她的实验室与维斯博士合作研发的，维斯博士不是系部终身助理教授。她的实验室关于动物试验研究前景可观，遵守大学政策，威尔逊博士得到首肯组成一个启动公司并赞助 0 和 1 阶段及随机的 2 阶段临床试验，在试验中她将作为主要研究员，而维斯博士是合作的主要研究员。

威尔逊博士提议大学将新药物授权给启动公司，她作为公司的总经理和执行总监，维斯博士是研究的副总经理。她要代表公司谈判授权，因为她要说明除她外没有别人可以做这些研究，而且公司没有雇佣代理人或 CEO 基金。她将为公司寻求资金，她也认识到一切完成后，她自己的股权所有权会减少，而且得雇佣一名新 CEO。她计划作为人事董事会主席和科学咨询委员会主席，同时设立科学咨询委员会。

2. 外部利益描述

威尔逊博士提议她在初步成立的启动公司拥有 80% 的股权，大学和维斯博士各拥有 10% 的股权。威尔逊每年由于她的董事会主席和科学咨询委员会主席的身份责任每年可得到 40 000 美元。一旦药物成功上市授权条件包括专利税支付。根据大学政策，费用将会分配给威尔逊博士和维斯博士，分配给大学研究账户、他们所在系部、医学院及大学。由于提议时还没有取得资金，公司价值不易

评估。

3. 特殊利益冲突存在吗?

存在。执行和经济因素可能会影响到提议研究的实施，会对参加研究的人受体、研究员和大学造成风险。

作为系部主任，威尔逊博士是大学领导，有权对维斯博士的将来做决定。她有权决定维斯的年薪，分配他研究所需的空间和资源并指派教学任务。她可能会影响维斯博士的升职和终身受聘。作为系部主任，威尔逊也有立场对她的研究项目分配空间和资源。没有进一步分析人的安全性和研究数据整体性的潜在风险，很多机构可能得出存在执行性机构利益冲突。

鉴于她在大学的行政责任，威尔逊在公司被提议的角色极大违背了她对机构和同事的基本承诺。学校领导对最有利于机构利益的行为有委托责任，但是在州及某些情况下，联邦法律、公司领导对最有利于公司利益的委托负有责任。

许多机构不允许系部作为赞助研究公司的领导及董事会成员，尤其是系部成员是大学的领导。即使她不是系部主任，机构也认为她对机构的委托责任排除她成为赞助研究公司领导或董事会成员。许多大学都有类似的政策。

除此之外，初级卫生保健（PHC）规定及 AAMC 和 AAU 指导原则确认与外部研究赞助商的某些关系，可能会影响有利于经济利益的研究结果。这些包括补偿服务费，如对科学顾问董事会成员的补偿费用，以及公司管理层领导或董事会成员的费用及股权和版税。

除机构的和监督的利益冲突外，威尔逊博士和维斯博士还有个人利益冲突，因为他们在公司有经济利益，这可能会影响他们的设计研究协议、选择和征召人受体，并影响他们收集及分析数据及公布研究结果。

4. 风险效益分析

当机构政策在某些情况下可能允许研究进行时，这种安排存在哪些风险?

(1) 对人受体的安全会增加风险吗? 增加风险是否不能遵守协议选择或淘汰标准? 她是不是可能在征求同意过程中过分强调药物的可能效益?

是的。威尔逊博士和维斯博士在公司享有股权和可能版税收益，如果他们选择人受体、监督试验药物，或以一种有利于研究结果的方式向人受体说明风险性，也可能有机构利益冲突。大学的股权所有者身份可能会影响他们对研究的监督，尽管这种风险可能是表面的而非真实的，因为负责大学投资的个人通常与研究的管理部门如机构审查委员会和研究人员没有直接关系。大学应该注意机构冲突会很难处理，如果那些人既监管大学的研究，又监督技术转让，同时还要为大学投资的公司做决定。

（2）是否存在威尔逊博士和维斯博士的经济利益会使他们损害数据诚信的风险？

存在。他们的利益冲突既影响他们设计协议和实施协议，而且影响他们收集、分析和报告数据。

（3）有利益冲突存在的风险吗？

存在。如果大学和研究人员双方都有巨大经济利益，即使冲突得到解决，利益冲突也持续存在，并且会影响到研究人员个人和大学的声誉。例如，利益冲突委员会可能考虑监督维斯博士在院系的发展，并决定他的薪金、职位及对另一名系部主任的资源。然而，这一策略不可能让院系其他成员和公众消除这样的想法，即威尔逊博士仍能影响维斯博士的学术生涯或仍能正面或负面影响研究结果。

（4）研究结果会使公众受益吗？

这种药物可能会延长阿尔茨海默病患者的生活质量。这可能让这些病人和他们的家庭受益，对公众可构成经济和知识积累。然而，如果没有放弃其经济利益或管理冲突，对药物治疗有效性的研究就会受到质疑。

（5）威尔逊博士和维斯博士允许进行公司赞助的临床试验吗？

大学应寻求技术的外部评估，并针对技术许可是否应在启动公司或其他公司进行。将这些评估结果作为商谈的基础，考虑到股权的国家标准和机构政策，大学应该代表自身谈判并允许威尔逊博士参加谈判。然而，最好的方法是，公司聘用一名独立总裁或代理人与大学就许可条件达成一致，而不是由威尔逊代表公司签署。无论如何，当大学在提议赞助机构研究的公司持有股权，大学出现的利益冲突将很难处理。如果公司计划赞助由威尔逊博士进行的研究，多数大学不允许威尔逊博士做公司领导或者董事会成员。她得采取措施远离公司的管理阶层。而且，多数大学不允许组成启动公司或不允许研究进行，因为如果威尔逊博士是系部主任，她可能会控制合作实验员维斯博士。

尽管维斯博士没有行政冲突，他在启动公司的股权及潜在的版税费可能会影响他进行研究和解释研究结果的判断。这些冲突很难处理，因此，利益冲突委员会应该既不允许启动公司的组成，也不允许大学和研究人员参与赞助的临床试验。理论上来讲，威尔逊博士和维斯博士可以放弃他们在启动公司的经济利益，但解决办法并不现实，因为两人没有补偿是不可能投入精力的。

研究也可能在其他机构受到赞助，在这种情况下，大学在公司没有股权。或者，研究可能在该大学由不同研究人员进行。如果是这样，管理计划可能包括以下条款。

第一，要求新研究人员独立于威尔逊博士和维斯博士。

第二，规定威尔逊博士和维斯博士不能在公司以领导、董事会成员和科学咨询委员会主任身份占据管理层岗位，但是他们可以充当试验顾问或科学咨询委员会成员，每一项付出努力的承诺必须维持在允许范围之内。

第三，允许威尔逊博士与大学商谈许可条件，因为只有她一人具备科学资质。还应该注意确保在业务条件谈判中，大学不能由于是两名系部成员的雇主而占不公平优势。然而，最好的策略是通过代理人代表公司而避免可能的冲突。

第四，允许威尔逊博士和维斯博士请求有限度参加临床试验。如果请求被批准，这种请求不包括与人受体联系，不包括数据收集。

第五，规定数据分析仍要由公正的专家监管。如果有必要让威尔逊博士和维斯博士作为顾问参加，应该要求他们完全公开他们的外围参与，公开他们在公司的角色，公开他们可能的版税费用。人受体也应该知道这种公开信息，而且完全公开信息应该在与临床试验有关的各种出版物中公布。

第六，让威尔逊博士和维斯博士认识到，他们的公司所有者身份和顾问地位会影响他们如何在大学进行与药物有关的研究。例如，他们会有利益冲突，如果他们申请 NIH 拨款进一步开发技术，可能研制一种可以预防和治疗阿尔茨海默病或延缓发病症状的药。这一冲突需要小心谨慎、严格审查，而且如果新研究项目直接指向威尔逊维斯启动公司，大学也可能公开负责其“流水线操作”。

（二）威尔逊单独开发这项技术

最初她提议在启动公司大学持 20% 的股权，她持 80% 的股权。由于共同资金投资，她的股权将降到 20%~30%。其他情况不变。

1. 特殊利益冲突存在吗？

存在。由于经济利益，研究的失真性可能会增加，因为如果维斯博士不加入公司，威尔逊博士在公司的股权份额和预期的售卖收益会增加。

由于委托责任破坏引起的冲突不能消除，许多机构不允许它们的系部成员在赞助研究的公司担任领导和董事会成员。作为系部成员，威尔逊博士发现她在大学或公司处于不利地位，而且大多数机构推定利益冲突不能应对。

2. 威尔逊博士被允许进行公司赞助的临床试验吗？

如果大学没有股权，这是可能的。在这种情况下，利益冲突委员会会权衡两位系部成员的利益与风险，他们想开启动公司、持有股权可能收到版税收益，并进行由该公司赞助的临床试验。然而，可反驳推定指导原则揭示出威尔逊博士和维斯博士并不是唯一有资格监管药物观察阿尔茨海默病疗效的人，机构也不是唯一有资格进行试验的场所。相应地，不利于他们进行临床试验的推定不可能克服。研究有可能在其他赞助机构进行，在这种情况下，大学可以持有股权。

案例8：有争议基金资源和研究目的

1. 研究描述

克奥博士是一所大学医学院放射科教授，也是功能性磁共振专家。在脑电图工作方面全美国闻名，脑电图可以在各种日常活动期间成像，如每当人们对吃、穿和做事情做出选择时。克奥博士将他的发现与有关某些活动的其他研究，以及各种与大脑部分联系的正面和负面情绪相关联。多年来他建立了一组证据说明：在某些情况下，了解那部分大脑成像可能预测个体做出的选择。

一家知名肥皂公司联系到克奥博士，提议在医学院赞助一项人受体研究，由克奥博士担任主要研究员。在研究中他问人受体有关肥皂产品的问题和有关的不同广告策略以决定他们喜欢什么。公司要利用结果改善营销方案，并要求独家享有研究结果权。克奥博士也已经言明，他和大学校方都不允许对自由出版做出限制。

克奥博士建议使用医学院的核磁共振成像设备，并向大学提供由肥皂公司提供的部分研究基金。在这项提议中，他认为研究允许他验证选择的新方法，还认为无论研究结果如何使用，研究都是有效的。他还认为，该项研究与药物试验没有太大区别，因为药物研究赞助的公司希望最终药物上市销售。

2. 外部利益描述

克奥博士与肥皂公司没有利益关系，也不会产生专利技术。肥皂公司也不是大学的销售商，该大学及学校领导在肥皂公司也没有投资。

3. 存在特殊利益冲突吗？

根据AAMC和AAU指导原则或PHS规定，不存在经济利益冲突。利益冲突委员会可以断定没有管理权，大学应该启用其他更合适的场所，考虑与赞助项目有关的问题。

问题是，该研究项目是否构成有效研究并与大学任务一致，或者肥皂公司想让大学参与的是不是一种销售服务。可能利益冲突程度可以通过这样的问题得到澄清：是否维持基本学术价值？该研究符合机构研究的任务吗？机构资源与设备运用合理吗？如果项目解释为一项销售服务，那么利益冲突委员会可以断定研究人员和大学任务的利益冲突存在，并且研究这一项目可能有对大学和研究人员造成名誉损害的风险。利益冲突委员会应该考虑拒绝该项目，并剥夺克奥博士的学术自由；大学的设备的购买主要用于病人治疗与研究，不用于销售服务项目研究。除此之外，这项服务是否与大学的非利润税务状况相符。

这可能产生几个不同的结果。利益冲突委员会可能断定克奥博士提议的研究应该归于人受体研究，因为他提议通过验证在其他研究中没有验证的选择来评估人类行为，还因为他有客观的研究结果记录。在这种情况下，研究可以进行。另外，利益冲突委员会可以断定赞助商研究的理由和它计划在销售中的使用，可能将该项目定为销售研究。与药物研究相比可能不相关，因为药物研究结果不直接指向销售，而是为疾病寻求治疗方案，即使公司最终会以此为基础销售药物。在这种情况下，研究可能会被拒绝。最后，利益冲突委员会可能会断定，即使研究可能认定是合适的，有争议的赞助资源和目的构成大学机构任务的一大利益冲突。在这种情况下，风险利益分析可能对决定是否允许研究继续进行有用。

4. 风险利益分析

机构政策可能允许研究在某些情况下进行，这种安排的风险有哪些？

(1) 对人受体的安全会增加风险吗？增加风险是否不能遵守协议选择或淘汰标准？他是不是可能在征求同意过程中过分强调药物的可能效益？

由于研究不是人体内的，与人受体的身体安全没有直接关系。

(2) 数据诚信存在风险吗？

与大学任务的冲突不可能影响克奥博士在进行和公布研究时所做的决定。

(3) 会出现利益冲突吗？

不会出现经济利益冲突，因为学校和克奥博士不会有经济利益。然而，存在很大风险，因为公众可能认为该研究活动与大学应做的事情不符，即使是一项存在争议的研究，是否有价值去做。另外，克奥博士和学校的声誉会受到挑战，即使不存在经济利益冲突，学校购买用于病人治疗和研究的设备会用于该项研究。大学可能很难为使用学校设备的研究辩护。

(4) 研究的结果有利于公众吗？

进一步研究大脑功能可能有利于医药和科学，尽管克奥博士可能在他的由其他赞助商赞助的研究中更有效提出该问题。

(5) 研究允许在该机构进行吗？

对于效益是否大于风险，对于如何区分售卖服务与机构适当研究的界限，机构可能有不同观点。克奥博士作为主要研究员没有特别利益冲突，因此，没有特别管理可能会要求他在出版物中特别公开。

案例9：许可、咨询和启动公司股权

1. 研究描述和研究者在大学中的角色

杰弗森博士和索尔瑞斯博士是大学神经外科终身教授，他们发明了一种含有化疗药物的晶片，认为可积极治疗脑瘤。在动物研究的基础上，他们设想在脑瘤缓慢释放化疗药物可延长病人的生命，他们的生命从确诊只有六个月时间。杰弗森博士和索尔瑞斯博士提议作为合作主要研究者以10个病人一组研究第一阶段晶片的安全性。NeuroX公司曾从大学获得许可使用晶片，赞助第一阶段研究。

2. 外部利益描述

NeuroX是早期研究的生物技术公司，它是取得大学同意后由杰弗森博士创立的。许可协议包括先预付的费用、3%的销售收益、再许可方售卖收益的10%，以及公司创立者10%的股权。根据大学知识产权政策，杰弗森博士和索尔瑞斯博士会在大学股票售卖收益中分得40%；他们的实验室会分到30%的股票售卖收益。同种分配方案也同样适用于费用和特许使用费。

然而，许可事件授权时，根据对大学完全公开协议，杰弗森博士用一大笔钱买断了索尔瑞斯博士在可植入晶片的所有经济利益。他是大学系部唯一在NeuroX公司和可植入晶片拥有经济利益的成员。NeuroX投资者还为杰弗森博士提供另外10%的股权收益，并且让他做公司科学咨询委员会主任，每年向他支付50 000美元。

3. 存在特殊利益冲突吗?

在提议项目中，索尔瑞斯没有经济利益。杰弗森博士的经济利益已大大超过AAMC和AAU或PHS政策允许的范围。因此，利益冲突委员会决定杰弗森博士不能参加研究，除非他能反驳不利于他参与研究的推定。杰弗森博士认为，作为技艺精湛的脑外科医生和晶片的共同创造者，他是唯一有资格参加研究的人。他告知利益冲突委员会，他不打算参加大规模的临床试验。然而，他的外科技术需要在第一阶段研究对晶片放置步骤进行调节。他和索尔瑞斯博士优化了动物研究过程，但是在人体试验中必须更加完善。他也表示欢迎对数据收集和分析步骤进行审查。

4. 风险效益分析

如果机构政策在某些情况下可能允许研究进行，那么这种安排的风险有哪些?

(1) 对人受体的安全会增加风险吗? 增加风险是否不能遵守协议选择或淘汰标准? 杰弗森是不是可能在征求同意过程中过分强调药物的可能效益?

根据研究协议，在临床指示的脑外科手术过程中将植入晶片。然而，除去脑瘤外，杰弗森博士和索尔瑞斯博士会植入晶片。关键研究点是幸存者。杰弗森博士可能从他的病人中征召，他对病人影响很大。病人可能认为医生的建议很合理，而且公开植入晶片的实验性质几乎没有风险。某研究也显示医生在产品中的经济利益会增加病人对产品有效性的信任。鉴于杰弗森博士有重大金融利益，在征召和取得人受体同意时会有偏见。然而，杰弗森博士会让索尔瑞斯博士负责征召受体者并取得他们的同意，索尔瑞斯博士没有经济利益冲突。

(2) 是否存在为了经济利益杰弗森博士可能对数据诚信妥协的风险呢?

杰弗森和索尔瑞斯研究团队收集分析数据。研究设计和数据分析可能很难辨别，因为没有内部监督，如数据安全监督委员会这样一个协调机构分析数据，并通过与别家研究机构的数据相比较确认数据的有效性。为提高 NeuroX 公司的价值，为可能的利益会出现过分强调试验结果的风险。公司因此更像是投资商或投机资本家的诱人投资或投机取巧的靶子。

(3) 存在利益冲突出现的风险吗?

杰弗森博士存在利益冲突出现的风险，因为他是晶片的发明合作者，对于成功治疗有重大金融利益。如果研究按提议允许进行，杰弗森博士和机构会有声誉风险。索尔瑞斯博士在晶片中是知识投资，但推定是同行审查，这会将利益类型中立化，与其他公布研究者的研究结果中没有直接经济利益的研究一样有效。

(4) 研究的结果有利于公众吗?

如果成功，研究可能有巨大医疗利益。

(5) 允许杰弗森博士和索尔瑞斯博士进行由公司赞助的临床试验吗?

利益冲突委员会根据机构利益冲突政策必须评估这一案例：受管理的利益冲突风险及允许杰弗森博士参加研究的可能利益。利益冲突委员会可能断定，如果杰弗森博士不参加研究，公众利益也可以获益，因为索尔瑞斯博士同样有经验、有技术。

如果利益冲突政策明确禁止有冲突研究员参加研究，杰弗森博士要么放弃研究，要么在研究进行时将自己的经济利益降低到可接受标准。如果利益冲突政策禁止这种安排，但考虑到有例外情况，利益冲突委员会应首先确定是否确保一种例外情况。

这是单中心研究，在一定程度上由有冲突研究者控制。即使管理计划强制利益公开，限制杰弗森博士征求人受体同意，并监管数据收集与分析，由于存在利益冲突，任何临床试验的不利结果都会招致质疑、批评，甚至可能会引起诉讼。如果赞同受管理的利益冲突，机构会承担很大的风险。

利益冲突委员会可能发现杰弗森博士没能反驳排除他参与研究的推定。关于他是唯一有资格参加研究的外科医生的证据，可能不令人信服，因为索尔瑞斯博士和杰弗森博士一起研制了可植入晶片，并一起进行初步动物实验和手术。在这种情况下，只能允许索尔瑞斯博士进行研究。

如果杰弗森博士提供说服力强的证据证明他必须参加试验，利益冲突委员会加强严格的管理可能包括以下几点。

(1) 要求杰弗森博士以口头发言及书面出版物形式在征求同意表格上公开他和机构的经济利益，向可能受体者、研究团队其他成员及所有合作者公开。

(2) 只允许索尔瑞斯博士或其他指定不向琼斯博士汇报的个人说服并取得同意。琼斯博士可能会向受体者解释研究步骤，但他不能参加征召和征得同意过程。

(3) 由于杰弗森博士和索尔瑞斯博士的密切关系，要任命一名或多名知识渊博、公正的个体监管数据收集与分析。

(4) 允许杰弗森博士作为合作研究者，但大部分责任由索尔瑞斯博士承担。索尔瑞斯博士和一位独立监管者应该向利益冲突委员会确保研究设计是有效的，因为研究是杰弗森博士设计的。

(5) 要求杰弗森博士将公司支付费用降低到机构政策要求的最低量，即低于10 000美元。他应该放弃科学咨询委员会主任的职位，但是可以继续任科学咨询委员会成员。

案例10：公司股权、竞争公司研究

1. 研究描述及研究者在大学的角色

巴格丽博士是大学医学院整形外科副教授。她在Curvno公司有股权投资，使得该公司在早期阶段得到发展，现在出售一些高度专业化并大量使用的脊柱手术装置。她很谨慎避免参与医学院的采购过程。Insertco是一家竞争公司，联系巴格丽博士作为主要研究员参加新开发装置第二阶段的临床试验，这一新装置在市场上将与Curvno最赢利的设备竞争。巴格丽博士将提议递交给大学监管。

2. 外部利益描述

巴格丽博士在Curvno公司的股权约为15%，超过了大学利益冲突政策的限量。

3. 存在特殊经济利益吗?

存在。巴格丽在Curvno公司的经济利益会依临床试验结果及竞争脊柱手术装置的销售情况受到有利或不利影响。

4. 风险效益分析

(1) 对人受体的安全会增加风险吗？是否增加风险不能遵守协议选择或淘

汰标准？她是不是可能在征求同意过程中过分强调药物的可能效益？

存在风险。巴格丽博士可能征召的病人从外科器械获益不大，或她可能对某些病人夸大风险损害试验的结果。

（2）数据诚信存在风险吗？

存在。巴格丽博士可能对数据诚信妥协，在验证竞争装置时取得不利结果，以便保护她在 Curvno 公司的经济利益。这可能发生在植入层次、有关结果的数据收集与分析、数据说明及手稿起草过程中。当然，如果在别的地点进行的试验反驳她的报告有偏见，她的声誉会有风险。

（3）会出现利益冲突吗？

会出现。既可能是真实的，也可能是表面冲突。对巴格丽博士来说，她可能被认为影响了股票交易的决定，对巴格丽博士和大学的声誉有风险。

（4）研究结果会使公众受益吗？

新装置是否比当前市场上的有很大改善还不清楚。摆在利益冲突委员会面前的问题是：如果允许，研究是否会对药品有利、对科学和公众健康有利。

（5）允许巴格丽博士作为研究的主要研究者吗？

如果没有消除利益冲突或没有管理计划，巴格丽博士作为主要研究人员的研究不能进行。利益冲突委员会断定，巴格丽博士没有出示证据推翻她不应该允许参加试验的可反驳推定。的确，根本没有迫不得已的原因允许巴格丽博士必须参加试验。利益冲突委员会可能提议巴格丽博士卖掉在 Curvno 公司的股权以消除利益冲突，这是她可能进行研究的步骤。或者，巴格丽博士有证据证明她参与试验是必须的、迫不得已的，可能只是因为她有足够多的病人征召。这种情况下，必须同意包括以下因素的管理计划。

（1）巴格丽博士必须在竞争公司对研究团队其他参加人员、学生们和受训人员、人受体、学术导师、同行和公众以各种公开发言和出版物的形式完全公开她的经济利益。

（2）协议应该任命另一名外科医生作为主要研究人员，这名外科医生应该有能力使用脊柱装置并独立于巴格丽博士。巴格丽博士在研究中可以作为合作主要研究人员承担有限的责任。

（3）巴格丽博士不应该参与征求病人同意过程。所有她为研究而征召的病人都应该由新任命的主要研究人员监管，确保所有病人都能满足合理要求。

（4）结果和数据收集应该是主要研究者唯一的责任，但不是巴格丽博士的责任，数据分析和数据说明也是如此。如果巴格丽博士参与了数据分析和原稿准备，应该由一名公正的专家监管该原稿，并接近原数据确认报告的可靠性。

（5）如果可能，在协议中应该增加措施使巴格丽博士和新任命的主要研究员对数据不知情。

（6）居民及与巴格丽博士一起工作的研究人员应该被禁止参加研究协议，除非他们的参与由没有冲突的主要研究人员监管。

第四章　美国大学协会关于科学利益冲突的政策与指南

AAU 代表美国 60 多所顶尖的公立和私立研究型大学群体，在美国和加拿大有组织地发展和实施有效的国家和机构的政策，支持研究型大学里的研究和奖学金、研究生教育、专业人才培养、本科教育及公共服务，它们的研究成果在所有联邦政府资助的大学中几近 60%，它们每年授予的博士学位数占到全美过半及 55% 的科学和工程学学位。对这样的大学联盟组织的科学利益冲突政策和指南进行研究，对于我国科学活动中的利益冲突的预防和控制将会有重要的意义。

第一节　关于个人经济利益冲突

研究型大学关注的是经济利益上的冲突。AAU 的工作组确定了几个关键方面，它们正是大学要防止的冲突。

（1）承担教育学生的义务。

（2）承诺学术自由。

（3）致力于推进对自然界和人类环境认知及知识的范围与深度。

（4）在关心和参与研究的条件下，保证病人的安全。

（5）承诺知识的开放及对知识的及时沟通和传播。

（6）承诺既保护环境，也要保护研究、知识和公众服务的完整性与客观性。

将大学已发展的知识转移到私人部门，通过研究的成果来造福社会，以此实现联邦政府资助研究的一个目标。通过这个重要的技术转让，可以使产业和大学之间的关系越来越紧密，这不仅可以提供福利，也增加了学术研究的风险。这些是通过以下途径实现的。

（1）个人的经济利益冲突：在科学上是指在哪些情况下，关于薪酬的争端可能会出现妥协，或者已经出现的妥协，而一名研究人员的专业判断就是基于对研究的操作或报告。对诸如此类冲突的偏见，不仅会影响数据的收集、分析和解释，而且会影响员工的招聘、材料的采购、成果的共享、协议的选择、人类的参与，以及统计方法的使用。

（2）机构的经济利益冲突：这可能发生在学校或其他单位中的一些机构，或一个部门，或一个附属的基金或组织当中，当其中任何一个高级管理或托管人，有外面的关系，或者是在一个本身拥有对一个学院的研究项目有经济利益的公司有经济上的利益时①。

当它们服务于一些与大学有重大经济交易的机构的董事会时（或者与它们有一个正式的关系时），高级经理人或托管人可能就会有利益冲突。这些冲突的存在（或表现）可能会导致在大学研究的审查与操作中有偏见，或是对可能出现的偏见有所怀疑。如果他们不进行评估和管理，就可能会导致与任务、义务或者大学的价值出现不和谐的选择或行为。

大学协会工作组的结论是：在一个特定的冲突本身中，而不是关于在冲突中做了什么，这种情况下的问题是很少的。在大多数情况下，当冲突不是很明显，或当它没有被评估或管理时，问题就会出现。除了在特定情况下，涉及很多人受体的研究，很多挑战是为大学开发管理系统，以使两类冲突得到披露、评估和管理。

探讨个人利益的冲突，重点是改善现有的管理系统和管理承诺；探讨机构之间的冲突，重点是发展政策和原则，因为没有指导这一领域的规定。工作组制定了指导方针来管理个人的利益冲突，集中于公众通过披露和审核流程的方法，除了在引人注目的情况下，以及在与人受体有关系的保护系统中，一般不允许在研究中涉及的人与此有相关的经济利益。

工作组认为，一所大学的各个机构在金融利益的冲突过程中，不仅有与金融控股相关的冲突，而且涉及高级领导，这些都应该遵循以下方法。

（1）经常性的公开。

（2）在大多数情况下，存在管理冲突。

（3）当有必要保护公众的利益或大学的利益时，就禁止活动。

一个关键的目标就是要把关于经济活动的决策与研究活动的决策隔离开来，以使它们得到单独和独立的管理。通过提供适当的制度、流程和激励性机制，大学应该维持这样一种气氛：在研究、教学和公共服务中负责任地实施，以此来实现一种开放的氛围和整体性。

研究型大学与其主要研究赞助商包括联邦政府之间的合作关系，必须是基于这样的信念：大学负责研究，而赞助商负责执行。如果研究型大学无法表明它们对保持个人和机构之间的利益冲突有处理能力，它们就可能会诉诸政府的行政或立法部门，或两者兼而有之，来追求更规范的方法。

因此，工作组敦促大学给予审查以提示，并在必要时加强它们处理利益冲突的政策和用于处理个人利益冲突的管理。这将有助于确保维持研究型大学的责

① 如果大学和机构之间关系结构有效地消除了基金中部分潜在的利益冲突，那么这句话就并不适用于附属的基金，例如，如果基金仅仅只是通过大学为一个特定的项目提供经济上的支持，而不在这个项目中保留任何的、直接的经济利益。

任，以及继续保持它们所服务的公众的信心。

一、工作组方法的引进

AAU 的领导人相信，对于学术共同体的领导人而言，确保在大学校园里进行的研究符合最高标准的道德和诚信，并有利于促进公众的健康，这是很关键的。因此，在 2000 年 3 月 AAU 就设立了责任研究工作组。

工作组的第一个任务就是评估研究中与保护人受体相关的大学科研管理的政策，提出“在保护人受体研究的大学中，谁是研究的主体”这个问题。

工作组的第二个任务是检查出现的问题，这些问题是从提高产业和研究型大学之间的合作，特别是个人和机构在经济利益上的冲突中所产生的。在这两个任务中，工作组负责为提供合适的解释和监管大学研究中的疏忽而提供建议。

在定义了个人和机构的利益冲突之后，工作组发现它有两个非常重要的任务：一是帮助大学履行其义务，即在研究中防止潜在的个人利益冲突以实现研究的客观性，这意味着要改进现有管理系统和监管法规；二是在研究中防止潜在的机构的利益冲突以实现客观性，意味着要发展政策和原则，因为后者没有共同的方法或法规。

早在关于个人利益冲突的审议中，工作组就得出结论：发展一个有前途的管理实践的纲领，以有助于确保校园研究的客观性，这将减少学术界管理方法的多样性。因此，在 2001 年 1 月工作组赞助了一个处理个人利益冲突的工作室来检验已建立的校园操作规则，看看是否可以对操作方法达成一个共识。工作组还得出结论认为，需要一个单独的工作室来制定原则，以解决机构的利益冲突。为此，在 2001 年 6 月，工作组召集了美国大学协会的前任和现任的会长及名誉校长们开会讨论。

在其讨论的早期，工作组就认为会长和那些名誉校长们经常可以受益于这一系列的问题，他们可以在他们自己校园里充分地评估各种管理系统，为学校领导管理个人的利益冲突提供一系列的建议。

工作组得出的一个总结性的结论是：问题并不是特定冲突本身，而是关于冲突我们做了什么。在大多数情况下，当冲突不是很明显，或者它没有得到评估或管理时，问题才会出现。除了在涉及人受体的研究中，这一特定情况下，大学的大部分挑战是为了开发强健的系统来披露、评估和管理冲突。

二、个人利益冲突

（一）个人利益冲突的含义

AAU 工作组采用了 1990 年 AAMC 的一个定义：科学上，个人经济利益冲突这一术语是指金融的考虑可能会妥协，或者已经出现的妥协的一些境遇，研究者的专业判断基于研究的操作或报告，这类冲突的偏见不仅影响数据的收集、分析和解释，而且影响员工的招聘、材料的采购、结果的共享、协议的选择、人受体的参与，以及统计方法的使用。

基于这个定义，工作组进一步定义了范围：利益冲突将被认为存在于所有的学术领域，不仅仅指生物医学的人（虽然生物医学的冲突有其独特的方面，并能引起一种特殊的强度和利益）；分析将围绕研究中的经济利益冲突，并排除义务冲突和非研究、非经济性的冲突，这些将承受单独而又仔细的审查；个人的利益冲突主要关注的是教师，但还涉及其他的领导和参与科研管理的工作人员；高级职位（如会长和名誉校长，部门主管，院长、教务长，托管人）中涉及的个人经济利益冲突有一个略微不同的特点，这将会涉及部分机构的利益冲突。

（二）利益冲突问题的严重性

近年来，政府部门的许多杂志、新闻文章和评论都在质疑，大学是如何管理它们的责任的，它们对个人利益冲突的理解来自 1995 年由两个主要联邦机构颁布的规范中的定义。工作组检查可用的信息后认为，尽管缺乏关于利益冲突普遍存在的权威数据，但学术研究和产业之间的关系明显日益紧密，利益冲突中的妥协和学术研究中操作的风险继续上升，机构大致上都违背了严格的经济利益冲突政策。

工作组得出结论认为，自发产生于个人利益冲突中的学术事业的完整性的风险是实质性的，研究型大学应该加倍努力以确保研究的客观性。这不仅可以增加利益冲突的管理，也将促进高校联合联邦法规来管理个人的经济利益冲突。通过加大大学管理利益冲突的努力，增加了研究过程中的可见性和透明度等，大学可以帮助确保公众每周甚至每天读到的研究结果是完整的。工作组认为，开发管理的指导方针和实践，将帮助大学提高管理利益冲突的水平。

（三）开发管理的指导方针和关于个人经济利益冲突的实践

知识发现和技术转让过程已经取得巨大成功。它不仅对个人的调查和机构是重要的，而且对于临床研究中的患者及其家属，对于工业和社会都是极其重要的。通过研究成果转让造福社会是联邦资助研究的一个目标。

为防止涉及人类的研究，与这个重要的技术转让密切相关的产业及大学，越来越需要加强利益冲突管理来维护科研的诚信与人受体的利益。对于研究型大学，保留其作为知识和研究的独立仲裁者身份，必须通过最高的道德标准继续开展。在识别和管理那些真实的，或仅仅是感知到的冲突的方法中的变化时，我们应该注意不要过度抑制科学发现和技术转让中的持续发展，而要确保研究的完整性和人受体的利益。

1995 年，美国国家科学基金会（NSF）和 PHS 要求联邦政府支持研究者披露他们所在的机构中重大的经济利益，这似乎将合理地影响到 PHS 或 NSF 提供的研究资金。然后要求机构确定是否存在利益冲突，如果存在，利益冲突将如何被管理、减少或消除。

1998 年，美国食品和药物管理局（FDA）建立了法规，要求企业提交新药申请来证明没有与研究者订立财务安排，这种安排的研究结果可能会影响赔偿，并要求向美国食品和药物管理局披露任何有关研究者的财务安排和采取措施减少潜在的偏见。

在这些新的要求下经过六年的经验积累，大量的研究者与产业界相互交流，他们在实践及政策中大规模地创建操作原则和流程。这些年的校园经验产生了几个问题。

（1）信息披露和个案管理是足够的吗？换句话说，所有引起个人金融的利益冲突的安排都能进行管理，或应该禁止吗？

（2）在研究中人受体的重要利益应该如何被集成到利益冲突政策和过程，比如，对于人受体的研究应该给予何种规定管理？公共卫生署/国家科学基金会的利益冲突规则及政策及规定在人受体研究中是“一般规律”吗？

工作组在 2001 年 1 月赞助了一个关于个人金融利益冲突的研讨会，检查学校已经开发了何种操作规则，随着时间的推移它们已经有了何种相似和不同的操作原则。这群校园专家分析了七个案例，发现在某些情况下，几乎所有的大学都用相同的方式对待案例，而在另外的情况下，它们不会用相同的方式对待案例。参与者还发现，当案例可能相当复杂和微妙时，个案评论中利益冲突的决策流程扮演了关键角色。

该组织致力于确定常见的可达成共识的操作方法，以及确定一个特定的学校已经发现管理个人财务的利益冲突是有用的、有前景的实践。在许多情况下，共识超越了当前的监管要求。

操作指南是用规范表述编写的，并表明应该对校园利益冲突管理有一些限制。这是在美国大学联合会研讨会上达成一致的观点，研究共同体应该识别常见的和采用一些作为一个共同体整体的管理方法/技术方法。该指南还试图表明，并不是所有的冲突通过个案综述就可以被管理。在某些情况下，特别审查不是必需的，禁止也不是合适的。相比之下，有前途的实践提供了大学共同体的信息共享的精神，目的是提供利益冲突管理方法，校方可能会发现这些方法在提高自身的管理系统时是有用的。

（四）操作指南

1. 研究中的金融利益冲突需要稳健的校园管理系统

机构应该有适当的程序来通过年度信息披露鉴别潜在的冲突，并确保审查这样披露的严格性和一致性。这个程序应该表明相关领导（和临床研究中人受体）怎样了解冲突，如何解决这些冲突。机构应充分用文件证明利益冲突决策，并监控实施。机构还应确保政策、程序、定义和对不服从的制裁是被所有研究者，包括学生和研究参与者充分理解的。机构应确保大学在内部事务上，在各个办公室，包括机构审查委员会、技术转移办公室、研究政策办公室和审理院长/部门主席之间的利益冲突管理的协调性。

2. 许多金融利益不冲突，许多冲突可以管理

考虑到金融关系在大学里的复杂性，以最好的方式处理许多利益冲突的情况要视情况而定，以确定是否一个研究者的经济利益与大学研究是相关的和构成利益冲突的，如果有，冲突应该怎样被处理。许多个人经济利益在研究中是没有利益冲突的，许多是可以设法避免的利益冲突，它们可能会影响研究结果或照顾人受体。然而，大学和研究人员有时确定某些研究不应该表现为最初提议，如果研究的完整性应被维持，或研究参与者应被保护，机构或人员可能会决定改变协议，剥离经济利益，或不进行研究。

3. 研究涉及人受体需要特别的审查

由于研究涉及人类带来了风险，非人类的研究没有，任何在研究中的相关经济利益涉及人类一般不应容许。如果在引人注目的情况下证明这个一般规则有例外，研究应该受到更严格的管理（包括向研究者和学生披露信息），以确保研究的完整性和人受体的安全。此外，要注意医生/人受体的关系和特殊要求，它涉及不要伤害，维护人受体的福利高于一切。

4. 对待研究项目一致，不管资金来源

所有的研究项目在一个机构，无论是联邦政府资助的，或由一个非联邦实体资助的，或由机构本身资助的，应该由相同的利益冲突过程和相同的规则来管理。

5. 向机构披露财务信息

个人从事的研究应该每年披露所有与大学的研究相关的金融利益。当新的金融环境可能会造成利益冲突和提交拨款申请时，提供更新的信息。信息披露应是校园的指定官方，符合公共卫生署和国家科学基金会法规。

为此目的，个人包括全体教员，职工，以及参与设计、实施、管理或报告研究的管理员，金融利益包括股本、咨询费用和其他款项。披露与非联邦政府赞助的相关的研究（不服从监管）的金融利益，确保所有潜在的利益冲突是可识别和可处理的。

6. 向出版物披露财务信息

当个人从事的研究向出版社提交手稿时，他们应该披露任何与他们的研究相关的金融利益。符合政策披露利益冲突所采用的国际委员会医学期刊编辑，出版物应打印此信息以便向公众开放。

7. 在口头陈述上披露财务信息

当报告研究结果与研究相关的任何金融利益时，个人从事的研究应该向他们的受众披露。

8. 向联邦机构披露财务信息

联邦法规和政策在 1995 年 7 月 11 日的联邦公报上宣布，要求使用公共卫生署基金的机构向美国卫生及公共服务部（HHS）报告该机构发现了利益冲突的存在，并向 HHS 保证该机构已经在资金支出前管理、减少或消除了冲突。相比之下，机构使用 NSF，只有当发现无法令人满意地管理冲突时才必须报告。校园必须遵守这些要求。增加跨机构在信息披露要求中的一致性，这有助于机构遵从联邦法规和政策。

9. 披露人受体审查过程的财务信息

利益冲突过程和人受体保护系统有一个作用是关于利益冲突的：校园机构审查委员会有管辖权确定是否相关的经济利益（和它是如何被管理的，如果适用）应向研究中的人受体披露。如果是这样的话，以怎样的形式和细节披露。校园的人类研究保护系统负责确保人受体的知情权。在机构领导负责校园的利益冲突的过程中，公共卫生署和国家科学基金会的利益冲突法规及政策授予其权威确定是否个体有利益冲突需要管理、减少或消除。

一个集成这些过程的有效方法是为利益冲突委员会或领导审查披露有关人力资源的主体协议及提交给机构审查委员会之前的经济利益。利益冲突委员会或领导可确定是否存在冲突，如果存在的话，应该如何更好地管理，是否应该或可以管理。这个决定和关于金融利益的概要信息，当被提交给机构审查委员会时还附加一个协议。当决定是否及在何种情况下批准一个既定的协议时，机构审查委员会将随后考虑这些信息。

大学应该考虑设计一个系统，以便于机构审查委员会能够确定是否存在金融利益冲突需要管理，或者是否通过利益冲突委员会或领导的管理计划的实施应更加严格。在这样一个系统，如果结果是为了减少管理要求的严格性，那么无论是机构审查委员会，或利益冲突委员会，将不能够涉及其他的管理需求。任何一个机构可以通过诉讼来禁止研究，除非金融冲突被剔除或者减轻。这样一个双重保护系统将符合两套联邦法规的临床研究，当研究涉及人受体的要求时提供额外保障。不管用什么方式，一个校园的利益冲突和人受体的保护系统的设计，应该将重点放在协调和沟通两个系统上。

10. 增加资源的可用性

大学应该提供必要的资源来实现适用利益冲突法律、法规的需求，以满足最高道德和专业标准。研究赞助商也应该支付一个公平份额成本的利益冲突系统。行政成本的恢复上限可以在某些情况下限制报销的实际成本。因此，应该开发直接或间接的成本回收替代方法。

（五）具体措施

如果管理实践运行在一些机构超过上面列出的操作指南，项目组已经确认成功的个人金融利益冲突实践。由于利益冲突和机构审查委员会往往跨越不同机构，它的目的不是项目组建议下列实践被所有的大学采用，而是这个列表的实践应该在研究共同体中分享和讨论。

（1）强调从偏见而不是从工作流程的保护来研究原则。

（2）开发研究人员和管理员协作的所有进程，促进对这些政策的广泛理解和遵守它们的需求。

（3）利用由教师、研究人员和管理员组成的委员会这样一个最适合的校园管理传统：审查信息披露；设计管理计划；审查案件的进度管理；为管理校园的领导在特殊情况下和在利益冲突政策中提供建议。

（4）在整个校园管理过程中使用一个独立的利益冲突委员会，这有助于确保类似案件能够被同等对待。它对于同时运作两个系统（如一个在医学院内和一个在校园外）是重要的。密切协调所有标准用来确定是否一个披露包含相关和重要的金融利益，另一个包含其他流程和管理计划。

（5）确保至少一个共同体外成员在利益冲突委员会中的位置，因为社会信任是重要的。

（6）努力使有利益冲突的委员会成员反映发生在大学校园内的机构利益冲

突的分布情况。

（7）为从事利益冲突政策和程序研究的个人提供正规教育。

（8）提供一个简单的校园政策和程序手册作为补充规定，来帮助研究人员和管理人员更清楚地了解什么是他们所需要的。

（9）开展关于利益冲突问题的校园讲座。

（10）制定明确的政策和程序来披露信息和管理方案。

（11）使用尽可能简单的一套披露形式。一些机构已经发现，机构审查委员会协议（特定的披露形式）是有益的。

（12）具有适当的方法来支持教职工依照法律和机构、大学指南执行研究，无论是在通常情况下还是涉及利益冲突，研究者应该了解这些保障措施和规则所起的作用。

（13）根据需要，通过赞助项目办公室、技术转移办公室、机构审查委员会，利益冲突管理员工与部门主席/院长分享信息披露和冲突管理的信息来使用适当的保护措施来维护信息的隐私。有些学校使用电子信息披露形式，促进了这些办公室之间的集成管理系统。有些学校不允许提前使用“机构审查委员会”的应用程序来披露任何利益冲突，除非利益冲突审查完成；电子系统增加了这种整合的效率。

（14）使用常规系统审核确定披露形式是否完整，过程是否正当，必要时是否与其他办公室共享。

（15）通过披露形式问题的提交与关于学生是否正进行一项研究项目的拨款申请，来帮助识别可能损害学生的论文或研究项目的情况。

（16）考虑到需求研究人员，特别是那些与人受体一同工作，按公共卫生署和国家科学基金会指定的法规与政策披露所有股本权益（任何股票或期权在公司）而不是使用阈值高达5%或10 000美元的股本。

（17）期刊文章的作者给利益冲突委员会发送一份提交给期刊编辑的财务披露报告的公开声明。

（18）当决定如何管理这些可以管理的利益冲突时，列出校园考虑的关键点，包括：临床试验阶段，无论是私人持有的或是公开交易的股票、公司规模、干预（诊断与治疗）的类型、院系是否在公司中有任何影响，无论金融关系是固定的（如固定付款）还是变化的（如股票、股票期权）。

（19）关于明确的、不服从的可能性制裁，这种不服从的范围包括从列出可能的制裁清单到引用专业的不端行为过程及相关的制裁。

（20）为利益冲突管理分配可利用资源的方式是最好满足科学诚信义务，包括利益冲突教育、推广、诚信文化、管理系统、监控和审计。

（21）需要足够的文档以使利益冲突文件清楚表明：一个特定个人的信息如

何披露，进展如何，如何对他们做出决定，如何管理冲突，如果必要的话，如何报告给联邦领导。

（22）重点监测在利益冲突管理过程中的关键控制点，包括信息披露的操作、授权申请、机构审查委员会的审查、任何必要的报告机构（如国家卫生研究院、国家科学基金会、食品和药物管理局）、发布和技术转让活动。当管理人有利益冲突时，校园可以要求他/她向研究参与者披露知情同意和分析数据——无论在哪个关键点，当特定研究会被利益冲突影响时，这样的关键活动将被排除在外。有些学校利用它们的内部审计办公室帮助绘制出利益冲突/披露过程和识别控制点以测量这些过程的有效性。

（六）遵循这些指导方针和采用一些实践，改善管理个人财务的利益冲突

利益冲突委员会希望通过分享和采用这样的指导方针，通过识别有前途的实践，更好的利益冲突管理可以增加校园的共性和透明度，校园利益冲突进程也可以得到加强。最重要的是，项目组希望通过这些行动，共同体可以减少现实和可能的利益冲突。对于人受体，操作指南规定，在研究中的财务关系涉及人类的应该持有一个更高的标准，因为人命生死攸关，利益冲突和人类保护系统需要协调。

值得注意的是，超越现有的联邦法规的指导原则和实践已经制定出。这些包括披露所有版税（一般不允许相关经济利益在研究中涉及人受体）的信息，披露非联邦研究和所有股权利益的实践，不管是当前的监管范围的5%或10 000美元股权等。

利益冲突委员会鼓励大学仔细审查和考虑操作指南与实践，并鼓励尽可能多地采用。联邦法规是否需要更改将取决于大学在多大程度上积极并一贯主动采取行动来持续提高个人利益冲突管理策略和实施的强度。

第二节　机构经济利益冲突

研究型大学也担心机构金融利益的冲突，因为它会破坏机构的完整性和公众信心。本节定义了机构经济利益冲突，审查这种特别棘手的冲突，回顾大学想避免由这种冲突侵蚀的核心价值观，然后提出一些方法来评估和管理机构的利益冲突。

（1）定义机构金融利益冲突的几个可能定义是有价值的，在这里使用的方法如下：当机构包括任何高级管理，受托人，一个部门、学校，或一个附属基金会/组织，在其本身具有金融利益的研究项目的公司有外部关系或经济利益时，一个机构金融利益冲突可能发生。若他们的董事（或一个官方组织）与大学有

重大商业交易，高级经理或受托人可能也有利益冲突。这种冲突的存在可能会在大学的审查或研究行为方面导致实际偏差或偏见。如果他们不进行评估和管理，可能会导致在任务、义务或大学的价值选择或行动上的不一致。

（2）在不同环境中，机构金融利益冲突可能出现在校园的分类制度中，但总的来说，人们所关心的是，大学是否存在对其使命的巨大妥协的可能性。潜在的冲突涉及大学持股或使用费安排和研究项目；潜在的冲突影响机构做决定的大学领导，包括部门领导及其领导的实验室。最大的担心是对大学持股或使用费安排和研究项目决策研究的潜在偏见。股权或版税源于大学的发明、初创公司，或大学技术转移。研究议程会受到大学与公司及其合作研究者的直接经济利益的影响。大学的技术以不断增加的速度转移到私人部门，这符合 1980 年的贝赫-多尔法案。

特别是当从小型初创公司转移技术时，大学往往在公司股票尚未在股市上进行交易时结束控股股权。大学的教育和研究活动必须根据贝赫-多尔法案使用股本和许可收入及许可费用。因此，控制这些类型的股票通常是独立于大学的捐赠基金控股，有时要由办公室来负研究的责任。

源于技术转移和产业界参与的持股和版税的大学中的研究近年来已经增加，潜在的冲突已经显著增强。工业园、孵化器项目、风险资本基金等正在帮助大学实现自己的任务，但是它们也可以引起财务或金融利益的冲突，进而提高大学在研究过程的监督的可信度问题①。

更熟悉的类型是那些控制捐赠基金或赠与基金的大学股权，它是在这个领域的另一种潜在的机构金融利益冲突来源。然而，大多数的大学已经有长期存在的“防火墙”安排管理这些基金及其从校园分离开的研究企业。当在机构普遍养老或投资组合管理时，机构会提供“防火墙”。它依照没有特殊的限制或考虑的标准机构投资政策管理，并由一个适当的董事会金融和投资委员会监督，不控制大学的程序和业务。这种“防火墙”是至关重要的和需要精心设计的，但相对于必须以解决新类型的股权控股和源于技术转让的版税收入的政策和规程来说，它们不那么直接关注它。

领导，包括总统、总理、其他高级军官、院长、研究中心领导和成员的管理委员会，是第二个主要的机构财务冲突的类别问题，这涉及个人在一个职务上利用广泛的机构影响做出决定。第一个也是最明显的潜在冲突源于个人的私人金融股份和他的机构责任。一个潜在的冲突是个体研究者的金融股份和他们的研究活

① 这句话并不适用于附属基金会，如果大学和基金会之间的关系结构有效地消除了任何潜在的基金会部分的 利益冲突，例如，如果基金会支持只为通过大学的一个特定的项目提供财务支持，并且不保留任何直接的经济利益在这个项目上。

动，这些潜在冲突是在后者的情况下制定区分高级领导的决策类型，他们在广泛的机构含义上代表这个机构。

大学有许多不同类型的管理机构，无论它们是董事会或理事会，其成员都有潜在的利益冲突（其中许多目前由国家法律管理）。一个不太明显的、潜在的利益冲突源于机构和个人及一个不相关的研究，例如，当一个大学领导为主要供应商的公司理事会成员提供某些商品或服务（如电能）时，在这种情况下，这不是个人自身的金融利益受到威胁，而是一个潜在的大学的利益冲突，大学领导必须驾驭好这些公司。受托人，作为与大学做大量的业务的公司高管，必须同样能够驾驭这些问题。

一个相关的情况涉及大学里的高职人员，他们在政府设立的各种委员会中任职。这些委员会关涉到联邦或州政府机构，而它们又为大学提供研究经费，大学里的管理人员必须引导大学和这些政府机构之间潜在的利益冲突。一般就公共机构来说，国家的伦理法律通常掌控着私人资金来影响大学高级领导和理事的潜在冲突，虽然有各种不同强度的区别。

值得一提的是，对于多个潜在冲突，某些情况下可能有几个层次的潜在冲突。例如，一个大学和一个主要的研究者都可以持有由这个大学的一个成功的技术转让带来的相等的利益，同样，这个大学和这个私人的经济利益也都会被有关公司开展的一个研究活动所影响。

然而，由于大学在监督和问责中扮演的角色，担忧和顾虑的程度会有所不同。双方的冲突应该让那些机构来解决，并且关于这种潜在的私人和机构的经济冲突的决定应该是一致的。因为在一些多层次的冲突情形下，评估私人的利益冲突情况会导致被提出的研究活动搁置，而在这种机构的流程进行之前，一些潜在的机构冲突也就会变得毫无意义。

（3）大学解决机构经济利益冲突的关键是什么呢？研究型大学之所以有兴趣解决经济利益冲突，不仅因为这是与大学使命相关的实质性的、正确的事情，而且因为如果不解决这些冲突，公众的信心就会被损害。机构冲突能够弱化一所大学作为客观知识仲裁者的角色而站在公众一边。另外，联邦机构和立法者表示有兴趣来调节这个领域。研究型大学意识到，如果不采取行动来解决这些日益增长的担忧，那么别人就会这么做。大学要是想保护自己免受机构利益冲突带来的危害，核心的价值观至少包含以下内容。

第一，致力于教育学生。

第二，致力于学术自由。

第三，致力于推进知识的广度和深度，以及对于自然世界和人类状况的理解。

第四，致力于病人安全的护理和参与研究。

第五，致力于开放及时沟通和知识传播。

第六，致力于保护外在研究、知识及公共服务的实际完整性和客观性。

为什么这个问题需要现在解决呢？就个人利益冲突而言，当大学在寻求满足它们的研究、教学和社区服务任务时，大学与产业之间的合作变得更加频繁，大学也越来越被看作是地区的“经济引擎”。因为要增加合作，大学必须开发系统来解决这两个主要类别的机构经济利益冲突。

（4）潜在机构利益冲突如何解决？一所大学的机构经济利益冲突过程对于有相关经济冲突和那些包含其中的高级领导来说，应该遵循一个三重叠的方法。

第一，保持披露。

第二，大多数情况下管理冲突。

第三，保护公众的利益或大学的利益，必要时应禁止活动。

就涉及机构的经济持有和该机构利益冲突而言，一个关键的目标是要隔离对于经济活动和研究活动的决策，以便它们可以分开独立地进行管理。大部分的挑战涉及要实现这样一个高水平的隔离。

为了实施这些方法，大学应该回顾一下它们当前的机构利益冲突政策和行政结构，并应该认真考虑以下步骤。

第一，开发和宣传清晰的政策。大学应该有清晰公开可行的政策来解决机构利益冲突，其中包含着具体标准和指导方针。这些政策应该确保由上述的三重叠方法所引起的问题能得到及时回答，比如，谁揭露什么给谁？谁管理什么？谁能够阻止哪些行动？受托人如何被覆盖？这些政策和目前的养老政策之间的关系是什么？这一政策发展的部分会涉及决定什么样的安排是要避免而不是去管理。比如，当双方之间存在一些继续合作研究的意图时，一所大学持有一个公司的股权。管理委员会应该定期审查这些政策，以确保它们对于那项任务仍然是合理有效的。

第二，建立行政管理流程。大学应该有明确的流程来评估和管理机构的经济利益冲突，以便去实现那些基于步骤一的政策。这些过程应包括检查端点和系统审计以确保合规，并确保向高级管理层汇报。

第三，建立一个关于机构利益冲突的评审小组。这样一个小组可以包括一些混合的高职人员，他们可以是总法律顾问、教师和一些公民，这些高职人员要在那些潜在的利益冲突之前对其进行分类，也要做出关于潜在冲突应该如何被解决的建议。此外，这样的小组也可以由大学的管理委员会成员组成，向董事会里的一些委员会做汇报。这可能类似于许多高校审计功能操作的结构。

另一个选择可能是创建一个高级领导组成的评审小组，由他们给总裁或校长汇报。还有一个选择是在评审小组里可能包括有来自对等机构的领导。一个评审小组可以解决这两种类型的机构利益冲突，评审小组下面也可以设立一些小组去解决该机构的经济控股情况，分别涉及那些包含其中的大学领导和受托人。

第四，向评审小组披露潜在的冲突。这一行政过程应该指定不同类型的个体，他们可能需要把利益冲突公开，例如，对于这个评审小组来说，大学股权/版税安排的类型和相关研究活动，可能都需要揭露和审核。

第五，使用评审小组来评估潜在的冲突、权衡风险和收益。做决策的关键是要去分析什么时候它是合适的，是为了公众的利益去接受和管理一个冲突，而不是要求去消除它。某些情况下，在一个特定的机构里开展某个被提出的研究活动，不仅收益会高，而且风险低，然而消除这种冲突（如不去执行这个研究）可能就会消除使公众受益的可能性。其他情况下，在一种特定的机构中开展这项研究的科学优势可能不仅不确定，且风险大，以至于应该通过拒绝与工业界的互动研究来避免这一冲突。评审小组应当根据管理流程是如何被结构化来做出这样的评估，然后把执行结果推荐给总裁/校长或者董事会。

第六，采取行动应对机构冲突。在那些潜在冲突要求有所行动的情况下，有无数种可供大学采取的行动。在和研究活动相冲突的机构投资情形中，可供一个评审小组推荐的选择包括：不要在那个机构中开展所提议的研究，或者如果已经开始就阻止它；减少或者修改涉及的经济（股权或版税）股份；把经济决策和研究活动决策之间的分离增大；建立一个研究监控过程，以便该研究能被密切关注，进而确保潜在的冲突不破坏工作的完整性。

在涉及大学领导或受托人的机构冲突的情形下，该评审小组可推荐的行为包括隔离/撤换有利益关系的领导，或者有关研究的决策，或者该评审小组可不经常地推荐减少股权持有或者版税利益。

第七，严格审查涉及人受体的机构冲突。当处理人受体和研究者个人的利益冲突时，大学担负着特殊的责任。对于研究参与者的特殊责任由制度复查部提出。然而，当机构利益冲突评审小组在面对涉及人类志愿者的潜在冲突时，潜在冲突的特殊审查是必须的（与上面所描述的个人利益冲突一样），因为和研究本身相比，大学在人受体身上甚至担负着更大的责任。此外，制度复查部的设立并不是为处理更广泛的利益冲突事务，评审小组应该提供这一特殊的审查及与校园制度复查部进行互动。

第八，严格审查非流动性的或是流动性较差的股权。总的来说，一个公司里面大学的股权利益流动性越差，评审小组就越应该警惕潜在的机构冲突。在公司里，大学的非流动性资产价值和流动性资产相比，更易受到来自研究机构或是大学采取的其他行动的影响。

（5）追求这些原则和方法会有帮助吗？通过提供合适的制度政策、过程和刺激，大学应该维持这样一个环境，在其中，研究、教学和公共服务被负责任地进行，这样做就会养成一个开放性和完整性兼具的氛围。如果大学要继续保护它们最珍惜的东西——完整性，那么大学就有责任确保它们有活跃的机构利益冲突流程。机构的信誉在某种程度上取决于大学所建立的识别和管理机构利益冲突的管理系统的信誉。

就机构建立明确的、要披露的行政政策和流程来说，总是在大多数情况下得到管理，且在必要时加以阻止。利用评审小组，公众将会对研究型大学的完整性有更大的信心，这不论对于大学的个人还是集体都是非常重要的问题。以前机构利益冲突政策是不完善甚至是缺乏的，这一领域的发展和制度化过程会继续得到改善和加强。

审查小组所关注的是，个人利益冲突过程并不总是达到最高标准，而机构利益冲突政策却很少被开发出来。审查小组要求迅速行动，因为研究的客观性风险足够大。如果他们还没有这样做，它就会敦促 AAU 成员及时评估他们的系统的充分性。不断变化的研究环境要求我们继续保持警惕，以确保大学可以像它们开展研究那般细心地管理研究。对于利益冲突也是如此。

最后，研究型大学和它们的主要赞助者之间的伙伴关系——包括联邦政府——必须基于这样的信念，即大学对它们进行的研究负责。如果研究型大学不展示它们对于个人和机构利益冲突负有责任的能力，那么更一般的方法很可能会由行政的或立法的机关去寻求，或者两者兼有。

第三节　校领导管理个人利益冲突面临的问题

这里我们梳理了 14 个主要问题，以供研究型大学领导参考。

（1）谁会在校园里做出关于个人利益冲突情况的决定，它们在机构中位于什么水平，谁负责这个过程的监督？通过什么渠道，有关这些情况和该过程的有效信息能传达给总裁/校长？在一个流程图里这个过程看起来像什么？

（2）教师们的利益冲突政策如何被执行？谁对这个政策拥有最终权威：教师评议会、教务长、校长、受托人、亦或是政府？在医疗中心，有单独的政策或是独立地贯彻执行吗？

（3）当教职员工按要求把经济利益透露给机构领导时，接下来会发生什么？

（4）教职员工清楚他们需要透露什么经济利益吗，透露给谁，什么时候？

（5）对需要报告经济利益却没有的个人有什么制裁吗？这样的人曾经被发现吗？那些制裁被用到了吗？

（6）当经济的披露识别出一个潜在的利益冲突时，大多数这样的情形是被逐一地处理的。大学寻求管理利益冲突情况的工具是什么：披露给研究参与者、可能的资助机构、撤资、监测或者其他的方法？大学用来确定这些工具被使用的标准是什么？在测量不同类型的利益冲突时哪些工具是最有效的？冲突被确认的上述情形是如何被管理的？联邦的规定要求将任何有关这些特殊的情形通知给机构吗？如果是这样，它们被通知了吗？

（7）当利益冲突以一个研究者的协议评论被确定时，制度复查部是否被校园利益冲突委员会或是领导所通知，并被告知该冲突是如何被管理的？如果真有的话，制度复查部要求前瞻性研究的参与者知悉研究者相关的经济利益吗？如果真有的话，它们会得知相关的机构经济利益吗？研究参与者会得知这些所有的情形吗，还是只是其中一些？

（8）涉及一些校园委员会成员的利益冲突，在评论这些研究提议时是否有适当的校园政策（如制度复查部、利益冲突委员会、动物保护委员会）？

（9）在通过学校的技术转让活动而持有股权的大学里，公司能给这样的大学资助，而对此又有规则可以调节吗？如果股权持有者获得来自大学捐赠基金的投资被通过，也有规则吗？如果公司能够资助研究，主要研究者可以在这个公司持有股权吗？个人能成为该公司的管理人员吗？

（10）有没有一些规则调控一组教师，如在私人实践计划中的那些人，运用规则调控他们吗？

（11）在大学的政策里利益冲突如何定义？这些规则同样适用于教师、管理者和机构或者大学控制的基金委员会吗？

（12）谁在监管校园技术许可办公室（OTL）做了什么，以及它又是如何研究管理和利益冲突管理之间的互动的？OTL 的管理汇报给谁？谁评论由代表大学所做决定的细节？其做法是如何变化的？有公布的用于预示和约束 OTL 的自由度的指南吗？

（13）在关于受托人参与（如风险资本家）大学/教师的知识产权商业化方面有规则吗？

（14）在出现问题且需后续行动的地方，有协调数据系统来追踪数据和 alert 管理（一种数据库管理）吗？

第四节　美国大学协会关于管理利益冲突指南的补充

AAU 和 AAMC 联合于 2008 年 2 月 28 日发布了一个新的报告，号召所有医学院校和主要研究型大学在接下来的两年时间内，制定和执行机构经济利益冲突政策，并完善定义私人经济利益冲突的标准①。其宗旨是："保护患者，保存完整

① 这份报告是由美国医学院协会和美国大学协会在 2006 年共同设立的咨询委员会历时两年完成的，它不仅补充和完善了两个协会此前发布的有关利益冲突政策的建议，并为医学院校和主要研究型大学在处理人受体研究的利益冲突方面提供了准确的指导。

性，促进健康，加快实施人受体研究中利益冲突政策的进度”，为学术机构鉴定、评价和管理涉及人类研究对象的经济利益冲突的研究提供一个详细的路线图。

这个拥有21个成员国的委员会，由来自国家的医疗学校和主要研究型大学的高级领导组成，由高级医学副主席兼伯明翰阿拉巴马大学的医学院院长医学博士瑞克（Rich R R），和哲学博士兼圣路易斯华盛顿大学的校长赖顿（Wrighton M S）共同主持。该委员会的主要目的是加快实现医学学校、教学医院和主要研究型大学的有效政策，即当认同每个机构的文化和历史时，既要解决个人和机构经济利益的冲突，也要让政策更稳定。

有效管理经济利益冲突对于保护病人和保存研究的完整性是必要的。为实现生物医学研究的承诺，在研究型大学、医学院校、教学医院及工业界之间必须要有持续的协作。这份补充报告在关于机构如何提高监督和管理这些重要的关系及在它们与大学协会之间如何维持在公共场所的信任方面提供了出色的实用性建议。

在患者安全或合法性的人类受体研究方面，决不允许经济的或个人的利益妥协，在解决这些挑战和极其复杂的问题上，AAU和AAMC已引导了这项研究，机构领导和教师利用协会先前的报道，把大量的时间、精力和资源投入到改善他们的监督和利益冲突的管理上面。

这些新的指导方针建立在之前的努力上，在继续加强它们的政策和程序来管理这些冲突时，大学协会期待与其会员机构一起合作。随着国家卫生研究院利益冲突的丑闻暴露，AAMC和AAU要求新联合咨询委员会在发展更新报告关于人类受体研究的利益冲突政策方面要加大力度。

根据这份报告，在学术机构承担更复杂的角色和扩大它们与工业的关系时，机构利益冲突正变得日益受关注。为确保这些基本的交互作用原则，及在一个严格的、透明的、可信的框架进行，利益冲突政策是至关重要的。因此，该报告建议所有的医科学校、教学医院和AAU机构做到以下两点。

（1）加快利益冲突政策发展，这些政策涵盖教师的经济利益、机构及其领导（包括院长、部门主席和部门主管）的经济利益。

（2）为个人和机构这两方面的经济利益冲突实施报告、评估和过程管理，这包括一个涉及常设的内部委员会或外部的审查实体的审查系统。

在接下来的两年完成机构利益冲突政策的开发和实施。

报告强调对于所有学术医疗中心和主要研究型大学始终通过它们的组织解决利益冲突这一迫切需要，以确保所有教师、领导和机构因自己的经济利益得到彻底的报道、披露和过程管理。

实施机构经济利益冲突综合项目的监督和管理，对于学术共同体一直是一个挑战。最近一项由AAMC和马萨诸塞州综合医院卫生政策研究所承担的研究透露，截至2006年，38%受访的医科学校有政策解决机构利益冲突。对于延迟发展这些政策的机构，研究中提到了各种原因，包括为追踪机构经济持股对高度集成的机构数据库和管理系统的需要，还有这些政策可能会抑制迅速将研究发现用于医疗市场的努力这一观念。

为帮助学术机构克服这个挑战，AAMC/AAU的报告为分析和管理利益冲突情况提供了一个新模板。作为进一步的指导，该报告提供了详细的案例研究，根据已出现在研究型大学和医学院的实际情况，为教师、学生、员工和机构领导提供学术共同体即时的材料。

在所有129个被美国医学院校认证的协会和17个被加拿大医学院校认证的协会，及近400个专业教学医院和卫生系统，包括68个美国退伍军人事务医学中心与94个学术和科学团体里，美国医学院校协会是一个非营利协会的代表。通过这些机构和组织，AAMC代表109 000名教职员工、67 000名医学院的学生和104 000名住院医师，因而有广泛的代表性。

第五节　美国大学协会处理经济利益冲突的框架

许多大学很早意识到贯彻利益冲突处理政策的重要性。1964年，美国大学教授联盟（AAUP）委员会和美国教育委员会（ACE）发布了一份《关于避免大学的政府资助项目中发生利益冲突》的联合声明。这份今天仍然作为许多大学政策基础的声明，它强调大学向工业领域转让知识和技术的重要性，强调对能够保护机构的公正性、保护机构所开展的研究工作的那些标准和程序的严格性。

随着对政府资助研究项目的支持逐渐增加，以及政策和法规的发展开始鼓励大学、政府和工业企业之间互相联系，一些附加声明和报告也被发布出来用以协助大学发展和完善它们的利益冲突处理政策。1978年，AAU、ACE、州立大学和政府赠地学院国家联盟①（NASULGC）发表了《管理学院和大学补偿金的原则：针对从事资助项目研究人员的政策》。1985年，AAU发布了一份关于大学-企业关系的情报搜集报告——《关于利益冲突与延迟出版的大学政策》。随后，AAMC和AHC也发布了关于义务冲突与利益冲突的报告。

20世纪90年代，对技术转让的重视有所复兴，经济竞争力成了美国的头等大事。因此，大学协会强调大学应当及时审查它们的利益冲突政策，以确保公共和机构资源得到合理利用。大学协会提供了一个可能的框架，机构可在此框架下审查它们的利益冲突政策，特别是注意对经济冲突的处理。尽管机构政策中还有

① 国立大学和赠地学院联盟是由公立大学、赠地机构和许多国家公立大学系统组成的一个自愿性协会，各校区遍布全美50个州及哥伦比亚特区。

许多其他内容应当得到审查和考虑（比如，因在企业资助的研究和其他外部活动中使用学生而引起的冲突），这里只单独集中于经济利益冲突的处理。所讨论的政策尽管对全体教师和他们的研究活动进行了特别关注，但也试图涵盖所有的大学工作人员。不过，这里未提出机构的利益冲突政策如何发展，这些政策的发展已经超出了机构经济利益与教师研究成果的商业运用之间的关系。不过，大学同样获得了强大的支持来制定这样的政策。

一、经济利益冲突的处理

全体教职员工对他们的机构拥有最基本的忠诚度。这种责任心包括几种引人注目的行为。教师培养本科生，导师为学生授予学位、从事研究工作、报告研究进展并参与机构的管理。在对机构履行这些职责的同时，教师也会为私人或公共实体提供建议或咨询，并为学术共同体提供服务。平衡这些内外部职责是很困难的，由分配时间引起的冲突在所难免。处理分配冲突（主要包括允许用于外部活动的总时间）的机构政策已经有所发展，它能够在其他事情中处理由时间分配引起的冲突。利益冲突政策已涉及包括大学资源私用在内的冲突。实际上，美国所有大学都有处理利益冲突的政策和程序。

学术领域向工业领域的知识和信息转移催生了一系列大学外行为关系，这些行为和关系对公众是十分有益的。教师参与私人企业或国家实验室可以成为技术转让的一个有效机制，现在这已成为美国的优势。不过，无论何时学术研究涉及现实世界中的问题，存在一定程度的冲突是不可避免的。重要的是要将这类冲突处理好，以便学术机构的目的和任务不受影响，公众和学生的投入得到保护，公众对学术行为公正性的信任得到维护。连贯的利益冲突政策不仅能够对指导企业和学术界建立良好关系有所帮助，还有助于确保大学的宗旨得到保护。

相应地，大学面临的挑战是要为教师及其他员工汇报其外部活动发展一种机制，以便教师的机构职责与他/她的外部活动之间的关系能够被机构适当地审查与控制。对于保证机构开展的研究可以远离偏见，或当教师处于特定研究成果的受益者地位时，该研究不会受到影响。这种机制都是非常必要的。在某些情况下，对一个公开冲突的妥善处理意味着消除该冲突，即消除外部关系或行为。在其他情况下，妥善的处理包括仔细监视和报告研究行为与数据，在保证科学和机构的公正性能够得到保护的前提下，允许重要的研究继续进行。这些情况需要在整个项目进行期间进行仔细的审查、监视和佐证。如果有政府资金参与，机构还有义务向政府和公众保证经济利益冲突会由机构披露出来并妥善处理。

发展并执行利益冲突政策和程序是每个机构的责任。不过，有一些特定的关键内容应当被包括在所有大学的经济利益冲突处理政策中。这些内容涵盖：定义、披露、审查过程、建议与决策、申诉机会，以及为否决政策而制定的恰当的大学程序的使用。每个内容的行政职责必须得到清楚的说明，必须设置相应的交流系统以确保每个受政策影响的个人都能意识到他/她在政策中的职责。

二、机构政策和职责

利益冲突政策的发展和实行必须保持每个机构的职责。机构发展和实行政策及程序的方式会因其反映了不同的文化及各个大学管理模式不同而有所不同。对不同州法律法规的遵守，也要求每个机构制定它们自己的利益冲突政策。此外，机构还需要确保新政策与现有的涉及教师和大学员工的职责及行为的政策相一致。

机构有许多行为规范，它们来自各种伦理原则，这些原则约束着教师处理与学生、同事、机构和团体的关系的各种行为。它们针对涉及教育、学术和公共服务的不可接受的行为。不可接受的行为类型包括：为私人利益使用学生；违反知识分子的诚实原则；未经许可将大学资源私用。伴随这些规范的可行性强制和制裁政策与程序的实施，教师有义务遵守他们学术领域内的规范，这些规范与他们在履行专业职责时的公正性问题息息相关。

此外，学术机构为提高教师水平而使用的程序，也为学术活动提供了同行评议。这些程序更适合于处理冲突而非经济利益冲突。教师的提高过程是对教学研究活动和机构服务的创造性与价值进行批判性审查。教师的成就会通过出版物、教学评估、对本行业和职能机构的服务及对知识进步的贡献而受到同行的评估，教师会因其学术成就而受到嘉奖。诚实性、公开性、客观性及在履行职责中的严谨的判断力，包括研究行为，都是学术奖励机制中的重要因素。

机构还有其他机制，通过与合同和授权条款有关的政策及程序来应对研究活动中的利益冲突。这些政策应对的是研究环境的公开性、出版权、知识产权、大学名称的使用及大学设施的合理运用等问题。

而且，利益冲突并不局限于教师从事的研究活动中。学术机构也处理在负责事务决策的员工那里出现的利益冲突，这种冲突会在管理机构的过程中出现。例如，负责外购工作的员工被禁止与卖方发生关系，因为这种关系可能会影响他们客观地履行自己的职责。

最后，实行政策和程序来审查和处理经济利益冲突必须了解现有的规范、规则、政策、程序、实践及有关这些问题的指导方针。新政策的发展应显示出更有利于现有政策的实施。机构在实施政策和程序时所采用的组织结构和承担的行政职责显得更为重要。仅有好的政策还不够，它们必须被执行和使用，而且必须明确谁为那些工作负责，也就是，责任必须明确到每个人或者每个机构本身。

三、利益冲突政策的组成

（一）定义

给利益冲突下定义是一项复杂的工作。如果不必集中于所提出的具体问题，定义的发展将包括对个人动机、研究的本质、学术机构的本质及其他问题的讨论，这些问题虽然非常重要，但对定义利益冲突来说并不是最关键的。相反地，定义必须集中于这样的冲突，即当个人在机构内部的活动可以为他/她的外部活动提供服务时可能出现的冲突。

利益冲突的定义必须足够宽泛以便囊括包括外部受雇、咨询、占有资本在内的一系列活动。定义需要将披露的类目集中于那些在仔细审查和评估一个特定活动和关系是否是可接受的，或者还需要进一步的审查和细致管理时需要实施的行为。

一些大学的政策将具体的披露类目、限制条件及受影响的个人作为定义的组成部分。其他大学的政策则包含更宽泛的定义，并在披露报表中确定限制条件和类目。大多数大学政策都涵盖了某些“家族成员”，而清楚地表明谁可以被归入“家族”中则是一个十分重要的问题。下面提供几个已被某些机构采用的定义的范例。

1. 机构 A

利益冲突可以有不同的形式，但都是当学术团体的成员处于或可能处于影响大学事务、研究或其他决策的地位时才出现的，这些影响可能导致学术团体成员或其家庭获得某种形式的私利，或为他人创造不正当的利益，从而给大学造成损害。

2. 机构 B

当个人对大学或被广泛认可的学术规范的职责和义务有可能被个人的其他利益或职责，特别是经济方面（尤其那些利益或职责未被披露）所损害时，一个潜在的或实际的利益冲突就会出现。

3. 机构 C

当员工在大学决策中获得经济利益时利益冲突就会发生。经济利益被描述为：

在资助的项目中直接或间接投资超过 1000 美元；

在资助的项目中拥有主管、领导、合伙人、受托人、雇员或其他任何管理岗位；

在资助项目中获得收益，包括在项目决定前的12个月内，从主要投资者那里收取或被许诺的总计达到或超过价值250美元的咨询费或礼品；

主要投资者在资助项目中拥有“间接投资”或“间接经济利益”，如果：

他/她的配偶或未成年子女在资助项目中获得经济利益；

主要投资者，或其配偶，或未成年子女，在任何商业实体或信托机构中直接、间接获得或受益达到10%或更多利益，而这些商业实体或信托机构则在研究项目的资助中获得经济利益。

（二）披露

除了定义外，利益冲突政策必须详细说明要披露的信息和向谁披露。披露报表应当在范围上有所限制，但必须有足够的覆盖性，以便一位独立的披露审查员可以决定外部活动是否干扰了研究者对机构的主要职责、责任和忠诚度，是否影响了研究过程的公正性。推动利益冲突政策和程序发展的假设是：外部活动的经济潜力可能使教师的学术活动偏离正轨。

披露报表应设计成更可能有效地把握那些只与大学利益冲突问题相关的信息。披露报表需要注意到大部分教师和员工都不会报告冲突，他们披露的信息也不需要经过最初的审查。披露报表应当掌握那些对识别经济利益冲突及为探讨、审查、实施管理提供机会而言十分必要的信息。

（三）审查过程

1. 初级审查

披露报表应当提交给一位合适的机构领导并由他进行审查。该领导通常是对提交披露报表的教师负有首要管理责任的个人。在不同的机构中，领导者的角色也有所不同。在某些情况下，他可以是院长；其他情况下，他是系主任。每份披露报表应当根据为区分消极披露（没有揭露任何经济利益冲突的披露）和积极披露（需要额外审查的披露）而建立起来的标准进行审查。在大多数情况下，该标准表明了披露报表应包括的问题和类目。应当为所有披露，无论是消极披露还是积极披露，建立并维护一个记录保留系统。

审查过程应得到清晰的规定和一贯的执行。对积极披露进行的所有审查，其目标必须是为获得对冲突的实质和程序的更好理解，以及为处理冲突探索更多方案。在绝大多数情况下，审查者与教师之间的讨论可以为研究者提供消除或减少利益冲突应采取的步骤。除非冲突已被消除，否则这些步骤应当仔细地与初级披露报表一同被记录与归档。

在 AAMC 的《处理教师责任冲突与研究中利益冲突的指导方针》中包括了一系列问题，它们可以帮助初级审查者评估积极披露。这些问题具体如下。

（1）有关教师活动的所有信息都已经获得（即已经完全披露）了吗？

（2）教师的相关经济利益超过了预先确定的可接受的上限了吗？在哪里体现出来？

（3）有迹象表明研究结果没有被忠实和准确地汇报吗？

（4）有迹象表明拥有学术地位的教师以不正当方式支持过任何外部实体或有动机倾向于这样做吗？

（5）教师曾向外部实体不恰当地描绘过机构吗？

（6）教师是否有屈服于可能造成不利影响的动机吗？

（7）有迹象表明教师应对大学尽的义务没有被履行吗？

（8）教师的状况表现出可能会违反国家、州或地方法律和要求吗？

（9）目前教师的受雇情况造成了外部利益之间的冲突了吗（即同时为相互竞争的商业实体的研究项目工作）？

2. 二级审查

在那些经济利益冲突未能在初级审查阶段得到解决的情况中，披露应当涉及二级审查。这项审查可能会包括其他个人审查者或一个委员会。在这一点上，必须考虑组织结构和职责，以便审查情况并决定如何解决冲突。程序的集中程度必须明确。集中管理将增加获得协调和连贯的政策发展所需经验的可能性。另外，分散管理则可以更有效地处理那些在特定时间针对特定规章制度的具体问题。无论组织结构如何，二级审查的目标应是对披露进行评估，并为如何处理经济冲突提出建议。决定什么是不被允许的、什么是有条件允许的标准的发展非常重要，应当依照大学的政策和经验来进行。标准应包括但不限于以下组成部分：参与的程度和实质活动的公开性、有关活动的自由交流、对活动中产生的智力成果的管理、大学资源的使用，包括学生的参与。在大学里，可能参与到二级审查过程的是院系的行政人员、教师、合约或授权领导、技术转让部门及核心学术管理部门。一些机构发现让教师参与公正、无偏见的审查过程会使该过程和所推荐成果的可信度大幅提高。

在一些情况下，外部关系或活动的实质将会导致如果继续维持这些关系或活动将无法保证科学和机构的公正性。在这种情况下，冲突注定不可接受，而外部关系或活动也应当在研究进行前被取消。在其他情况下，外部活动或关系的取消可能不是必要的或利害攸关的。在这种情况下，谨慎的管理和汇报对确保科学的客观性和机构的公正性得到保护都是非常关键的。

AAMC 也再次罗列出可在二级审查中使用到的几个问题，来帮助决定哪些经济冲突能在确保科学和机构公正性得到保护的前提下得到解决，哪些不能。这些问题具体如下。

（1）相关研究分会或其他合约单位的协商将由机构中真正利益无关的代表们来处理吗？

（2）研究工作计划在开始实施前将接受独立的同行评议吗？

（3）有相应的机制来防止各种偏见介入研究项目吗？（即协议是双盲的吗？研究对象是随机选定的吗？）

（4）项目将由兼具权威性与利益无关性的人来管理吗？

（5）有验证研究成果的方法吗（如在其他实验室、FDA 审查中被独立证实）？

（6）数据或材料会公开与独立研究者共享吗？如果不会，谁来决定这些资源的可获得性？

（7）与外部团体通力合作的成果会在同行评议的科学文献中发表吗？

（8）资助与相关收益会在研究结果的公开呈交中得到认可吗？

（四）申诉过程

一项大学利益冲突政策应当包括一个申诉过程——对一项关于同意与不同意一个已披露的经济利益冲突的正式决定进行的申诉过程。该申诉过程应包括对申诉条件和申诉对象的描述。

（五）否决

机构可能的或现有的调查和制裁教师违规行为的程序，应当在什么程度上被用于任何违反大学利益冲突政策的行为，这可能要求机构具体指明利益冲突，并根据大学政策和规范得到解决。

第五章　斯坦福大学关于科学利益冲突的政策与指南

第一节　关于人受体经济利益披露的要求

大量的尤其是涉及人受体的研究，要求医学院特别注意，以确保人们识别出与研究相关的任何经济利益或关系。因此，斯坦福大学的政策与主要集中在非人类研究的大学稍有不同。以下是斯坦福大学的要求。

第一，全体教职员工要披露所有的个人经济利益［明确的收入、酬金或其他支付服务如支付咨询、股本股票、股票期权或其他所有权权益和版税，包括员工家属（他/她的配偶或家庭伴侣和子女）］，或与直接支持研究的个人营利性公司的关系，以及开展相关研究，如经济利益相关的联邦政府资助的研究。这意味着任何事务如拨款、合同、礼品、许可协议、人类研究协议、合作协议、材料转让协议（MTA）或采购都需要披露。所有与斯坦福大学活动相关的个人经济利益，不论金额大小，必须报告。所有有关经济利益的报告将通过利益冲突审查程序（COIRP）进行审查，以确定是否存在一个重大的利益冲突。

第二，全体教职员工必须披露任何与个人经济利益相关的人类研究主题的同意书。

第三，适当披露一名研究者的经济关系，或在营利性公司的利益，必须在所有的相关出版物（以任何形式，包括电子出版物）和介绍陈述（包括在斯坦福大学内部的陈述介绍等，例如，除了陈述他/她自己的实验室或部门，所在部门的会诊报告或跨部门报告）中披露——无论他是否是学术爱好者，与某个公司的经济利益关系应该被披露。如果出版物或陈述报告的信息可能被认为潜在地使公司受益，或公司的技术/产品对研究是不可或缺的，在出版物或陈述报告中所描述的技术/产品的应用可能被视为潜在地使公司受益。

第二节　关于义务冲突和利益冲突的院系政策

该政策为教职工提出并讨论已经存在或已经感知到的义务冲突和利益冲突，制定年度公开和认证的要求，以及制定诸如赞助项目或礼品赠送的时间。

此声明批准于1994年4月14日，修改于2004年12月2日和2012年3月8日，2012年8月22日实施，由学术委员会的参议院制定，它构成了斯坦福大学义务冲突和利益冲突的政策与程序，适用于所有在斯坦福大学（学术委员会和医疗中心）工作的成员，包括在大学工作的行政人员①。该政策由学院的院长负责，以确保政策的实施。由副教务长、教务长和研究学院院长负责政策的解释和整体协调。违反此政策的任何一条，都可能会受到处罚，包括《学院纪律的声明》中所提到的人员。

一、一般原则

（一）义务冲突

斯坦福大学教职工的基本义务是对大学的职业效忠，包括他们的时间和智力能量的基本义务应该贡献在大学的教育、研究和奖学金项目上。具体职责和专业活动构成的基本义务将视学校和部门不同而定，但这些义务应当基于院系成员及他们的院系主任或校长的共识的基础上。

然而，即使是基于这样的理解，教职工试图平衡大学的责任与外部活动，如咨询、公共服务或无偿的工作会导致时间和精力分配上的冲突。义务冲突通常涉及时间的分配，当一个人的外部专业活动（定义见《斯坦福大学的政策咨询和其他外部专业活动》）超过了许可限制（通常每季度30天），或当一个全职教员职业忠诚度不在斯坦福大学②，那么就存在义务冲突。如果某种情况可能引发了义务冲突，那么教职工应该向他们的系主任或学院院长、研究学院院长说明这种情况。

（二）利益冲突

斯坦福大学是一所具有公信度的大学，教职工必须尊重公众的信任及他们处理事务的方式，而不应该破坏义务的完整性和大学的公信度。

利益冲突是个人的私人利益与对大学的职业义务发生了分歧。一个人作为旁观者可以合理地质疑个人的职业行为或决策是否取决于对个人经济利益的考虑。也就是说，利益冲突取决于实际情况，而不是个体的特征或行为。

利益冲突在现代研究型大学是很常见的且不可避免的。在斯坦福大学，利益冲突来自这样的事实：大学的使命是促进公众利益，以及通过大学研究和私人奖学金所培育的知识转移。完成这一使命的重要手段，包括教职工的咨询、演讲、

---

① 参见斯坦福大学“政策咨询”的教职工手册，访问和参照教职工任命手册或医学院的教职工手册的第8章第8.6节c部分“临床医生教育政策”。

② 斯坦福大学及其他著名大学一般都要求他们的教师全职在学校工作，即不允许教师有兼职工作，否则 就不视为对学校不忠诚。这一条是相当严格的。我国大学在这一点上可能有所欠缺，比如，引进的国外人员是否是全职的，本校的教师是否有兼职现象。兼职意味着义务冲突，也就是说，教师没有尽全力为本单位工作，包括时间和精力。

出版物和来自教职工研究外的商业化技术。通过咨询费用、酬金和分享版税收入给予教职工奖励是对他们商业化工作的回馈，这是适当的。但是，个体的行为或决策是出于对个体经济利益的考虑就是错误的，教职工们应当警惕这种想法出现的可能性。这种行为是对职业操守和个人道德的违背，会对大学产生负面影响。

教职工应当恰当地处理事情，以避免或减少利益冲突。当利益冲突出现时，要做出适当的行为和决策。为此，这一政策的目的是教育教职工在有利益冲突的情况下，为教职工和大学管理者提供一种解决利益冲突的方法，以促进依赖于教职工工作指导的学生和其他人的最佳利益，并说明被禁止的情况。每一个斯坦福大学教职工都有义务熟悉和遵守本法规定的政策。个人与外部实体发生的与斯坦福大学教职工的研究/奖学金、教育/教学、管理或临床护理机构等有关的经济关系或行为是否是合理的，必须在斯坦福大学公开。所有这些经济活动或经济关系必须公开时间和活动内容，所有信息公开和大学的审查都是让教职工遵守联邦机构法规。

在解释这些政策时，必须达成共识。那就是不管在什么情况下，如果旁观者合理地质疑个人职业行为或决策取决于个人经济利益的考虑，双方的关系就应该通过演示或在出版物、教学或其他公共场所中明示。

二、政策概要

下面是这一政策主要条款的概要。教职工应阅读整份文件，领会其中的精神，从而更好地符合这些规定，例外情况也要充分了解。

（1）在职教职工必须保证每个季度都在校园内（主校区或分校区）。

（2）不允许教职工的其他专业活动降低对斯坦福大学的忠诚度。比如，在职全职教职工不允许在校外担任主要的高层管理者、承担主要责任（如首席执行官），或作为在斯坦福大学内进行的但由其他机构进行提交或管理的赞助项目的主要研究人员（不包括斯坦福大学管理的子项目或合作协议）。

（3）教职工必须创造学术自由的气氛，促进学术活动结果的公开和及时交流，并确保他们的学生（包括博士后和其他学生）和他们的监督人员是独立的个体经济利益体。教职工应当告知学生对外的义务，这种义务会影响师生间或教职工间的学术信息的交流。

（4）教职工不得使用学校资源，包括设施、人员、学生或其他学员、设备、信息或机密信息，除了纯粹是偶然的方式，因为他们的外部咨询或一部分业务活动用于与大学的教育、研究、奖学金和公共服务无关的其他目的的活动。

（5）教职工必须及时公开在大学活动过程中所有潜在的专利发明或发现，以及非偶然地对大学资源的使用情况。如果声明是知识产权，则不论资金来源，其所有权都属于大学，发明者将获得特许权。如果发明者可以确信获得技术转让的最佳利益或不违反共识的条款及与工作有关的任何协议，那么他（他们）就可以披露发明。

（6）教职工（或他们的配偶，或同居的伴侣，或子女）必须向学校公开他们是否有这样的经济利益（如下定义），即从与他们的机构责任有关的外部企业中所获得的经济利益是合情合理的。当教职工参与到特殊的交易时，也需要公开他们所获得的利益，包括：①礼品；②资助项目；③技术许可安排；④使用人受体、动物或干细胞的协议；⑤材料转让及合作协议；⑥特购（单一或从一家公司采购）。

在这种情况下，由学院院长批准和审查，利益冲突主管院长或指定的利益冲突的管理人员需要事先做好安排。

（7）被公开和被视为与更多的教职工成员的机构责任有关的经济利益将受到进一步审查，以确定这样的经济利益或关系是否对教职工的机构责任的性能产生了直接或显著的影响。如果这样的情况存在，那么就需要避免或者由利益冲突主管院长根据当初制定的规则进行管理。其他行政行为，如公开出版物和公开讲座，可能获得的经济利益不被认为可能直接或显著影响了机构职责的性能。

（8）每学年，所有教职工必须证明他们的学院院长遵守了斯坦福大学与利益冲突和利益义务相关的政策。他们必须公开之前没有报道过的、现存的、新的与外部组织（他们的配偶，或同居的伴侣，或子女）的经济利益关系。与机构责任有关的经济利益关系应尽快地让院系的其他教职工知晓。

（9）学院院长应建立确保及时审查他们的教职工潜在或已出现的利益冲突公开的程序。确保（咨询研究学院的院长）双方应当每年在确定的时间消除利益冲突或对其进行管理。学院院长应当每年提交公开情况的信息和研究的合法证书。

（10）研究学院的院长应当，①落实该政策批准各系的计划；②向学院院长解释各政策条例；③对教职工向院长提出的要求进行回应；④每年向委员会报告研究这一政策及其实施的状况。

（11）如果有教职工对研究学院的院长的决议有异议，那么他/她可以向教务主任提出申诉，教务主任会在学术委员会的顾问委员会中进行咨询与讨论。

三、讨论及细节

（一）校园现状

斯坦福大学的教职工在探索教学、科研、学术、临床护理的过程中被赋予了权利和义务。学术委员会成员希望教职工参与大学的管理政策、学术政策的制定，知识产权和学术评优的测定，并确定了履行这些义务需要的专业知识、时间和精力。

全职教职工有责任必须在校园内工作（主校区或分校区），要多接近学生和工作人员，每个季度都要和斯坦福大学的同事进行互动交流，除非系主任或院长已特批准许现职教职工可以延长或经常不在校园。实地调研或其他原因而不能出现在校园的情况，因学校、部门的不同而不同，这应当按教职工的资格规定的来进行限定、延长或不在校园的许可。

（二）对外专业活动的限制

斯坦福大学鼓励教职工通过大学向公众和商业市场传授知识。从学术研究到使广大群众获得知识及其应用，教职工在其中扮演了重要角色。教职工在对外的专业活动中所获得的经验，可以提高他们的教学和研究并获得大学奖学金。但是这一过程的信息和技术转让就会产生潜在的利益冲突，特别是当有些教职工可以获得个人的经济利益时，利益冲突就会出现。这一政策规定的目的是减少这种冲突和加强管理。

大学的政策咨询和其他对外专业活动隐含的假设是：这样的对外专业活动是一个特权的、不正确的活动，必须不能减少某教职工对学校的全职义务。任何对外活动减少了对大学的义务，就会出现义务冲突。即使诸如无偿工作、为公众利益的服务性工作及与学校义务无关的对外活动（不包括政策里的“咨询”的对外专业活动）都应当进行管理，使其不能超越对大学的义务。

对外专业活动会产生义务冲突。无论何时，斯坦福大学的教职工通常严禁现职教职工作为由其他机构管理的赞助项目的主要研究人员。此规定并非限定教职工参与多站点培训或研究计划，只是要从斯坦福大学获得一个授权或协作或签订协议，而不是要求教职工在研究需要的情况下建立一个专门的机构。

由于学校希望全职教职工把他们的主要精力和专业兴趣都投放到他们的大学义务当中，也许他们可能不接受重要的管理责任或管理监督责任的建议（如董事长、总裁、科学主任或副总裁）作为他们对外咨询活动的一部分。通常，教职工为了在校外某实体公司担当重要职务，他们应向学校履行完整的请假手续，此时不允许休假，而董事会的董事或咨询服务是允许的。

教职工必须明确这样的界限：将大学和外面的义务区分开来，从而避免资源和产品归属方面的问题。斯坦福的名称和标识都表明不允许进行咨询活动，对外活动不包括以下两点。

（1）承诺或转让给第三方的知识产权设想，或者在大学责任转让给第三方的过程中，或者第三方偶然使用以上大学资源的过程中，最先用于实践，全部或部分。

（2）斯坦福大学的研究咨询活动的延伸，如最早接受或接触到第三方的研究成果。

如果某教职工被列为一个出版物的作者，就应当公开该教职工对该出版物所做贡献的付费情况，即不属于斯坦福大学的责任和义务的部分。与演讲活动相关的咨询服务也应当公开。

（三）研究成果的自由开放与交流

大学的整体性体现在学者的社会性方面，即要求自由和开放地进行思想和学术交流。教职工有责任保证不受外界环境对学术气氛的干扰。学生们必须能够探索感兴趣的话题，有机会获得现有的信息和设施（资源），以及将他们或其他学者或已公开的成果进行交流。因此，教职工必须确保以下三点。

（1）在斯坦福大学的政策内，将斯坦福大学的研究成果或者承担的奖学金向更广泛的学术团体或公众进行公开，及时传播。

（2）博士后和学生的学术活动在教职工的外部活动中的贡献不是免费的。

（3）学生、职员、博士后及合作者的成果在教职工的外部活动中不应被剥夺。教职工应当公开学生、职员、博士后及合作者在向第三方提供服务的过程中受益于他们的想法和成果。同样，学生、同伴或工作人员应当获知用于研究的资金来源的信息。

该政策要求与第三方的咨询、技术许可或其他协议，包括非公开和保密协议，不得延误或禁止斯坦福大学研究或学术成果的出版。而且，在某些情况下，教职工会被要求公开由相关领域的公司/机构支持的、与利益有关的出版物和公开的研究讨论的财务关系。

（四）适当利用高校资源，包括设施、人员、设备和信息

除非纯粹偶然的情况，教职工不得使用学校资源或人员，包括设施、人员、学生或其他学员、设备、信息或保密信息。因为这是他们外部咨询或业务活动的一部分，或任何其他非大学目标的活动。高校资源的不当使用包括以下五点。

（1）教职工为了潜在的利益或真正的经济利益将任务分配给学生、工作人员或博士后，而不是出于学术领域的发展或教育需求的目的。

（2）未经学院院长和研究生院院长事先审查和批准的、由学生或工作人员参与的教职工的外部咨询或商业活动。

（3）除出于斯坦福大学的外部使命而允许外部企业使用的资源、人员或服务外，企图过分影响大学利益或出于个人经济利益而给予企业的不适当的礼赠。

（4）通过大学商业活动或个人研究活动获得的保密信息，以及给予他人的未经授权的信息。保密信息包括但不限于医疗、人事、个人安全记录、企业预期的材料需求或价格动态专有知识、政府新建网站的专有知识、政府即将实施项目

或所选择承包商或分包商的业务信息所提前发布的官方通告。

（5）从个人经济利益出发通过大学教学活动、科研活动、学术活动而获得的研究成果、材料或产品（不排除在有显著成果或蕴涵专业知识的赞助项目基础上，为发明或咨询而设定的适当安排）。

（五）信息公开和自主知识产权

所有潜在的专利发明，包括申请专利的软件，教职工在他们的大学活动的过程中的创造或发现，以及不仅仅是大学资源的偶尔使用，都必须及时向大学公开。如果知识产权声明无论其资金来源如何，其所有权都分配给大学。如果发明者代表的不是个人而是集体，并认为他们技术转让的最大利益在于向公众公开他们的发明，那么这样做不违反与工作相关的任何规定或协议的条款。

使用学校资源的技术开发利用的商业化的管理制度可以确保赞助商的合同义务。斯坦福大学的技术管理也减少了潜在的个人利益冲突，资产的管理制度并不是批准程序的结果上存在个人经济利益，也不是他们参加学术或未来的研究决策中存在个人利益。

"发明"包括有形的研究属性。然而，这一术语不包括标题写有发明者的书籍、学术论文、音乐及艺术作品，以及教育媒体的其他形式的所有权。

除了资助协议的条款所规定的范围内，无论其表现形式如何，斯坦福大学不要求教学、学术或艺术作品的所有权。这些作品代表着作者个人或学术信仰，教职工学术自由的保护要求大学不能试图、也没有权力去控制作品的内容或传播作品。另外一个考虑是，大学教职工的作品是个人的表达形式而不希望承担法律责任。

计算机软件的所有权需要特殊考虑。软件的许多形式是专利，由斯坦福大学专利发明政策管理，软件的其他形式更像是书籍，因为它们是学术、艺术或教育作品的数字表达，其主旨取决于发明者。软件的权利不能是教职工在以下情境中所取得的授权：作品受大学为完成某一特定项目而进行的直接的资金支持；作品是由大学委托的；作品是其他合同义务的主体。此外，斯坦福大学的资源只用于大学的目的，不为个人利益，不为个人商业利益的获得，也不为其他非大学的目的。因此，如果有出版权作品的发明者使用了非大学教职工的雇员的服务或使用了大学的资源来创作作品，他/她就应当向技术许可办公室公开这一情况，并向大学分配所有权。台式电脑、大学图书馆、有限地使用秘书或行政资源，不被认为是显著使用的情形。

与学生或其他教职工共同开发的软件的所有权应归所有开发的成员。大学教授和工作人员共同开发的软件，其所有权也应归大学及共同开发者。然而，教职工应当知道，所开发的商业软件的升级和维护，都是作为一名教职工的大学活动的一部分，这样会导致专利发明的利益冲突。教职工应当避免这样的冲突，这是教职工的责任。有一种方法可以避免这样的冲突，就是将版权和所有权归大学。

这一政策的目的不是减缓或限制技术转让。如果大学不及时地（一般为 60 天）申请技术的专利和许可，那么就可根据合同义务的要求将所有权重新分配给软件的开发者。在这种情况下，赞助商可以剥夺大学的权利，由大学建议将所开发软件的所有权归开发者。如果由大学教职工开发的技术获得了许可，那么他/她就可以享用适用于大学政策条款下的特许权使用费。对专利许可权的进一步发展是许可人的责任，同样不能使用大学资源。

（六）与机构责任有关的经济利益必须公开

当所获利益与教职工的机构责任有关时，教职工包括他们的配偶，或同居的伴侣，或子女，必须向大学公开个人经济利益。必须公开的有以下几项。

（1）更多经济利益包括支付的服务费、咨询费收入、支付酬金、股权、股票/股票期权或其他所有权权益、不属于斯坦福大学的知识产权的版税收入、不属于配偶或同居伴侣的收入。

（2）与斯坦福大学机构责任有关的收入是合理的，包括一个或多个奖学金，研究/教学/教育、行政或临床护理的收入。

这些信息将被进行审查，以确定是否有重大金融利益存在。用来帮助确定 SFI 标准包括以下几项。

（3）在私人企业（如在启动公司），任何现有的或正在申请的所有权权益（包括股份、合伙企业的股份如股票期权的衍生利益）。

（4）在公开交易的公司（除了如互惠金这样的由第三方所管理的所有权收益）所获得或即将获得的 5000 美元或超过 5000 美元的收益（包括股份、合作形式的股份或衍生利益，如股票期权）。

（5）每年从一家企业所获得的收入达到 5000 美元或以上，包括支付的服务费、顾问费、酬金、许可或特许权使用费收入。

（6）从一个公司或机构所获得的金额合计 5000 美元或以上的收入。

与教职工研究或与大学责任相关的、从公司或机构中获得经济收入将被视为合理的，包括以下几项。

（7）教职工直接参与的、赞助商在斯坦福大学内进行的研究。

（8）教职工的研究报告、设计或行为被认为是具有潜在影响力时所得的收入。

（9）对公司或机构具有潜在影响的教职工的研究报告或奖学金的收入。

（10）教职工直接或间接参与研究（包括但不限定人或动物研究）下生产出的产品。

（11）在斯坦福大学资金或财产控制下的赠与或者直接用于教职工教学或研究的资金支持。

（12）由斯坦福大学许可的知识产权收益。

（13）根据材料转让协定为教职工研究提供的所使用的材料，或者由教职工提供的所使用的材料。

（14）材料或供应商的服务、从私企的采购。

（15）为教职工的学生（包括研究生和博士后）提供的资金支持。

（16）为教职工教学提供的产品或设备的支持（除课本外）。

（17）教职工生产或出售在线学习服务或资料的收益。

（18）教职工作为一个演讲者或声音传递者而进行的继续教育活动或网上教育节目所获得的资金支持。

（19）与教职工的行政义务有关的经济收入。

（20）与教职工的临床护理责任有关的经济收入。

与教职工机构职责有关的重大金融利益一旦被核实，将按照如下所述进行进一步评估。鼓励教职工公开与机构责任有关的经济利益，无论其是否符合 SFI 的标准，这样可以最大限度地提高公开的透明度。教职工接受 PHS[①] 奖项必须公开赞助商的情况。教职工必须根据大学的要求完成利益冲突的培训。

（七）公开与教职工机构责任有关的外部企业活动经济利益的审查

当教职工做出这样的公开时，学院院长、利益冲突审查院长或者是任命的利益冲突程序管理员应对这一公开进行审查，以确定其是否是显著的经济收益，以及其是否对于其他教职工的机构责任来讲是合情合理的。还要对这一情况进行评估，以确定 SFI 对教职工履行责任和义务时是否产生了直接或重要的影响。如果有显著影响，则 SFI 将被视为由联邦法规和管理条例所界定的利益冲突，而后会让教职工审查这一冲突是否涉及研究/奖学金、教育/教学、行政或临床护理工作、学校的医药产业互动策略和临床护理政策。

教职工可以决定中止关系或放弃利益冲突，或者决定不参与会产生冲突的具体的机构活动，在某些情况下，冲突可以由一个或多个下述情况进行管理。

（1）重大金融利益的公开。

（2）对学生和工作人员利益冲突的培训。

（3）活动的独立监测和监督。

---

① 美国公共卫生署的组成包括：卫生保健研究与质量局（AHRQ）、有毒物质和疾病登记署（ATSDR）、美国疾病控制和预防中心（CDC）、食品和药物管理局、卫生资源和服务管理局（HRSA）、印第安人健康服务（IHS）、美国国立卫生研究院、物质滥用和精神健康服务管理局（SAMHSA）。

（4）斯坦福大学活动的改变，以消除教职工参与的所有或部分活动的利益冲突。

（5）其他缓和策略。

当重要的经济利益涉及与人受体有关的研究，且金额大于 10 000 美元时，这种情况将被视为由 PHS 规定所界定的经济利益冲突。在这种情况下，研究者必须提出令人信服的理由，详细说明他/她在研究中的特殊贡献，以证明其可以继续参与研究。如果没有令人信服的理由让其继续参与研究，或者没有计划将研究者从人受体的互动中相隔离，以及没有确定患者标本和研究数据，那么研究者必须减少他/她的经济利益，要低于 10 000 美元，或者不能在斯坦福进行调查或由另一调查人员进行调查。

与礼赠有关的利益冲突，教职工必须遵循大学的规定来记录所有这样的礼赠，要写出交换的确切性质。礼赠不应当产生这样的事情，即不能用于特许获得研究成果，不能为产品提升提供机会，不能为公司提供优惠。这些包括技术转让、材料转移、合作协议的利益冲突需要相关领导审查或由研究学院院长批准。

（八）义务冲突和利益冲突的合格证书

以年度为基础，任何时候发生的利益冲突都要公开，所有教职工都必须证明他们的院长遵守了斯坦福关于义务冲突和利益冲突的相关政策。这些报告是保密的，只能由学院院长，或由院长制定的调查人员如副院长、系主任、高级管理人员、研究学院院长、内部审计员和法律顾问办公室及大学的领导审查。

与 PHS 或者 NIH 资助的研究有关的利益冲突经审查后确定要公开的必须向美国国立卫生研究院报告，向公众提供相关情况。个别学校可能要求提供其他必要的信息，以评估各自的领域和学科中的利益冲突。此外，教职工必须公开他们学校的情况，这样可以反映出义务冲突或利益冲突中的问题，这样才可以让教职工知道并且按要求在特定的时间交易，如津贴的拨付、人受体的研究协定、赠品的签收、技术许可和材料转让协议。

（九）学院院长的责任

学院院长的职责是及时收集和审查每一年度与义务冲突和利益冲突有关的认证及新公开的情况，而且在咨询研究学院院长后对利益冲突进行管理。审查过程可能被分配到每所学院的副院长或指定的利益冲突的管理员那里。院长或研究学院院长可以通过委员会告知他/她对利益冲突的评估和符合的项目。委员会成员包括不隶属于斯坦福大学的教师，他们并不从建议安排的结果当中获益，个别学院可能会多一些，但是不能少，内部政策要比学校提出的更严格。学院院长必须提交年度公开情况，研究学院院长必须提交合规的认证。

（十）研究学院院长的责任

研究学院院长是负责解释并监督这一政策实施和遵守的学校管理人员，他/她是负责审查和批准执行这一政策的每个学校的环节，与学院院长协商确定适当的策略对利益冲突进行管理，而且每年要向研究委员会报告整个学校政策的有效性。此外，研究学院院长还应当裁决教师对学院院长决议所提出的申请。研究学院院长与学院院长在大学应保持一致性，以确保该政策的实施。

（十一）对研究学院院长的决定提出上诉

如果某位教职工对研究学院院长的决定提出上诉，他/她应当向教务长提出上诉，教务长会将情况反映到学术委员会的顾问委员会中进行讨论。

第三节　针对公共卫生署和国家科学基金会财务公开的要求

由教职工和其他关键人员参与的、根据机构要求制定的财务公开实施准则，应向被认定为利益冲突事件的代理人起到建议和告知的作用。

斯坦福大学的义务和利益冲突的政策规定，教职工每年度要公开与机构责任有关的经济利益和专业关系，以及年度政策合规的认证。斯坦福大学的政策还要求教职工在寻求外部资金时应当遵守赞助商的公开财务信息的要求。学院有责任确定是否其他研究小组有与拟议工作有关的个人经济利益。如果有的话，要及时沟通这些利益的细节，以便管理员对这些利益冲突进行适当的评估和管理。

除了利益冲突在体制政策上的要求外，多个联邦机构都有公开研究项目的资助的要求，其中包括 PHS 及相关部分，如 NIH、疾病控制和预防中心和 NSF 的中心。这项政策可以为相关政策提供具体的指导。

一、PHS 要求研究者公开

PHS 要求每个机构的提案，研究人员无论其头衔或职位，谁负责设计、实施或撰写研究报告，谁就应当公开与斯坦福大学机构责任有关的 SFI。这些 SFI 冲突至少每年都要更新一次，在 30 天内与一个新公司或组织建立的关系、一个新发现或获得一个新重大金融利益冲突（如通过购买，婚姻或继承）都必须公开。之前所接受的裁决，斯坦福大学必须确定：

（1）SFI 是与研究者的研究责任和特殊研究奖有关的问题；

（2）SFI 导致了经济利益冲突；

（3）若 SFI 冲突存在，则要有对利益冲突进行管理的详细管理计划，制订并实施，以减少或消除利益冲突。在斯坦福大学，每所学院有责任处理好自己调查的事情，按照斯坦福大学的义务和利益冲突政策规定，由教职工提交年度（OPAC 系统[①]）和交易情况。

PHS 的组成包括 NIH 要求，即研究人员应向所有经济利益冲突指定代表机构公开出现的、合理的与研究人员机构责任有关的情况，包括：研究和其他学术活动、临床护理活动、教学或教育活动、行政活动。

重大金融利益是指经济上的利益，即一个或多个研究者（包括研究人员的配偶、同居伴侣和子女）获得与研究人员的机构责任有关的经济利益。具体如下。

（1）如果自公开之日起 12 个月内从上市公司那里获得股权收益的合计价值超过 5000 美元，则被视为从上市公司获得了重要的经济利益。

（2）如果自公开之日起 12 个月内从任何非公开交易的企业中获得的报酬合计价值超过 5000 美元，或者研究人员（包括配偶或成年子女）所持有的任何股本收益，则被视为从该企业获得了重要的经济利益。

（3）知识产权和收益（如专利、版权等），未经斯坦福大学支付的、与之相关的诸如此类的收入。

某个重大金融利益冲突意味着重要金融直接和显著地影响了 PHS 资助的研究设计、实施或报告。

二、斯坦福大学对实施 PHS 项目的要求

首席研究员必须提交项目进展与行程安排表（proposal development & routing form，PDRF），这样可以满足所提交的与资助研究项目有关的文件要求。斯坦福大学的一个要求是确保：如果与资助项目有关的个人经济利益存在，那么就要根据机构和资助政策下利益冲突的相关规定进行审查和处理。

在如下情况个人从企业那里获得的经济利益被视为是合理的。

（1）研究人员要直接参与到企业赞助商在斯坦福大学的研究。

（2）合理的企业的经济利益是：具有潜在影响力的设计、实施或研究人员的奖学金/研究的报告。

（3）企业合理的经济利益可能会受到研究人员的奖学金/研究的影响。

（4）企业对斯坦福大学的馈赠会使研究人员的奖学金/研究获益。

（5）企业正在研制的产品需要研究人员的参与。

（6）企业授予斯坦福大学的知识产权，研究人员享有其中的经济利益。

（7）根据材料转让协议或人体组织协定（HTA）由企业提供的材料，可以

① OPAC（Online Public Access Catalogue）系统在图书馆学被称作“联机公共目录查询系统”。

用于研究人员的研究，研究人员也可以向企业/公司的研究提供材料。

（8）在人受体的研究中，企业赞助商或产品生产应当有研究人员直接或间接参与。

如果相关经济利益存在，关于个人经济利益与PDRF有关的问题，可能会合理地出现在有关的研究项目中。

三、PHS的代理通告

获得从公共卫生服务部和任何资金的支出前获得的奖项，在授予该奖项的机构的初步报告的60天内，机构识别的利益冲突斯坦福大学有责任通知与此奖项有关的赞助商或任何金融利益冲突代理。此外，为研究项目的持续，斯坦福将每年提供更新的已被证实的金融利益冲突的情况。如果金融利益冲突确定的时间在提交建议以前，或者金融利益冲突的确定是在该项目的奖项之后，斯坦福必须向PHS提交关于金融利益冲突的通告。该通告包括以下内容。

（1）授权码。

（2）个人地址/个人信息或其他联系方式。

（3）与金融利益冲突有关的研究者的名字。

（4）与研究人员的金融利益冲突有关的企业的名称。

（5）金融利益冲突的类型（如股票、咨询费、差旅费报销、酬金）。

（6）经济利益的价值（预先制定的美元范围内）或不能轻易确定的经济利益的价值。

（7）与美国国立卫生研究院资助的研究的经济利益及机构所确定的基本事实，与这样的研究有利益冲突是如何被描述的。

（8）机构管理计划的关键要素包括：①在研究项目中研究者的角色冲突；②管理计划的条件；③管理计划如何有目的地维护研究项目的客观性；④管理计划中研究者协议的确定；⑤如何监控管理计划，以确保研究的合规性；⑥其他必要的信息。

四、PHS的其他要求

（1）公共可访问性：在此之前经费的支出，斯坦福高级或重要人员会公布金融利益冲突的相关信息，公众可以通过Web站点访问，而且请求者或法律规定的任何请求在5个营业日内将得到书面回应。

（2）研究人员培训：每个研究人员在从事任何与PHS资助拨款有关的研究项目之前，必须完成斯坦福大学网络基础的培训。至少每四年就必须重新培训。

（3）次级奖励：如果一个机构通过次级奖励者、承办商或合作者执行了机构资助的研究，那么该机构必须采取合理的步骤，以确保合作企业自己的政策符合 PHS 所规定的政策或研究人员在主要机构的政策下工作。

五、美国国家科学基金会的要求

斯坦福大学对每一奖项的利益冲突和所有的利益冲突的管理，要保持适当的书面和执行政策，减少或消除之前的奖励基金的支出。如果一个机构通过次级奖励者、承办商或合作者执行了机构资助的研究，那么该机构必须采取合理的步骤，以确保合作企业自己的政策符合 PHS 所规定的政策或研究人员在主要机构的政策下工作。

斯坦福大学教职工义务冲突和利益冲突的政策规定，NSF 要求每一个研究人员的机构负责代表公开研究人员所有的重要的经济利益（包括研究人员的配偶和所抚养子女），包括：①受研究、教育活动资金资助、由美国国家科学基金会资助的影响是合理的；②企业的经济利益通过上述活动的影响也是合理的。

研究人员是指主要研究者、合作的主要研究者/合作项目主任，以及在机构中由美国国家科学基金会资助或申请资助的，为研究或教育活动的设计、实施、撰写研究报告的其他人员。

NSF 规定的重大金融利益指任何有金钱价值，其中包括但不限于薪金或其他支付服务（如顾问费或酬金）、股权（如股票、股票期权或其他所有权权益）和知识产权（如专利、版权和特许权使用费）。

该条款不包括以下几项。

（1）从申请机构获得的薪金、特许权使用费或其他报酬。

（2）从由公共或非营利机构主办的研讨会、讲座或教学活动获得的收入。

（3）为公共或非营利性机构的咨询委员会或评审小组服务所获得的收入。

（4）股票的利益是指，当研究人员及其配偶和子女都满足下述测试：总额未超过 5000 美元的、由公共价格或合理的市场价值决定的价值，这并不代表在一个企业可以获得超过 5% 的股权。

（5）研究者及其配偶、子女的薪金、特许权使用费或其他费用合计在 12 个月内不能超过 5000 美元。

六、注 意 事 项

虽然目前 NSF 的规定使得重大金融利益比 PHS（NIH）高了一个门槛，斯坦福大学的政策确定了 5000 美元作为货币的阈值。同样，在非公开交易的公司，PHS 和斯坦福大学的政策都确定任何股东权益的金额为该阈值。

NSF 要求斯坦福大学要确保所提交的、要公开的研究人员经济信息的建议，斯坦福大学还必须确保这些经济信息公开期间的更新，无论是年度基本信息还是新的重大金融利益的信息，都要及时更新。

斯坦福大学指定的审查公开的经济信息的人员，要确定是否存在利益冲突，并确定应实行什么样的条件或限制。如果有的话，由该机构管理，减少或消除这种利益冲突。利益冲突的存在是指，审查人员合理地确定一个重要的经济利益，直接和显著影响了美国国家科学基金会资助的研究或教育活动的设计、实施、报告。条件或限制的实例可以应用到管理中，以减少或消除利益冲突，但不限于以下几方面。

（1）向公众公开的重大金融利益。

（2）研究的监管是由独立的评审实施的。

（3）研究计划的修改。

（4）受到重要的经济利益影响的、被取消参与美国国家科学基金会资助的研究的部分。

（5）重大金融利益的剥夺。

（6）产生冲突关系的分离。

斯坦福大学必须有适当的执行机制，在适当时采取制裁。如果 NSF 认为被管理的利益冲突不是很令人满意，则必须适当地告知 NSF 办公室总法律顾问。如果利益冲突的承受人不能被管理、减少或消除利益冲突，则必须以电子方式提交到 NSF 研究院院长的快速审核系统中。

第四节　关于学生涉及利益冲突的政策

一、背　　景

当个人的私人利益（如外部职业关系或金融关系）可能与他/她在斯坦福的职业责任不一致时，利益冲突就产生了。这种情况并不必然导致错误行为或不恰当的活动。但是，在研究型大学的环境下，这就会损害（或者说人们认为这会损害）重要的学术价值、研究诚信或者大学的使命。在斯坦福大学，了解这些利益分歧如何能成为问题对于大学的全体教职人员和学生都极为重要。

利益冲突通常发生于两项基本职能的冲突：突破知识的界限，以及为了公共利益将这种知识转移至私营部门。比如，批准一项发明或授予专利，或者外部咨询或其他利益，这其中可能存在重大的个人经济动机。个人经济收益上的考虑并不必然影响个体在履行其大学职责时的决定或行为。认识到这种动机可能会损害研究的客观性或者损害对人受体、学生及工作上依赖于个体的其他人，这就足以确认这种利益冲突，然后加以控制、调解或消除。也就是说，斯坦福大学必须保护它自身和它的职员、教师和学生，使之不受下列任何托词的损害。

（1）为私人收益而利用学生。

（2）在研究行为准则中合理控制的妥协导致损害研究主体。

（3）从公共基金中过度牟取私利。

（4）出于经济考虑在大学财产上做出让步。

（5）公司信息或技术存在不公平渠道。

（6）为私利使用大学资源。

（7）作为外部利益的结果，在领导岗位对大学、教职员或学生的专业优势或学术优势造成的负面影响。

为避免这些威胁，所有斯坦福大学的教职员必须每年核实他们的学院领导在利益和责任冲突方面是否符合斯坦福大学的政策，而且必须披露他们的外部职业活动和任何他们及其直系家庭成员所拥有的外部实体中的经济利益。

此外，职员、教师、博士后和学生必须专门披露任何可能导致利益冲突问题的当前或预期的情况，登记那些涉及赞助研究、赠予、人受体协议、知识产权许可、采购或其他与外部公司之间的利益关系。个体一旦意识到这种情况，就必须尽快向学院主管领导的办公室专门披露。

潜在的利益冲突要针对上面列出的问题来评估。但凡外部利益可能或者被认为对学术价值造成有害的影响，斯坦福大学都会采取步骤消除、调解或控制这种冲突。斯坦福大学防止利益冲突的政策包括以下几项。

（1）责任和利益冲突的学院政策：为学员提出并讨论可能产生现实的或设想的义务冲突和利益冲突的情况，落实年度考核和财务披露。

（2）公共卫生署和国家科学基金会在财务披露和部门通知方面的要求。

（3）通过教职员工在潜在利益冲突事件中向这些部门提交建议和通知，弄清楚这两个联邦部门关于财务披露的要求。

（4）科研人员的义务冲突和利益冲突：将学院的政策和原则用于科研人员时有两点不同，即咨询待遇一般不延伸到科研人员，科研人员一般不要求填写年度考核和披露报表。

（5）义务冲突和利益冲突的学院政策：建立明确的规定，确定潜在利益冲突条件的披露程序。

（6）学生（包括博士后人员）和外部实体之间的关系：讨论与知识产权、研究的开放性、与外部公司合作的学生的义务冲突和利益冲突相关的大学政策的实施。

（7）遵守学院义务和利益冲突政策的年度考核。

（8）可以按照网页上政策的要求使用电子申请表提交年度考核与披露情况。网页上也有关于考核与披露程序的信息。

（9）医学院的研究涉及的经济利益披露：附加表必须由主要研究者填写并署名，附在医学院 SU-42 建议路径表后面[①]。

（10）专门利益冲突披露指南：包含一个模板，随时披露导致潜在利益冲突的当前或预期关系。

二、学生和外部实体之间的关系

学生，包括本科生、研究生、博士后研究者，与外部实体建立联系，这是大学的政策和指导方针，学生在外的各项活动都以这样一种方式进行，即容许研究的开放性与产生的任何知识产权的适当所有权的存在，以避免义务和权利的潜在冲突。

这是斯坦福大学的教育方式，即包括博士后学者在内的学生，都可以建立与外部实体，如私人公司或非营利组织（包括政府机构、基金会、公众行动组织、学校等）的关系。这些关系的范围包括从由学生管理部门建立起的作为学生实习的正规教育计划的一部分，到在外部组织中作为一种学生研究课程和奖学金项目的实际现实行为。

此外，除了学生部分的学术课程活动之外，学生还可以有机会在外部机构担任顾问，并独立于他们在斯坦福大学的学术课程。所有这些关系对学生们来说可能有相当大的教育价值，这可以为他们提供独特的教育或研究资源及学生们熟悉的私人公司或非营利组织的工作环境。尽管如此，这些与外部实体建立的关系层，作为斯坦福大学学生学业课程的一部分或外部程序，将激发工作的开放性和私有性质的特点，最终可能导致任何知识产权的所有权结果，以及可能的义务和权利间的冲突。

这些政策声明适用于所有学生，包括本科生、研究生和博士后学者。此政策的“学生”应代表所有的这些群体。这里说的政策所表达的意义与现行的政策是一致的，并交叉引用了现有政策：①开放性的《研究政策手册 2.6》；②学院的责任和利益冲突政策；③发明、专利和许可；④版权声明。

这些政策的目的与斯坦福大学的本科生和研究生的全日制课程学习、全职研究计划目前的政策是一致的，在某些情况下，包括博士后学者。

（一）开放性研究

斯坦福大学的规划是想建立正式的实习计划，以挖掘自己的学生在外工作的技能。在实习期间，学生可以在校园内或在外部实体中工作。另外，学生可以在自己进行的研究项目或其他活动中与外部实体合作，在某些情况下甚至直接在外

---

① 斯坦福大学网站上有专门的表格下载区。

部单位中进行。这些学生在外部实体中的工作和研究被容许作为学生学术计划的一部分（例如，博士论文的研究或本科荣誉项目），指导老师必须批准和监督学生的项目，并负责学生的升级和论文认证的恰当性。

斯坦福大学的开放性研究政策适用于所有在斯坦福大学的研究和作为斯坦福大学进行的学术计划的一部分，确保研究的开放性，禁止对研究成果的严格保密，并规定了除非常罕见的情况下（如为保荐人审阅的手稿或由于申请专利的目的而延误出版少于90天的），一定程度的保密是可以接受的。斯坦福大学的这一政策适用于全体学生和外部实体之间的关系。

当学生与外部实体的工作关系是他/她在斯坦福大学学术计划的一部分时，学生与外部实体的整个项目的范围内是不适合做到完全保密或专有，学生不可能不与他的老师、顾问或同学讨论他的工作，至少会谈论其工作的一般细节。学生必须能够与他们的指导老师讨论他们的论文，以便在研讨会上展示他们的成果，因为这可能是其实习计划的一个组成部分，并以口头报告、学期论文、学术论文的形式总结自己的工作。如果研究主要是在外部实体现场进行，该实体可以保持一定信息的机密性（如发生在许多学术研究人员和外部实体之间的相互作用的研究）。外部单位也能要求任何正等待审核的知识产权工作推迟至90天出版的权利。尽管如此，这种延迟不应耽误学生完成规定的学术工作，如口头报告、论文答辩、学期论文、论题或论文。

学生可能没有想到，他们的课程将保持专有。如果一个学生与外部实体建立了一个独立于他的学术计划的咨询研究关系，这项工作可以归于外部实体的保密政策，并可能是专有的。

（二）知识产权所有权

1. 发明、专利和许可政策

研究生、博士后学者和所有其他参与者的研究项目（包括本科生研究项目工作，无论是为工资还是学分）都被斯坦福大学的发明、专利和许可政策所涵盖。该政策规定，这些人必须披露：在他们尽大学责任或更多使用大学资源的过程中，所有潜在的专利发明构思应该归学校所有。

所谓“大学的责任”不是一般地解释为学生的常规课程。但是，如果在这项工作的过程中，学生更多地使用大学资源（包括专门设备、实验室和研究设施）来创建一个潜在的专利发明，该发明必须披露给斯坦福大学，并将所有权分配给大学。

政策还规定，学校应分享分配给学校的发明者的发明专利费。这些人预计将签署斯坦福大学的专利和版权转让协议，这也可以作为学生创业课程的最佳实践。

2. 版权声明

由于一直以来形成的学术传统，斯坦福大学一般不主张教学、学术或艺术作品所有权，其中包括“他们的学生在教育过程中创作的如论著、论文和文章”(斯坦福大学的版权声明)。在版权政策的规定下，学生的原创作品的版权所有权应保留给创作者，“除非这一工作是一个租赁工作，是为追求一个特定的项目，通过大学直接分配资金来予以支持，受大学的委托，使得大量利用大学资源或人力，或以其他方式接受合同义务”。

(1) 被录用于编写软件并通过斯坦福大学支付薪金的学生，被认为涵盖于此“租赁”规定。

(2) 虽然研究生对他博士论文拥有版权，但是像一部成熟的录影带一样，如果他博士论文研究成果得到商业项目支持，受到斯坦福大学人力资源的重要协助等，其现行论文中的一些观点或者结果或者报告将归学校所有。

3. 学生与外部机构的实习和研究项目

如果在实习或研究项目期间的研究作为与外部实体的关系的一部分，对学生的创造或发明而言，其知识产权的所有权变得更加复杂。一般情况下，任何产生的知识产权属性（除了学生在教育过程中的创意作品开发，并与学生的权利保持一致的上述规定的所有权）应该反映学生的相对角色和贡献，尽管这些属于外部实体和斯坦福大学共同工作或开发的发明创造。

1) 实习

外部实体主办的实习，不涉及以上附带的使用（发明）或大学资源的有效使用（创作）的（定义分别在“发明、专利及许可”和“版权声明”中），知识产权的所有权可能属于外部实体（如由学生和外部实体通力合作的）。在建立任何实习方案时，都将需要更多的斯坦福大学的资源而非偶然使用，因此，最好的外部实体和斯坦福大学开发的协议必须指定实习生利益和界定因实习产生的知识产权权利的程度。

2) 研究项目

如果一个学生研究项目是一个资助项目，资助学生的工作而产生的知识产权的所有权由斯坦福大学的政策，特别是资金协议的条款规定。如果学生是唯一的发明人，其发明得到斯坦福大学和更多外部实体资源的共同支持，斯坦福大学可以同意转让知识产权。如果一项发明是学生的共同发明，其涉及共同发明者使用外部实体和更多斯坦福大学的资源，根据专利法，斯坦福大学和外部实体将共同拥有技术。根据他们的贡献，指导老师，也许还有其他教师、学生或工作人员为共同创造者或共同发明人。

4. 为外部企业工作的学生顾问

如果并没有（为发明）更多使用或（对创作作品）有效利用大学资源斯，坦福大学不要求他们的学术课程之外的斯坦福大学学生的咨询而产生的知识产权的所有权。

（三）承诺和利益的冲突

1. 合作中的冲突

作为一般性的建议，斯坦福大学的学生预计将从事全日制的学术活动，除去如下例外：包括研究助理、助教、博士生。此外，美国公民或永久居民的毕业生可以长达 8 小时/周被雇佣或在校外。由于签证限制，国际学生不允许在助研/助教时间之外增加超过 50% 的工作时长。博士后可能会被禁止为他们的资助机构从事外部工作，不论收费与否。

尽管学生的首要责任是履行其学位的要求，他们通常会有全职的期望，这并没有违背斯坦福大学的做法，即禁止学生从事外部工作，无论收费与否。学生有各种各样的外部的利益和活动的时间远离自己的学术追求，包括参与外部非营利性或营利实体，其中一些可能与学生的学术兴趣和未来的职业生涯相关。这对大学做出决定禁止还是容许这些活动将是困难和不适合的。但是，这是适合学生的学术顾问监督他们的学业表现的情形，如有不足之处，便询问学生的外部活动，并建议学生减少或终止他们的外部活动。

另外，学生不应该过多地利用斯坦福大学的资源用以追求与外部实体的活动，而此活动并不是他们在斯坦福大学活动的一部分。

2. 利益冲突

现代大学的一个重要功能是：学生及教师通过参与他们在斯坦福大学的研究获得技术，转让给私营部门以造福社会。这可能会导致如下的学生与外部实体的关系：在斯坦福大学发明的技术许可证；咨询服务、董事职务或创始人的位置，以及研究或助学金支持的关系。在这样的情况下，可能产生潜在的利益冲突关系。

透视利益冲突的发生和大学政策的依据，皆是承诺和利益的政策冲突。诚如在该策略中，有利益冲突的发生交杂在重叠和冲突之间，“一个人的私人利益和他/她的大学专业义务冲突，以至于一个独立的观察者可能会合理怀疑是否个人的专业行动或决定被确定由个人利益、资金或其他方面的考虑所左右。利益冲突，视情况而定，而不是个人的性格或行为……个人的行为或在他/她的大学活动过程中的决定，由个人经济利益的考虑所确定，这是错误的”。

以下是适用于学生与外部实体的联系有关学术活动的例外情况。

（1）学生必须支持和促进学术自由的气氛，通过促进开放和及时交流学术活动的结果，确保他们的学术成就不能被个人商业利益的考虑所影响，并将这些情况告知他们的指导教师，或可能会影响他们和其他人在他们的研究小组或班级之间的学术信息的自由交流的具有对外义务的教师。

（2）除了纯粹偶然的方式，学生不得使用大学资源，包括设施、人员、设备、信息或机密信息，用于其外部咨询活动或对教育、科研、奖学金和大学使命的公共服务无关的任何目的。

（3）学生必须适时公布所有不只偶尔使用大学资源进行创造或发现的潜在的专利发明。这些发明的所有权必须归属于大学，无论资金来源如何，发明者将分享赚取的特许权使用费。

（4）学生必须向大学报告他们（或他们的直系家庭成员）在斯坦福大学批准涉及学生的外部活动安排或采购的技术许可之前，是否与外部实体之间存在咨询安排、重大金融利益或就业关系。在这种情况下，正规大学的批准将被要求事先进入各有关建议安排。

（5）学生与外界关系的公开应该由学生的教师研究顾问或认识的教师/导师做出。教员应该将不寻常的情况告知系主任或学院院长。

（6）客观上学生可以合理地质疑这种情况，即学生和研究顾问应与系主任或学院院长讨论如何对利益冲突进行管理。学生可以对由系主任做出的任何决定向学院院长提出上诉。对学院院长的决定提出上诉，可向校长提议。

第六章　哈佛大学关于个人和机构利益冲突的政策与指南

第一节　义务和利益冲突的员工政策

哈佛大学规定，大学的学术委员会成员适用研究政策手册（责任和利益冲突的员工政策），科研人员适用研究政策手册中关于责任和利益冲突的部分。这一政策也适用于其他大学雇员。附加的大学政策可用于独立院所和单位的雇员、赞助项目及采购服务。适用院系服务的个人必须遵守院系政策。

当大学教员或其直系家庭成员在其他经济方面有重大金融利益，或者与之有咨询或雇佣协议，避免其大学责任和外部利益之间实际的和明显的利益冲突是十分重要的。

除了手册中提到的有关的利益冲突（可用于所有大学教员），在加班费方面不受政府法规约束的哈佛教职员对大学表现了其职业忠诚。应该谨慎地防止外部活动导致不当的责任冲突，即涉及时间和精力分配的冲突。

一、定　　义

重大金融利益：在一个经济实体中当前拥有或即将拥有超过实体资产净值至少0.5%，或者拥有至少价值1万美元的利益（除非这种拥有关系是通过第三方如共有基金管理）。

直系家庭成员：配偶、国税局确定的受抚养子女、家庭伴侣。

认证的大学领导：校长、院长、副校长、副院长、系主任、图书馆馆长。

二、政　　策

下列行为对于教职员是禁止的。

（1）个人收益。将下列转移至校外或用于个人牟利：学校资助或支持的财产、研究成果、产品、材料、财产记录，或学校基金或其他支持产生的信息。

（2）涉密或权限信息。用于个人获利或其他未经授权的目的，获取与个人所在大学支持的活动相关的涉密信息或权限信息。涉密或权限信息是指涉及大学任何组成部分的运营的非公开的信息，包括（但不局限于）指定的文件、个人的健康、人事或安全记录、预期的物料需求或价格走势、大学运营方面可能的新举措的知识、在正式宣布之前有关即将实行的新项目或承包商或转包商选择的知识、有关投资抉择的知识。关于涉密信息的问题可向大学负责此事的领导咨询。

(3) 审批。即参与大学与其他机构之间的谈判或经济及其他事务的最终审批，因为个体或者其直系家庭成员在该机构有重大金融利益，或者与之有雇佣或顾问协议。全体教职员工也要注意，发起或审批大学与其他机构之间的经济及其他事务，而教职员工与该机构有经济或家庭联系，这可能导致明显的利益冲突。这就要求所有这种情形须以书面形式向负责监察的大学领导披露，而披露材料在业务关系进行期间应当存档保留。

(4) 酬金及特别待遇。从与大学有或者可能有业务往来的私人或共同机构或个人接受酬金、价值超过 50 美元的礼品、任何数量的礼物或特殊待遇，或者给予任何赞助的政府或其他机构或实体的雇员以额外的酬金或特别待遇。

(5) 大学资源。为了超出个人大学工作职能之外的目的而使用大学资源，包括（不限于）设施、部门停车许可、人力或设备，除非是纯粹附带的方式。还需注意的是，学校交通工具的允许使用必须执行学校的有关规定。

(6) 经济关系。接受或保持与大学具有经济联系或谋求大学经济联系的其他单位的雇佣、行政关系或顾问协议。

(7) 责任。对于在加班费方面不受政府法规约束的哈佛教职员，可能会导致教职员在大学的主要责任、时间和精力上与接受的雇佣、咨询、共同服务或无偿工作相冲突。

三、例外程序

由于允许规则之外的例外可能会符合大学利益，故而指定以下程序。

(1) 披露。一旦教员预料到任何他/她可能潜在地违背有关政策的情形，该教员必须立刻书面通过他/她的监管者向负责监察的大学领导完整披露这些情形的细节，并请求例外。例外必须预先书面审核。如果教员发现他/她已经违背有关政策，这种情形必须立刻向负责监察的大学领导报告。

(2) 校办的职责。所有要求例外的请求都要经过审核，所有事实都要经过明显的冲突检验。例外的审批由大学全权负责。如果负责监察的大学领导确定大学最好同意请求的例外情况，即他/她可以这样做，但要书面正当地赞同并描述审批书上的任何条件。除非极个别情况，校方不能推卸这一责任，任何推卸必须写明。如果被委托者同意一个例外，那么该被委托者必须向校办提供备忘以详述例外的情况。

审批书的副本在雇佣期间必须留存。

(3) 年度汇报。每个学年结束的时候，校办主管接受和审批本指南备忘录中政策的例外情况，应该向教务长提交详尽的总结报告。

（4）其他报告。除了上述情况，负责监察的大学领导可以在其职责范围内为所有教员建立强制性的、定期的及合规的报告程序。

（5）结果。无法用任何政策与程序的情况，应当使相关雇员遵守行为纪律，直到雇佣终结。

第二节　关于个人和机构利益冲突的披露规定

（一）PHS 的研究人员

该项目的主管或主要研究人员和其他负责设计、实施及提交研究报告的人，不需考虑其头衔或职位。研究人员可以包含任何个人、管理人员，或者对相关研究做出重大贡献的行为人（如进行研究开发、程序研究及提供结果分析或报告的人)。披露声明将要求主要研究人员确认所有的研究人员。所有研究人员必须在授权声明之前完成一份披露声明，该声明将作为计划的一部分被纳入建议。

（二）需要向哈佛医学院①报告的内容及何时上报

根据 2011 年修订后的条例，研究人员（包括那些研究者的配偶/伴侣及其养育的子女）须披露其重大金融利益，以适度地同研究者的机构职责相关联。

（1）要求不得迟于 PHS 资助研究生效的时间。

（2）要求披露其在 30 天内发现或取得的新的重大金融利益（如通过购买、结婚或继承遗产)，或者有赞助的事件、提供补偿的旅行等。

（3）要求每年至少一次，并且要在特定的奖励期间内，按照规定的机构进行上报。

（三）向谁和什么时候公开金融利益

需要向 HMS 报告相关的外部活动和金融利益。

研究人员须在获得 PHS 资助期间每年都更新其披露内容，同样要在 30 天之内上报发现或取得的新审核权益，或是有赞助的事件、提供补偿的旅行等。

（四）在提交初步报告之后取得的资助期间金融利益该如何处理

在整个项目资助期间，研究者都有披露重大金融利益的义务。根据 2011 年修订的《金融利益冲突监管条例》，研究人员必须在 30 天内向 HMS 更新财务信

① 哈佛医学院（HMS）设立了一个电子公共平台（eCommon）——哈佛医学内联网（Harvard Medical Intranet），研究人员可以通过这个平台报告利益冲突情况。

息所披露的重大金融利益，包括取得或发现（如通过购买，婚姻或继承）一个新的重大金融利益。HMS 指定领导有 60 天用以审查重大金融利益披露，确定是否和由国立卫生研究院资助的研究存在经济利益冲突。如果确实存在冲突，那么将至少会临时采取一些经济利益冲突的管理计划。如果确实存在金融利益冲突，HMS 必须在 60 天内向 NIH 提交一个金融利益冲突监管条例报告。

（五）付款或者由配偶或子女所持有的资产是什么？这些金融利益是必须予以披露的吗？

由研究者所披露的金融利益必须包括研究者本人和他/她的配偶及子女所持有的全部金融利益金额及价值。

（六）研究人员有多长时间来披露新发现或刚取得的重大金融利益？

根据 2011 年修订后的条例，每个研究人员在参加 NIH 资助的研究时必须在 30 天内向 HMS 提交一份最新披露的重大金融利益报告，或是尚未及时披露的重要信息。

（七）如果研究者的金融利益在资助期间发生改变会发生什么？

根据 2011 年修订的《金融利益冲突监管条例》，研究人员必须在 30 天内向 HMS 更新财务信息所披露的重大金融利益，包括取得或发现（如通过购买、婚姻或继承）一个新的重大金融利益。HMS 指定领导有 60 天用以审查重大金融利益披露，确定是否和由 NIH 资助的研究存在经济利益冲突。如果确实产生了金融利益冲突，那么就要采取合适的措施来处理这种冲突，同时 HMS 必须向 NIH 提交一个 FCOI 报告。

（八）调查机构支付给研究者的薪水是否需要披露？

薪水，特许权使用费，或者其他由聘用或委任机构发放的报酬均不在披露范围内。

（九）需要披露任何由所在机构提供的往返旅行或赞助吗？

这项条例要求研究人员必须披露研究期间发生的任何赞助或有偿的旅行，也就是说，这些人员所得的好处是无偿也无形的，因此其价值也是难以有效估量的，这些都是同研究机构的职责相关联的。但是，披露的要求并不适用于差旅费用由下列机构所承担：由联邦、州或当地政府机构承担；由大学委员会所规定的高等教育机构承担；由学术教学医院所承担；由隶属于高等教育学会的研究机构承担；由赞助奖励承担。

根据新 PHS 条例，对于任何有偿或有赞助的旅行，研究者都需要在 30 天内报告以下信息：旅行计划、赞助商或组织者的身份、目的地、旅行时间。那么，研究者需要披露所有提供赞助和补偿的旅行吗？不论美元的兑换值如何，披露范围都不包括来自以上被排除在外的机构。

HMS 以平均每人收受 5000 美元的有偿或赞助旅行作为调查的阈值。研究人员必须披露重大的金融利益，包括有偿或赞助的旅行，其时间不得迟于提出首次披露申请的 12 个月以内。这一要求同样适用于要求披露的其他重大金融利益。

对重大金融利益首次披露的 12 个月之内的这段时间，应当提供基本信息以允许 HMS 来考量研究者是否与提供付款或赞助的实体之间存在一个持续的财务关系，以及这种关系是否是有时间限制的。

2011 年修订后的条例要求对有偿或赞助旅行的基本信息的披露应该包含：最低限度、旅行计划、组织者或赞助者的身份、旅行目的地及持续时间。如果在条例所允许的范围内，为了确定这种旅行是否构成由 PHS 资助研究的一个 FCOI，机构工作人员会考虑是否需要进一步的资料，包括确定最终披露的货币价值。

这个条例并没有详细说明机构对研究者旅行披露的检查过程是怎样的。但是，机构还是要负责确定这类旅行是否与 PHS 资助的研究构成了经济利益冲突。

参加科学会议的旅行和出席研究者所在大学的研究项目及其他有关方面的研究，都是企业科学研究的一个组成部分，这些都给研究人员提供了很多重要的合作机会。

对那些修订后的条例都不打算披露的旅行类别，则需要与研究者相关的机构披露任何可能发生的赞助旅行项目，这期间都要假定该类别旅行并未取得最终的可靠来源。NIH 最近公布了一批机构名单，这些机构酌情披露了其在最低 5000 美元范围内得到赞助或报销的旅行费是各个机构的总和，HMS 酌情采用了最小量。

（十）受 NIH 资助的研究者需要向 HMS 披露利益吗？

如果一名在 NIH 资助的临床试验网络工作的研究者，其网络工作已经开发了研究范围内的政策试验，这就要求披露他们网络工作的指导委员会/业务办公室在年度基础上的重大金融利益。研究者否也需要向 HMS 报告其重大金融利益？如果研究者是一名由 NIH 资助并受条例监管的研究员，那么他/她就必须按照金融利益冲突政策向 HMS 披露其所在机构的重大金融利益。

（十一）源于非营利机构的收入是否应排除在重大金融利益的规定之外？

2011 年修改后的条例规定，来自研讨会、讲座或者合作教学等类型的收入，包括联邦、州或当地政府机构提供的赞助，以及由正规高等教育机构、学术型教学医院、隶属于高等教育学会的研究机构赞助奖励等，这些都不在须披露的重大金融利益之内。除此之外的其他来源收入则都在重大金融利益所定义的范围之内，因此必须予以披露。

（十二）一名受雇于 HMS 并且持有商业公司的股权的研究者必须披露哪些信息?

这要视情况而定。如果有重大的金融利益同研究者的机构职责相关，那么研究者就必须披露商业公司的股本权益给 HMS。如果商业公司同研究者的机构职责无关，那么研究者就不需要向 HMS 披露股本权益了。

（十三）研究者必须披露共同账户或退休账户的权益吗?

研究者不需要披露来自机构持有的共同账户、养老金、机构投资或其他媒介投资等研究者自身不能控制买卖的股份。

（十四）关于股票和股票期权有什么要求?

研究者需要披露同其机构功能相关的股权，其中包括股票、期权和担保。但研究者不需要披露来自机构持有的共同账户、养老金、机构投资或其他媒介投资等其自身不能控制买卖的股份。

（十五）在外国的投资（如在一个外国公司持股）需要披露吗?

金融利益的定义就包含了任何形式的货币价值，无论其是否是易于确定的。任何符合条例规定的重大金融利益都必须进行披露。如果投资满足重大金融利益的定义，那相应的国外投资就在条例规定的范围内，研究者就必须披露其重大金融利益（包括研究员的配偶及其子女）。对于“盲目信托”（blind trusts）不需要披露。由机构持有的共同账户、养老金、机构投资或其他媒介投资等其自身不能控制买卖的股份均可以被视为盲目信托，对于这一部分不需要披露。

（十六）关于提供赞助的旅行的常见问题

1. 研究者赞助旅行的定义是什么?

赞助旅行指的是同研究者的机构职责相关的，以其名义但由外部机构支付的旅行，无论其金额大小。而不在这个定义范围内的旅行包括：来自合作教学或者讲座赞助，或者为联邦、州或当地政府提供咨询服务的赞助，以及由高等教育机构、学术型教学医院、隶属于高等教育学会的研究机构赞助奖励等。

2. 研究者需要披露同其机构职责相关的任何赞助旅行吗?

条例要求研究者披露任何同其机构职责相关的赞助旅行，换言之，也包括那些以研究者名义但没有给予研究者确切金额的赞助旅行。但披露的要求并不适用于由下列机构所承担的差旅费用：联邦、州政府机构、正规高等教育机构、学术型教学医院、医疗中心、隶属于高等教育学会的研究机构。根据联邦法规，必须披露以下信息：旅行计划、赞助商或组织者的身份、目的地和旅行时间。此外，该条例不排除对基金会和其他非营利机构的披露要求。同样，研究者也需要披露由此类机构赞助或报销的旅行费。

3. 研究者需要向 HMS 报告的有关赞助旅行的具体信息包括什么?

根据新的 PHS 条例，对于任何有偿或有赞助的旅行，都需要在 30 天内报告以下信息：旅行计划、赞助商或组织者的身份、目的地和旅行时间。一般来说，HMS 不要求研究者提供有赞助或报销旅行费的确切总额。但是在一些特定的情况下，如过长的旅行停留时间或者特别不寻常的旅行目的地，就需要获取这类旅行更详细的细节，包括大致的赞助或报销的总额。因此，保留有关赞助或报销旅行总额的相关文档，以及每次赞助或报销旅行费的总额，对研究者来说不失为明智之举。不过这并不意味着，HMS 会向研究者索取其所保留的个人旅行的相关票据，如出租车票或机票，尽管研究者可能出于纳税需要或者有些其他的个人目的。

如果研究者进行了一个混合式的旅行，即他/她参加了一个由公司报销的顾问委员会会议，但同时他/她也自付费用和家人一起休假。对于这种有赞助和报销的旅行，研究者应该报告哪些内容?这种混合商业旅行和个人假期的情况并不常见。只要个人的假期是整个旅行的一部分，并且个人部分并不是由公司出资而确实是由研究者个人付费，那这种旅行是合乎要求的。对于需要报告的目的来说，研究者需要在 30 天内向 HMS 披露关于旅行的详细信息，但不包括随后的家庭假期时间。

（十七）关于公众可访问的常见问题

1. HMS 需要使研究者的金融利益冲突变得公开可访问吗?

为了遵守 PHS 条例中关于申请人有责任促进研究客观性的规定，以及关于立约人的责任规定，HMS 将确保公众可以获悉其所持有的高级或关键人员的财务冲突情况，并要在收到申请的 5 个工作日内予以书面答复。

2. 确定财务公开可访问的高级/关键人员的利益冲突信息的要求是什么？

HMS 将确保公众的知情权，要求须在收到申请的 5 个工作日内予以书面答复。有关 HMS 披露的重大金融利益，则必须符合下列条件。

(1) 个人类型包括在搜寻中确实由 HMS 拨款申请的、进度报告的或任何其他由 NIH 提供资助或合作的作为高级/关键人员的个人信息，并且其颁奖时间应当在 2012 年 8 月 24 日或之后。

(2) SFI 仍然由国立卫生研究院资助的研究项目的高级/关键人员。

(3) 可以确定的 SFI 同 PHS 资助相关的研究，以及可以确定的 SFI 已经是一个金融利益冲突。

3. 对于确定财务高级/关键人员的利益冲突，HMS 需要向公众公开哪些信息是可访问的？

HMS 必须提供以下信息：研究者的姓名、研究的题目和作用，拥有重大金融利益（1 万美元范围内）的名称及其近似的美元价值，或者是一份关于其价值不易确定的声明，或者是能体现其公平市场价值的其他合理措施。

（十八）关于分包或合作的常见问题

HMS 对其管理下的子机构（如分包商或合作成员）有什么样的责任呢？

HMS 负责确保其任何子机构都能适应 PHS 的利益冲突政策，这些机构则须向 HMS 及时报告任何已确定的金融利益冲突。HMS 负责在新的研究开始之前向 PHS 进行汇报。如果子机构没有利益冲突政策，HMS 将提供一个能适应 PHS 的利益冲突政策，以及同信息披露相关的子机构。标准的语言表述将会被引入到子奖项当中。

（十九）关于培训需求的常见问题

条例要求研究者必须培训吗？每一个由条例定义的研究者（包括次要研究者），均须在 PHS 基金研究正式雇佣之前接受培训，并且至少每四年一次。下面的特定状况则需要立即进行培训。

(1) 机构的金融利益冲突政策以影响研究者要求的方式发生了改变。

(2) 一名新进的机构研究者。

(3) 机构认为有的研究者不能遵守其金融利益冲突政策或管理计划。

（二十）使用说明

(1) 登录。使用培训系统需要一个美国花旗银行（CITI）账户，并需要使用研究者现有的账户。如果研究者没有账户，这个链接可以引导其创建一个账户，用研究者的 HMS 电子邮件地址进行注册并提供其个人身份识别码（HUID）。注册时，从参与机构名单中选择哈佛医学院和哈佛牙医学院。

（2）研究者需要参加 CITI 关于利益冲突的课程，在被问及需要选择哪些课程并登记时，选择“利益冲突”的课程。

（3）“利益冲突第一阶段”的课程会在“我的课程”部分中予以显示，点击“进入”即可开始。

（4）为了顺利访问课程的内容，研究者需要签署诚信保证声明。一旦确认签署，就可以立即开始利益冲突的培训课程模块。

（5）需要完成全部的三项利益冲突培训模块：①金融利益冲突；②机构责任；③需要在哈佛医学院完成委托给 PHS 有关利益冲突研究的培训。

在培训的模块①和模块②，研究者需要得到 80% 及以上的分数以便完成培训并获得学分。如果研究者并没有到 80% 及以上的分数，他/她可能就需要重修相关模块的内容直到达到 80% 及以上的分数为止。为了确认研究者已完成了每个模块，他/她可以通过点击主菜单上“观看已完成的全部模块”选项来查询其个人成绩。

这个培训是必要和重要的吗？要参与 PHS 资助项目或已签订了合作协议的人，还有未在每年 8 月 24 日前完成必需培训的人，将没有资格参与接下来的进度报告。已经提交了新的资助申请的人，包括已获得资助的人，都不可再继续参与直到能完成全部培训为止。尚未参与到 PHS 资助项目的人在完成必需培训前也是没有资格参加项目的。

如果在 HMS 的金融利益冲突政策正在实施和发布的时候有研究者恰好正处于 PHS 的资助或合作之中，那这些人完成金融利益冲突培训的时间要求是什么？研究者正式参与 PHS 资助的研究之前都需要至少完成一次金融利益冲突的培训，其后则每四年一次。如果研究者正在接受资助，那么他/她需要在奖励通知下达之前（更新或新的奖励）完成该培训。此外，如果存在下列情形，那么金融利益冲突培训就需要立即进行。

第一，机构的金融利益冲突政策以影响研究者要求的方式发生了改变。

第二，一名新进的机构研究者。

第三，机构认为有的研究员不能遵守其金融利益冲突政策或管理计划。

（二十一）回顾性调查问题

所谓回顾性调查是指这样的境遇，当一个金融利益冲突尚未确定或未能及时管理时所需要的调查程序，具体包括以下几点。

（1）研究者未能披露那些由机构决定并确已构成经济利益冲突的重大金融

利益。

（2）相关机构未能审查或管理这类经济利益冲突。

（3）研究者未能按照经济利益冲突政策来管理计划。

HMS 必须在机构做出违规决定的 120 天内，完成对研究者活动的回顾性调查，再由 NIH 资助研究项目来确定是否存在任何 NIH 资助的研究（或者关于它的一部分），用以引导那些基于设计、管理和报告等方面不同意见的研究。

可以证明回顾性调查的关键要素是什么？ HMS 要求可以证明回顾性调查的关键要素包括：项目号、项目标题、项目主管或主要研究人员或混合的项目主管和主要研究人员的复合模式、金融利益冲突的研究者的姓名、研究者有金融利益冲突的实体名称、回顾性调查的原因、回顾性调查的具体方法（如调查过程的具体方法、调查小组的人员组成）、调查发现及调查结论。

如果 HMS 发现在回顾性调查中存在歧视或偏见会怎么做？ 如果发现确实存在歧视或偏见，HMS 必须迅速通知 NIH 并向其提交一份缓冲报告。这份报告须包含如下内容：最低限度、对回顾性调查中关键要素的记录、歧视或偏见对研究项目的影响，以及 HMS 的应对行动计划和拟采取的排除或减少其影响的行动。换言之，要报告清楚对研究项目的影响、危害程度，对现实和未来的危害分析要有定性和定量数据的支持，还有就是要对项目是否值得进一步去做出分析。此后，HMS 将要按条例规定每年提交一份金融利益冲突报告。

第七章 美国公共卫生署关于科学利益冲突的政策与指南

第一节 美国公共卫生署有关学术不端行为的政策

对于隶属于 HHS 的 PHS 有关修订学术不端行为政策的提案，近期其全体会员支持修订学术不端行为的定义，根据 PHS 的学术诚信办公室（ORI）关于学术不端行为的研究结果的提议，认为有必要合并三个因素。这些关键组成部分为建立一个普遍而系统的方法提供重要基础，以应对学术不端行为的指控，同时，提议的管理条例符合科技政策办公室（OSTP）发布的有关学术不端行为的联邦政策。

这些标准化的方法使得机构在应对联邦资助研究的不端行为指控时，可以使用统一的标准。会员机构赞成在机构、投诉人、证人的作用及其职责的补充信息中，为整理学术指控与澄清不端行为设置时间期限。他们还赞成，为保持更大程度的一致性与清晰性，在听证过程中，应该增加行政法法官（ALJ），但只要满足要求科学顾问或专家参与涉及复杂的科学、医学或者技术问题的条件则可。

在符合管理条例方面，这些及其他的补充说明和问题澄清，都极大地提高了细节水平与方向层次——之前是由 ORI 向机构提供导向的一部分细节。然而，ORI 在采纳 OSTP 政策之际，将当前导向纳入管理条例。纳入的详细流程和程序违反 OSTP 的目标，其目标致力于在联邦范围内应用更一致的方法来管理学术不端行为。PHS 要求 ORI 简化提议的管理条例，也就是将重点放在主要的 OSTP 提议方面，并且只增加当前管理条例中缺失的关键部分，如上诉程序。

提出的管理条例有两个主要问题：范围或适用性问题与举证标准问题。适用性与举证标准问题为修订整个文件奠定了重要基础。例如，有时很难确定某一部分是否应用于所有大学或者只是 PHS 资助完成的研究。我们将在这两个关键领域首先讨论所关注的问题，然后再关注修改意见的补充条目的内容。

一、一般政策与适用性

PHS 要求限定其资助研究、研究培训活动管理条例的适用范围。这些限定似乎出现在一些但不是所有管理条例界定的范围。不论不端行为的发生是否关乎 PHS 的资助，PHS 要求申请或接受 PHS 资助的机构都必须遵守这些管理条例，以应对在该机构发生的对学术不端行为的指控。PHS 为其资助的那些研究、研究培训活动合理地设置了标准。

对 PHS 资助研究的界定中，PHS 声称其管理条例的适用性超越其支持的研究与研究培训，甚至包括那种研究与培训“相关的活动”。这一政策没有描述和解释相关性组成的提法，而如果在最广泛的意义上解释，应该涵盖学院和大学中的研究与培训活动。这一观点已经得到强化。PHS 的 ORI 有权要求了解在 PHS / ORI 诉讼管辖范围之外的、有关大学不端行为诉讼的信息内容，但反对报告 PHS 直接资助之外的那些诉讼。

无论研究者或申请者是否受到 PHS 资助，对任何其资助研究结果抄袭情况的司法管辖范围的延伸，进一步拓展了问题的范围。部分抄袭研究的应用或者研究的结果，如从期刊文章、书、演讲稿等的抄袭，是一种不端行为，这种不端行为没有打算改变接受 PHS 资助的科学记录。提交包含抄袭材料的文章、书的发表或者应用程序，也是一种不端行为。这种不端行为的发生可能关系到另一位保荐人或者另一项没有经费的活动。这样，PHS 不是没有受到影响的一方，而其对这种指控监管的管辖范围是不恰当的。

二、证 据 标 准

PHS 要求将发现不端行为的举证责任恰当地下放到机构，但却不恰当地把“无心的错误”当成积极辩护，而不是当成机构举证责任的一部分。机构应该负有全责，证实种种学术不端行为，包括意向、鲁莽，或明知被忽视的适用标准。因而，提案规定将举证“无心的错误”责任置于被上诉人，这似乎使得组织仅仅提供这样的证据，如剽窃，而不进行下一步证明，是故意、明知抑或罔顾后果地犯错。

当然，无论是否积极抗辩，被上诉人可能会试图证明是一种“无心的错误”。但是，可以有这样的提案规则，取消该机构的一项必要责任，即正如 OSTP 联邦政策和 PHS 提案所要求的那样，表明其行为是“故意、明知抑或罔顾后果地犯错”的必要性。

而有关“无心的错误”或者不同意见的问题，机构必须做出决定，以作为确定是否发生不端行为的重要步骤。PHS 主张应该修订、阐明审查标准，新的修订应纳入“经过慎重考虑无心的错误或者不同意见的可能性之后”。另一保障措施是，在做出继续审查的最终决定之前，应该纳入条例中要求机构审查有关“无心的错误”或者不同意见的陈述，审查被上诉人在其调查报告意见中提出的有关陈述。

所有这些步骤将确保在科研不端行为的指控中能够公平对待被上诉人。而且，机构应对指控时，应该进行严格的审查以保护被上诉者的声誉，严格审查被上诉者不是明知故犯，或者有意从事不端行为，或者其工作有代表性意见或有方法上的诚信差异。

除了上述关注的问题外，提议的修正将很可能导致大量的机构管理问题或显著不同于 OSTP 的联邦政策、PHS 批准的修订政策。

三、保　密　性

有关被上诉人的身份、上诉者及学术不端行为诉讼可能涉及的人受体，虽然该政策为其提供了一些保障，但这些保障不足以确保过程的诚信性，或者不足以保护学术不端行为委员会成员或证人中的自愿者，他们是机构不端行为询问和调查的关键人物。基于 PHS 要求的规定，尽管该部分授权机构采取一切合理步骤给予保密，但是，机构，特别是遵守州档案法的公立大学，不可能提供这样的保护和担保，除非根据提议规则、研究档案、科研不端行为诉讼档案及机构审查的报告，也加以保护。

公立组织遵守的是各州的档案法，虽然这样的档案状态可能存在着差异，对于公立大学及私立机构获得所有相关必要机密的能力而言，根据联邦管理条例的档案状态非常重要。这特别需要其他的保障措施，以保护委员会成员与证人的身份，因为从学术不端行为诉讼或者机构审查报告中，常常很容易得到和确认这些人的身份。如前所述，按照美国和各州的法律，会对这样的记录和最终报告给予不同程度的保护，在某些地区，应被上诉人、其积极的法律咨询与支持者，以及甚至认为科研不端行为审查越来越具有新闻价值的大众媒体的要求，必须公开披露记录和最终报告。然而，根据询问或者审查，发现没有卷入学术不端行为的被上诉人，在诉讼记录或者机构调查学术不端行为报告的公开发布与滥用中，同样也会面临被嘲笑、排斥或职业声誉丧失的情况。

为保证不端行为审查过程的完整性，保护上诉人、被上诉人、委员会委员和可能涉及的人受体，提案应该提供与 OSTP 联邦政策一致的保护政策，在调查、审查与决策过程中，这一政策保护不端行为的记录，并根据《美国信息自由法》，在法律和法规允许的范围内，可以免除公开披露由机构维护的档案。PHS 政策应当保证以下三点。

（1）在法律和法规允许的范围内，应该限制学术不端行为诉讼中涉及被上诉人、上诉人、证人与委员会成员身份的公开披露，仅仅限于需要知道的那些人，符合彻底、合理、客观和公平的学术不端行为诉讼；然而，只要遵守法规，PHS 行政听证会必须向公众开放。

（2）在法律允许的范围内，必须维护研究记录的保密性，以及学术不端行为诉讼与最终机构调查报告的记录，包括可能识别研究对象的任何记录或证据。公开披露仅限于那些需要知道情况以开展学术不端行为诉讼的那些人。

（3）为促进和保护学术不端行为审查过程的完整性，ORI 和部长应该采取必要的步骤，以豁免机构委员会成员和证人的个人责任。这些保障措施类似于1986年《患者健康安全与质量改进法》为任职临床审查委员会医生提供的那些保障措施。

四、与其他机构的协调

“机构可以协调解决指控行为”，“HHS 将与其他或者多个机构联合起来，共同寻求解决指控行为的办法”，也即指定一个牵头机构具有重要意义，这有助于指控行为快速而高效地得到解决。需要注意的是，PHS 要限制 ORI 的意图，限制其管辖范围，并在更大灵活性程度上维护其拓展调查的范围。因而，ORI 将推进坚持“协调”的政策，而不是指定一个牵头机构。

五、指控的定义

指控被定义为“公开披露……通过交流方式……”，并明确给出口头或者书面的公开披露。PHS 反对接受口头指控，尽管可以接受匿名指控，但指控必须是书面形式。除非存在一些障碍，指控应该以书面形式披露。对于机构与联邦而言指控的可靠性是非常必要的。如果关注保护匿名者，那么应该明确地授权给他，不论是否真诚地指控，匿名指控都不利于决策。然而，不是上诉人书面做出的口头指控，不论是否匿名，不论是否具有标识符或所属，都不应该接受。

六、研究记录

研究记录的定义超出 OSTP 联邦政策对研究记录的界定。然而，PHS 要求拓展研究记录的定义，以包括研究记录中被上诉人提供的那些材料，也很有必要纳入被上诉人提供的材料，因为按照 PHS 政策中的管理条例，将举证责任转嫁给被上诉人。基于这一规定，被上诉人可能会用远期可信的证据证实研究或者解释不足的记录，以反驳不端行为的假定。

在 PHS 政策的补充条款中包含 ORI 对“数据或者结果”的详细解释。这种宽泛的解释目标似乎过多包含所有信息的形式，而无关乎其格式。这远远超出只包含数据或者结果的合理界定，还涵盖到计算机与科学设备。OSTP 和 PHS 的实际定义包含物理记录与电子记录，因而列出一系列可能的介质——硬盘驱动器、软盘、幻灯片、组织样本等。

此外，在 PHS 政策的语境中拓展学术不端行为诉讼记录的维护与保管，明显加重了机构负担，并在机构与 PHS 的调查审理中，将不可避免地导致研究的中止。根据 PHS 的管理条例，要求机构保管、库存和封存所有研究记录与证据及其副本，并在合理监管下可以使被上诉人看到。PHS 要求机构维护学术不端行为诉讼记录的期限是七年。如果这些要求的语境是实验室笔记本、进展报告等，这些要求似乎是合理的。如果证据记录包括科学仪器——可能是与许多研究者共享的仪器——ORI 的解释可能对研究企业造成不必要的伤害。因此，应该采取一切合理和实际的努力，保管好在学术不端行为诉讼中发现的补充研究记录或证据。对于调查研究涉及由很多使用者共享仪器的情况，如果可行，这种保管可能只限于获得由这些常驻共享仪器所提供数据或者证据的安全副本。

ORI 承认六年内记录保持可得性有困难，这一点非常重要。ORI 对不端行为调查诉讼记录六年内可查询，这与行政管理和预算局（OMB）的要求有冲突，该要求限定保留记录的期限是授奖后的三年。联邦采购法设置不同的记录保留年限要求，合同一般不超过四年。有关 PHS 授奖后 4 ~5 年的指控，大学可能只有有限的记录。

七、一般责任

从事报告指控行为的调查研究，其正式文件与程序的要求与当前的管理条例不一致。当前，只有在询问决定确保调查时，大学才向 PHS / ORI 报告不端行为的指控。这一部分应该重新修订为：使得正式文件与程序用于不端行为指控的调查研究，用于报告符合该部分的指控调查结果。

PHS 要求大力赞同灌输学术道德修养的概念和实践，这将有利于加强研究实践的责任感，而且在其他方面，有利于阻止学术不端行为，建造良好的学术环境以促进研究的责任感，这一要求超出有关学术不端行为行政监管的范围，因而不应该纳入不端行为领域的一般责任。尽管负责任的研究行为明显是机构应有的职责，一般研究环境与负责任研究行为的推进，不应该与不端行为的研究联系在一起，并且（如同 ORI 人员在很多方面宣称的那样）也不应该与这一特殊的政策联系在一起。研究共同体与 ORI 积极讨论建构负责任的研究行为，并愿意继续这样的讨论，但不作为 PHS 学术不端行为政策修订延迟实施的一部分。这一部分应该重新修订为：促进研究环境建设，从而阻止学术不端行为，及时应对 PHS 资助的、可能的学术不端行为指控或者证据。

八、机构调查

PHS 要求机构分别“审查每位被上诉人、上诉人，以及其他可能涉及的任何人……”，特别是“仔细询查所有重大问题和线索并导致……”，修正后的 PHS 要求删除这两个下划线的形容词“任何”和“所有”，因为其为机构设定了不可能完成的标准。相反，PHS 要求应该全面、彻底、公正地调查，负责任地确定、恰当地调查获得的证据。有关哪些人应该进行审查，哪些不应该进行审查，以及哪些线索应该开展恰当的调查，哪些线索不应该开展恰当的调查，机构必须站在做出合理判定的立场，而不必一定满足基于“任何”和“所有”的绝对标准，也不会面临对进行调查研究是否充分的不确定性困惑，而当前语言不可避免地会造成这种不充分性。例如，作为书面指控，审查可以继续，而诉讼理由可以保持无限开放。PHS 必须在最终管理条例中取消这种“开放性”。

九、学术不端行为过程的调查

不论何时发生不端行为，ORI 都有权要求基于其承认的调查研究中。然而，不论基于何种理由，如果计划在调查完成前终止审查，根据这一规定，要求机构提出报告。除了承认发生不端行为，调查的结果也可能是没有不端行为发生。在这样的情况下，大学不需要向 ORI 报告。

如果 ORI 希望从大学根本利益出发考虑，解决大学问题要与机构的决定达成一致。这对于 PHS 本身也适用，ORI 应直接承担这一棘手问题。为清楚起见，根据不端行为规定，作为报告行为，PHS 的政策应更好地服务于达成共识地解决问题。如果 ORI 希望以大学最大利益出发解决问题，那么 ORI 应该修订 PHS 要求中的管理条例，要求向 ORI 报告涉及 PHS 资助的研究。管理条例还应该允许给出具体事件的相关规定，以应对提供密封记录的要求，当没有不端行为发生的结果出现时，这一规定不常遇到。

十、ORI 指控的评估

当直接收到指控时，ORI 将会进行评估。如果决定进行调查，则将指控转发至机构。根据 PHS 要求的规定，当认为没有必要进行调查时，ORI 可以结案。然而，按照 PHS 的确认标准，各个机构可能有不同的标准。ORI 应该告知其收到的所有指控。PHS 的机构与研究诚信办公室共同承诺，在研究行为中维护最高标准，及时调查任何学术不端行为，以确保科学的可靠性，确保对各方一视同仁。

第二节　公共卫生署基金申请人科研活动的客观性和合同人的责任

政府关系委员会是由 183 家研究型大学、附属的医学研究中心和研究所组成的协会。政府关系委员会关注的是调整科研活动的联邦法规、政策和指南对其成员所产生的影响。公共卫生服务机构提出的促进 PHS 基金申请人科研活动的客观性的修正案将会带来重大的改变，它将改变研究机构和研究者、研究机构和 PHS 之间的关系。

一、客观性与透明性

研究者相信对促进 PHS 基金申请人科研活动的客观性法案的修改，就是为了确保实现该法规的目的，即确保研究的客观性。任何不符合该目的的条款都应当被慎重地加以考虑，以确保在时间、资源和研究付出方面的成本能够符合客观性的目的。研究者们理解联邦政府对责任的日益重视和赞同总统提出的目标“应该提高公民对政府事务的责任感，以及信息公开度”。但是，在为研究责任问题提供更好的办法时，研究者督促 PHS 在面临政策改变之际，仍然保持内心的客观性原则。

研究机构都认为经济利益冲突问题应以透明性为目标，但是应当采用一个客观的、精确的和有用的方法来达到该目标，并应当避免误导性和破坏性的结论。数十年来，联邦政府、工业机构和研究所已经通过合作，形成了世界上态度最坚决的、富有成效的研究成果。确认经济利益冲突的存在是恰当的，该问题可以通过一些保障和强制措施加以解决，相关的信息应该为公众获悉。但是，如何使信息被获悉，这意味着要区分有效责任与没有做不当研究的研究者的义务。

PHS 提出向公众公布经济利益冲突的这一做法的价值是有争议的，因为普通公众无法衡量该信息的相关性。但该要求的危害性却是可预测的。其危害性是建立在不知情公众提出的一个假说之上，即任何经济利益冲突都是不好的，它肯定会导致研究者对研究结果的某种偏向。因此，这个假说会导致研究者声誉的减损，因为研究者要么会受到限制，要么会放弃与工业领域有用的成果转化关系。PHS 倡议小企业创新研究（SBIR）、小企业技术转化（STTR）和非营利机构，将重大或者重要的金融利益纳入其中，规定此类薪酬也必须报告。研究者，尤其是新的研究者，他们不愿从事将研究成果转化为治疗方案，以及提高公共健康的应用性和开发工作。PHS 也不认为公开宣布经济利益冲突将“有助于 PHS 增强它的监管和确保适当的管理”。PHS 通过申请人提供的报告，就可以获得更多的重要信息，以满足其监管和管理的要求。

在确定经济信息时，应保护隐私和保密性。研究机构，尤其是政府资助的机构越来越担心的是：管理经济利益冲突问题作为他们劳动人事制度的一部分，鉴于隐私问题，会限制他们按规则要求进行信息公布的权利。PHS 也明白，通常一些信息会导致对要求提供更多的信息。研究所担心《信息自由法》和《州公开档案法》规定的提供额外信息的时间期限，会严重影响研究所系统内部制定的审查和管理经济利益冲突的管理工作。

二、重新审视公开披露的要求

研究者们建议 PHS 撤销在§50.605（a）（5）条提出的议案，并在学术界就如何实现责任和透明性以保证公众对科学研究的信任问题进行一次集中咨询调研。在公开咨询和审视网站NPRM上所收集的意见后，PHS再根据咨询意见提出一项修正议案。就PHS而言，咨询必须包括国家健康研究所维持信息的公众可获得性是否适当的议题。NIH坚持认为PHS/NIH的态度是支持研究者的，它们将接收大量的关于经济利益冲突的报告。以该信息系统为基础，PHS发展和维持的网站也许能够为公众提供更具一致性和有用性的报告。

如果PHS认为根据NPRM，作为修正案的一部分，它必须实施该规定通过公众可获取的网站，以保证经济利益冲突为公众获悉，那么研究者督促PHS推迟实施该规定，直到不早于2013年10月。这个日期与健康和人类服务部门面临的《可负担的医疗法案》规定的公开企业向医生和教学型医院提供酬劳信息的规定的日期一致。

这个时间表也允许与学术研究界就执行一个公众可获取的网站问题进行磋商，以确定最适当的信息、最有用的形式和最适当的方法。这个时间表也对报告的结构进行考量，该结构应当与企业向医生和教学型医院支付酬劳的披露信息一致，避免支付时间表和多个支付日期的不一致。

研究者们提出的实施建议也为研究所提供了修改和连接内部电子系统，以提供公开披露和按照要求每年应更新信息程序的时间。它也容许那些电子系统是依赖商业与企业的研究，按照实施要求及时开发经济利益冲突的报告模块。而且这个推迟的时间表强调了在实施该规定时对研究界的重视，PHS严重低估了这种公开的可获得的公布带来的成本。

三、应对成本问题

提出的规则会产生一些实质性成本。即执行成本，包括披露系统的修改、审查和报告等，以及同运营成本同样重要的审查、管理计划的监控和培训。

（一）运营成本

PHS对执行和运营成本的估算没有考虑政策的整体负重。为了确认研究者与研究活动的重大金融利益，并确保遵守规则，多数研究所会要求所有PHS赞助的研究者进行披露，包括负面的研究报告。估计每个研究所需花费35美元进行经济利益冲突的公开披露，这无视了信息和企业系统的开发，以及目前收集、报告和更新每年信息的运营和管理程序。进行培训、管理计划的执行和监控、管理次接收人的成本等，这些都增加了守法的成本。PHS提供的预算没有反映真实的成本。

研究者发现PHS建议遵守修正案的成本可以通过从PHS基金中回收设施和行政成本加以弥补的做法是不坦诚的。事实上，这一项是可以被免税的，PHS也清楚设施和行政成本中行政部分自1991年以来已经被限定为26%，其政策的实施比最初的研究法规中描述的客观性要求更早。自1995年以来，研究所就开始注意遵守规则的成本了。研究者也关注了机构和项目遵守PHS/HHS规则的成本，包括涉及掩盖科研不端行为的政策和法规、选择药物和毒素、数据分享、公众可获得性、建立有机体的模型、人类胚胎干细胞、基因组的发明等几个例子。在限定的行政成本和HHS/PHS机构没有完全回收就研究者的设施和行政事项发生的管理经费的前提下，NIH倡议的职业和培训项目被作为所提议修正案的一部分。如果PHS认为这些成本应该通过设施和行政收回而作为补偿，那么研究者督促PHS就任何项目支付足额的设施和行政费用是法规所规定的。

（二）执行成本

为了处理所有规定相关的一些执行成本——教育、披露、报告、管理、监控等，研究者请求PHS通过NIH在确保提高研究客观性项目中提供一种额外经费予以支持，即与2002/2003年度项目一样，旨在增强对人受体研究的监管。

与以前的项目一样，确保提高研究客观性项目将为研究所的活动提供短期的和临时的支持，以便其处理同样的因监管、加强的保护措施而产生的日益增多的监督和要求，以及因这些研究活动而增加的教育培训问题。为确保提高研究的客观性，项目资金将支持教育计划的发展，建立监管基础设施和技术开发的机制，支持有经济利益冲突的科研活动的设备跟踪系统。NIH的一项投资与人受体研究的投资一样，第一年至少花费28 500 000美元，以确保其首席合作者能够遵守规则要求。

研究者建议PHS以更为实际的方法处理科学研究界在执行和运营所提议规则时面对的成本问题。与所有的经济部门一样，研究所在面对经费日益缩减的问题时，必须尽力保持高素质的人才和更多的研究项目。但是，与其他部门不同的是，研究界还必须面对增加的、长篇的、没有经费资助的联邦法规和政策，它们涉及许多问题，从重组脱氧核糖核酸（DNA）的研究到选择药剂和毒素，从HIPAA[①]隐私条款到化学反恐标准。不解除附加规定或者不提供满足成本所需的

① HIPAA的全称为“Health Insurance Portability and Accountability Act”，目前尚没有确切的正式中文名称，国内文献一般直接称为HIPAA法案，有的称为“健康保险携带和责任法案”，也有取其意“医疗电子交换法案”，台湾有文献译为“义务型可携带式健康保险法案”，其目的是简化管理（administrative simplification），以降低日益增长的医疗费用开支。它起源于1991年，美国卫生部组建了电子数据交换工作组（The Workgroup on Electronic Data Interchange，WEDI）研究电子数据的交换问题。1992年，WEDI提交了一份关于医疗保险电子数据交换标准化的研究报告，并于1993年发表（*1993 WEDI Annual Report*）。1996年，克林顿政府签署了经过参议院和众议院通过的医疗保险改革法案：HIPAA/1996，Public Law 104-191。1997年，HHS要求国家生命健康统计委员会（National Committee of Vital and Health Statistics，NCVHS）提出标准草案建议。2000年8月，HHS公布了第一批标准和实施指南。2000年12月，公布了个人健康信息的隐私保护标准和实施指南。2001年5月7日，107届国会通过修正案，将标准化工作延期到2004年10月16日，并要求联邦审计总署对HIPPA法案及电子数据交换标准的实施效果进行评估，于2003年10月31日前向议会提交报告。

切实的帮助，研究所将开始重新考虑，在某些情况下，减少参与对全民福祉至关重要的研究活动。

另外，研究者会关注对研究所在识别和管理经济利益冲突的运作过程产生重大改变的规定，以督促其与 PHS 的政策做出一致的变更。研究者也建议对一些修正案进行变更，因为提议的变更会对法规的各个部分产生不同的影响。

四、对一些概念的界定

（一）机构职责

机构在使研究者在判定自己的经济利益时，必须考虑和知晓其所应承担的具体责任。但是，研究机构在管理中的方方面面，其职责是随着研究所和雇员地位的变化而变化的。对研究所责任的界定应当优先于满足对规则的要求更为适当。修改后的定义应当是：机构职责意指根据研究机构界定的研究者的专业责任，包括但不限于以下活动。

（1）研究者。根据所提议规则包括的披露和管理的要求范围，研究者提议，无经费支持的合作者和专家应该根据政策不列入研究者的范围之内。合作者和专家应当修改为包括受 PHS 资助研究应用的人，或者是对该项目做出了实质性贡献的人。该定义应当包括支持该研究的及在研究的设计、实际操作、报告中做出实质性贡献的主要或核心人员、次受资助人或者合同签订人，以及合作者和专家。

（2）重大金融利益。为了使规定一致地适用于所有的应用型机构，并规范被认为有重大金融利益的个人，PHS 将“配偶”变更为“配偶或国内合作者，为与研究机构的政策或一般实践保持一致性，或按照州法律规定，还包括受抚养的子女”。

为了规范研究者的披露制度，并协助研究机构就重大金融利益和 PHS 资助的研究项目之间的关系进行判定，PHS 建议与研究者的机构研究职责相关的重大金融利益，应当在与责任相关的通知中作为例子加以规定。

提议的法规修正案就未来 12 个月预付酬劳的利益和过去 12 个月实付酬劳的利益做了不同的规定。这可能导致研究者会披露已经不存在的重大金融利益，而同时研究机构却不得不按照法规的要求进行管理的情况。另一种办法是，研究者披露在某个项目的前 6 个月从企业获得了预付的超过 5000 美元的酬劳，而根据议案，不再对未来的收入进行披露。研究机构建议较为有效率的办法是要求研究者每年进行一次披露，而且研究机构应当建立适当的每年报告的时间期限。

（3）从企业获得的酬劳金额。关于计算重大金融利益中以差旅费形式支付的酬劳，研究者建议从重大金融利益的计算中去除差旅费报销一项。作为研究机构和专业职责的一部分，许多研究者都会在科学界、期刊和非营利性研究机构中担任咨询和同行审查的专家成员。就参与而发生的这种合理的、消费性的差旅成本支出通常都涵盖在资助团体和机构中，在多数情况下，会直接支付给该机构。这种报销不可能构成重大金融利益，因为差旅费报销是不必要的和非生产性责任，应当被去除。

（4）知识产权。研究者建议在重大利益披露中对知识产权进行三个变更。为了在确定重大金融利益价值时提供一个一致的方法，建议一年的额度为5000美元。通常，研究者对出版物拥有版权和其他特许使用权，特许使用权会给研究者带来适当的特许使用金。披露这些使用金是来自版权还是特许使用权，并没有重要到足以区分所需审查活动的级别。

研究者要求未经许可的知识产权不再进行披露。大多数情况是，许多大学拥有的专利是未经许可的，没有许可证，一项资产的价值，如专利权，就无法被确定。同样，未经公开发表或未经许可的智力成果的知识产权的价值也是不确定的，而且，它既然没有为公共利益服务，对该信息进行审查就是浪费资源，应当将该情况排除。同时，个人所有的知识产权和被指派给机构所有的知识产权之间的关系应该被说明，也即应当阐述被指派给机构的知识产权。

研究者建议将知识产权的定义修改为：被许可的知识产权（如专利、版权），从此种权利和协议中获得的许可金及共享此类权利的许可金，每年的金额大于5000美元，该知识产权被指派给雇佣该研究者的研究机构的除外。

在条例中应当阐明被确定的知识产权包括薪金、使用费或由机构支付的其他酬劳及无形财产归属该机构。当前从重大金融利益排除的经济利益包括非营利单位，一般而言，它并不限于排除界定的高等教育机构。这种排除限制对于研究者满足其机构的专业职能和责任方面具有重大的影响，尤其是当差旅报销费被作为重大金融利益进行计算时。

对高等教育机构的定义并不包括许多教学型医院和医疗中心，以及具有独立的法人资格但却紧密附属于或受控于高等教育机构的附属研究中心。同样，从研究角度而言，在功能上类似于高等教育机构、但不能授予学位的研究机构，根据规则应该排除。我们知道，一些免税实体是由一些营利机构全资或部分出资建立的，从这些实体获得的酬劳应当被审慎地审查。这并不是强调形式上营利或非营利的地位，研究者们建议在确定排除情形时，以功能和作用为原则。研究者们认为，最明智的办法是修改目前的规则和定义，比如，从研讨会（或者服务）获得的收入由高等教育机构控制，其主要目的是为高等教育机构的一个医疗中心、基地和/或研究机构或者其他免税实体服务；其研究行为是针对受这些规则规范的教学型医院和/或独立的非营利性研究机构的。定义的焦点包括排除情况中的非营利的、免税实体和不在排除情况中的非营利的、免税实体。免税的、非营利实体是指其根本或主要的目的在于支持某个高等教育机构的实体。例如，一个研究基地，或者由某个高等教育机构控制以协助该高等教育机构及其研究和教学任务，如研究基地或研究实验室；其研究行为是针对受本规则规范调整的独立的非营利性研究机构；或者某个实体，不管征税或免税，在形式上附属于且支持高等教育机构的研究任务。

最后的类型可能包括与营利实体建立正式的机构关系，以完成机构的研究和教学任务。如果一个研究者单独为某个营利性实体作为咨询专家或咨询委员会委员而工作，那么在有些情况下就会产生冲突。但是，当研究者的行为是在与研究机构的协议规定范围之内做出的，那么研究者的行为就是在履行他的机构职责，研究者就不存在冲突。协议和相关的行为应当为研究和教学任务服务。该定义包括那些经过同行审查获得竞争性资金项目的且协助研究的组织和实体，如美国抗癌症协会，或为个人或实体提供服务的参与研究活动的专业性组织或团体，如美国微生物学会。

该定义不包括由纳税实体创建的或主要资金来源于纳税实体的、对研究结果可能存在利益的免税组织。有关专家请求 PHS 对因研讨会或者为联邦、州或地方政府机构服务而获得的收入进行确定，但是，该收入却通过合同签订方的私人组织予以支付，且该私人组织为政府机构服务，如组织一个同行审查专家组等，这种情况应当从重大金融利益披露制度中予以排除。这是因为研究者并不能控制资金管理者的投资决定。

（二）机构标准

研究者一般不赞成关于机构标准的假定，严格地说，该假定就是提议法规使用的标准，该办法的不利后果是确立了不断变化的联邦标准。从监管和实施角度看，不可能对存在联邦利益的研究活动进行报告。替代方案是不合适的，但可以预测，研究机构会对当前较为严格的政策进行修改，以使其符合被提议的 PHS 标准，从而避免适用被提议的修正案的要求，修正案中给研究机构规定了更多的合规责任。为了对重大金融利益进行披露和审查，研究机构被要求遵守 PHS 的标准；披露与次受领人的相互关系；公开经济利益冲突的决定、管理和报告等所有操作层面。

州政府资助的研究机构有时会面临分歧，甚至是矛盾的要求。各州可能会制定不同的、更为严苛的标准作为它们州采购制度的一部分。PHS 提议的方法将迫使这些州政府资助的研究机构在国家法律规定的限制性条款内，执行联邦的要求，以应付不同的政策问题。

研究机构执行不同的经济利益和关系披露的标准，在有些情况下甚至对金额额度不做要求。一些机构采用风险管理方法来管理经济利益冲突。结论是，在临床研究中受经济利益的驱动导致了研究报告丧失诚信。也有一些机构在研究中适用更为严格的临床或药剂或设备标准。这些研究机构对披露和管理采用一种层叠的方法，它们认识到在临床研究中人受体面临的风险不同于在基本的、社会的和行为的人受体研究中的人受体所面临的风险。按照所提议的规则，PHS 会如何看待这个层叠的方法呢？

除了 PHS 的要求，并不存在阻碍性因素使研究者们采用广泛的或集中的方法。面对法规中提出的日益增多的管理行为，有关专家预计就 PHS 资助的研究项目而言，许多也许不是大多数的研究机构将修改它们的机构政策以遵守 PHS 设定的标准。但是，这些机构也可能选择操作程序方面制定单独的政策或标准，这些标准不同于 PHS 的政策，但是可以应付其他联邦机构或私人资助者的要求。这个结果对所提议法规的整体目的是不利的，会增加行政管理的负担，却没有相应的利益，并对建立更严格的标准产生意想不到的抑制作用。

（三）培训

有关专家建议就研究机构政策和 PHS 的法规进行适当的培训。他们认为，在进行 PHS 资助的研究项目之前，就应当对研究者进行这种培训。当有必要进行额外的教育培训时，就应当进行额外的教育培训。实施的教育频率的标准适用 NIH 在其他领域进行教育培训的标准，尤其要注意对人受体的保护。NIH 就人受体保护方面特别提出，“NIH 的政策是不对教育的频率发表意见。教育条款的目的是让研究者不落后于人受体保护的发展。当有必要进行额外的教育培训时，我们相信研究机构和研究者会做出最适当的决定”。就研究的客观性与经济利益冲突而言，研究机构也能对教育和培训的频率做出最适当的决定。

（四）次领受人

在有关专家所提议的修正案中，认为关于主要的 PHS 基金领受人与次领受人之间关系的规定，是一种不必要的麻烦和负担。而且，该条款不可能产生有效的结果，因为它将责任加在领受人身上，而领受人不可能拥有第一手信息且无力监控研究进展是否始终遵守法规。他们质疑主要领受人对作为次领受人的研究者负责的做法，尤其是当次领受人属于国外的实体时，麻烦会更多。他们要求外国的研究者遵守美国的法律是科学界中的一个重要问题。在协议中指定适用 PHS 的法规，并要求次领受人遵守与美国研究者相同的一套程序，但是不要求定居外国的非美国公民遵守美国法律。所提议的规则就协议的具体条款做了规定，但没有提及领受人和 PHS 机构之间的关系。

有关专家提议对先前的条款应该进行如下修改：当某个机构和次领受人一同参加 PHS 资助的研究项目时，领受人机构将采取合理的办法确保次领受人了解他要遵守所有实行的 PHS 制定的调整经济利益冲突的法规，并按规定进行经济利益冲突的披露、审查和报告。与次领受人的合同或其他协议中应当规定次领受人的此项义务，合同方为有效。领受人机构与次领受人的协议应当明确规定作为次领受人的研究者是适用领受人机构的经济利益冲突政策，还是适用次领受人的经济利益冲突政策。

（五）经济利益冲突的确定

研究机构对于确定某项 PHS 资助的研究项目中是否存在经济利益冲突承担最终责任。PHS 将确定程序分为两步：第一步，确定披露的重大金融利益是否受 PHS 研究项目的影响，或者利益关涉的某个实体单位的研究是否受 PHS 项目的影响。第二步，如果受影响，且该重大金融利益可能直接或严重影响研究，那么就确定构成经济利益冲突。

研究界广泛关注的是如何更好地利用所提议法规中设定的关于 PHS 网站的标准，并在强调研究机构的责任的同时，确保研究者的职权也是至关重要的。PHS 假定，研究机构会结合两方面的情况做出合理的而不独断的决定。在做出充分合理的决定前，对 PHS 而言，确认研究机构会根据所获得的信息按要求做出决定是很重要的。首先是研究者披露的内容，因为只有他/她才能完全鉴别涉及重大金融利益的活动。在许多情况下，一旦所有涉及重大金融利益的活动被研究者识别出来，研究机构就会对研究者进行询问，以决定披露的重大金融利益是否与 PHS 资助的研究项目有关系，以及是否其所处的实体单位会受研究的影响。

研究机构对重大金融利益与研究项目之间的关系及该重大金融利益对研究的影响做出的评估负责，这点至关重要。但是，要求研究者向研究机构披露所有与重大金融利益有关的活动也很重要。没有从研究者那里获得完整的信息，研究机构的评估就不可能成功，也不会为研究者没有完全和及时披露承担责任。PHS 要将这些责任明确加以规定。同时，研究机构应当根据所获得的披露信息就重大金融利益是否会直接和严重地影响研究工作做出合理的决定。

（六）经济利益冲突的管理和报告

对于未披露的重大金融利益的情况，建立管理计划是完全不必要的。所提出的管理计划旨在确保经济利益冲突不会导致研究有所偏向。所提议的管理计划并没有增加任何内容，最多也只是设定了一个模糊的可能性，即会产生某种偏向。如果怀疑或涉嫌有不当的研究行为——制造或伪造数据，PHS 有独立的政策处理该指控。即使经济利益故意没有被披露，研究机构也可以根据专业不当行为或纪律规范，对这些违反政策的行为进行处理。机构会向 PHS 进行报告，并在报告中明确是否有必要减轻之前公布的研究结果。不过，PHS 的规定要与研究界集中讨论如何更好地实现透明性，以确保公众对科学研究的信任。

在向公众咨询和从 NPRM 网站上收集评论后，PHS 就可以针对这些意见提出修正案。与研究界的讨论必定能有助于确定关于实施一个公众可获得的网站的最适当的信息、最有用的形式及最适当的方式。例如，人们关注的经济利益冲突的公布可能会间接与研究者相关，即影响研究中从其资助者、合伙人或因抚养的孩子而获得的薪酬。将 PHS 政策要求适用到第三方可能会导致第三方主张他们的隐私权利，尤其是当第三方的信息潜在地符合信息自由（freedom of information，FOIA）的要求时。研究界最主要的担心是 PHS 严重低估了向公众公开的成本。

PHS 规定公开期限是五年。如果 PHS 要满足一个公众可获取的网站的要求，信息的可获取性必须遵守联邦政府 A-110 号通知中第 C-53 或 2CFR 节的第 215. 53 款的规定，即信息记录应当保存三年的期限。记录的保存和获取要求规定如下：财务记录；原始单据的证明文件；统计记录；所有与基金相关的记录从提交最终费用报告之日起，应当保存三年时间；对于每季度或每年更新的基金，从提交每季度或每年报告之日起算。本规定由联邦基金机构授权。

（七）对利益冲突的评估

PHS 为机构人员制定指南或培训内容以确保有一套统一的方法来评估经济利益冲突报告。在当前的实践中，这项工作是由机构项目工作人员来审查的。根据新的政策，审查程序是否发生改变？如果不同项目工作人员仍保留其职责，研究者担心每个项目工作人员都有一套自己的如何恰当管理的理解和预期，这样会使机构的实际操作不一致。在机构审查中，所有领受人应当适用一致的标准。PHS 已经准备好了与所提议法规一致的关于机构工作人员的指南，并提供给受影响的团体评论该指南的机会。

（八）对金额的规定

关于金额范围，研究者力图做到向 PHS 提交的经济利益冲突报告的金额范围和公布在公共网站上的经济利益冲突报告的金额范围应保持一致性。这有助于研究机构建立一种电子系统以同时满足上述两个要求。在公共网站上报告的具体信息并不一定要超过 25 万美元，因此，此处金额范围的规定应当是：少于 5000 美元，少于 1 万美元，少于 2 万美元等。管理计划的目的是要保证研究的客观性。

五、评　　论

关于经济利益冲突，研究者赞同 PHS 设立的调整机构的经济利益冲突的一些规则。试图制定能够覆盖所有向 PHS 申请并获得其资助的组织机构的广泛的综合性法规的做法都是草率的。研究者及其机构成员开始评估和考虑这种机构政策。经过讨论，一般认为，主体的实际情况比它表面看起来更为复杂，这要求研究者从制度上进行区别对待。在所提议的修正案中，PHS 仅仅是简单地就机构利益冲突做了规定，并没有区分研究者和研究机构之间的差异，这不利于推动讨论的进一步深入和未来研究界的努力。

关于实施，PHS 就执行该提议的法规没有提出明确的时间期限。如上所述，如果公众在公开的网站上获取信息的要求仍作为法规的一部分，研究者请求执行该法规的日期应不早于 2013 年 10 月。一般来说，研究团体需要时间来就提议的法规制定出相应的规范。一些机构需要时间修改内部的披露程序以适应从事务性披露到每年披露的改变。为了引起研究者的注意，而不是因重复性行政工作加重研究者的负担，这些事务性研究机构至少需要一年时间去满足每年披露的要求。如果 PHS 能够促进研究团体在研究促进基金中的客观性，研究者就很可能运用这些基金和资源，以协助培训、跟踪等。PHS 在执行本修正案时，在继续确保当前规则仍有效实施的基础上，再执行新的规定要求。

研究者请求 PHS 所提议的新规定，其执行力不具有溯及力，尤其是关于基金，修正案应只适用于新的基金，与非竞争性的持续性资助和其他正在运行的增量基金机制相反。例如，随着研究者获得的非竞争性持续性资助的金额额度由 10 000 美元改变为 5000 美元，这会导致重大金融利益的披露额度为 5000 美元到 10 000 美元，这在以前是不需披露的。研究者必须以一种合理的方式执行所提议的法规，使得对重大金融利益的界定合乎情理。一些研究机构可能选择针对基金宽泛的新的法规，一些机构则可能选择对当前的研究活动只是较为狭窄适用的法规。

关于执法部分和研究者及项目转让人，在 2010 年 7 月 21 日，美国联邦记事文库注意到在被延展的评论期内，PHS 要求当研究者或 PHS 资助的项目转移到其他机构时，就 PHS 的执行机构的充分性和法规的适用性进行评论。研究者认为当前所提议的规范明确地规定了 PHS 的执行机构，提供给 HHS 的多种解决方法和 PHS 基金的受让人的规定也是充分的。需要注意的是，当另一机构通知受让了研究者的重大金融利益时，如果所提议的规则旨在使与 PHS 资助项目相关而确定的经济利益冲突的信息公布在公开的网站上，那么任何通知都应当满足这一要求。如果 HHS 或者 PHS 认为额外的通知是必要的，那么 HHS 或 PHS 就应当考虑是否直接限制获得 PHS 资助的项目的研究者。个人与联邦机构的关系类似于个人与其他机构的关系。研究者不赞同关于指定的机构人员必须考虑经济利益冲突的判定，以及管理计划必须有其他机构制定的规定要求。遵守法规是机构的责任，应当由机构和研究者共同承担。每个机构都有披露的具体的政策和程序，决定和管理应当根据合理和适当的信息而做出。

总之，研究者想要确保任何对《PHS 促进 PHS 基金申请人的科研活动客观性的责任》的修正案都能达到促进客观性的目的。他们相信所提议的设立公开经济利益冲突的公众可获取的网站没有满足这个目的，应当在此次修正案中予以删除。他们迫切要求与受影响的团体进行协商以决定当经济利益管理与联邦资助机构相关时，向一般大众提供经济利益有用信息的最有效的方法。研究者还请求 NIH 考虑建立一个目标基金项目以支持开发促使研究界遵守法规的有效方法。研究机构需要时间制定策略和机制以履行法规所规定的义务，这个时间表要么是根据所提议的基金项目，要么是独立地请求 PHS 建立一个时间表明确履行这些复杂义务的时间。有关专家建议实施该法规的合理日期应不早于 2013 年 10 月。研究界会致力于与 PHS 的合作以确保 PHS 机构资助的科研活动的客观性。

第八章　美国医学科学中的利益冲突与管理

第一节　医学科学中的利益冲突

近年来在美国，关于医学研究人员之间利益冲突的话题越来越成为公众谈论的焦点。造成这种最新一轮新闻批评的导火线是格拉斯莱（C. Grassley）议员对九名精神病研究人员的调查。在这些研究人员中，有一位在某家向市场推销抑郁症药物的公司中持有600万美元的股份，但他却掩盖了这一点，尽管他是关于NIH拨款开发这一药物的研究者。这篇报道中有更多的政治内容，因为虽然过去十年的联邦法律（特别是贝赫-多尔法案）和政策鼓励研究者和高校与企业协同开发药物和治疗方法，但它的确关注利益冲突，特别是隐蔽的利益冲突问题。

最近，科学文献中讨论这一问题的两篇文章值得我们注意。一篇出自《科学》杂志，是格拉斯莱的研究；另一篇出自《精神病学和神经科学》杂志，是由该杂志的主编、麦吉尔大学的教师杨博士（S. N. Young）撰写的社论。基于科学的医学（SBM）依赖于为治疗辩护的科学诚信，因此，讨论利益冲突如何贯穿于医学研究将是十分有益的。

在关于利益冲突的最公开讨论中，杨主要关注的是制药公司支付给研究人员的薪酬。毫无疑问，这是一个大问题，但利益冲突不单单是制药公司支付的薪酬。事实上，一些对病人护理产生消极影响的利益冲突，如播种试验（seeding trials），其中，临床试验是由制药公司的市场部设计的，这是一个受利益冲突驱使的欺诈性案例。我们需要认识到的一点是：每个科学和医学研究者都有这样或那样的利益冲突，而且有许多利益冲突都不是经济上的或者财务上的。

杨对利益冲突是这样论述的："当个体的私人利益与其职责相冲突时，利益冲突就产生了。这通常意味着某人将从以自己的职业身份做出的决策中获利。这种收益并不必然是金钱上的；它可能是获得个体或组织的私人目标方面的，如达到采纳研究者观点的目的。重要的是，某种利益冲突可能会使行为发生偏袒或倾向。正是这种偏袒的潜在性使得利益冲突十分重要。在详述利益冲突之前，我将描述某种关于我们都会具有的偏袒的研究（它表明我们并不总能意识到我们自己的偏袒）；我将论述这些偏袒如何通过一些既得利益而产生，以及人们对揭露的利益冲突如何做出回应。说科学家是真理的客观追寻者不过是自欺欺人的说法，因为它反而降低了对偏袒的警惕。"①

令人奇怪的是，财务上的利益冲突大都易于处理实际中的问题。这里最为关键的是透明度问题，因为利益冲突本身并不必然毁损研究的可靠性。相反，制造大量问题的是那些没有被公开的或者未披露的利益冲突。如果我们看到一篇文章，它透露第一作者在制药公司的资助下研究某种药物，并且这本身并没有使该项研究无效，那么这些单纯的无意义的论证会产生垃圾科学。例如，关于甲型H1N1流感接种疫苗的推广，更多的是受到制药公司利润的驱动，而非基于科学和公众健康方面的考虑。同时，他还把疫苗制造商比作烟草制造商。好的科学研究会克服利益冲突。制药公司虽然过去经常因自己的一些违法行为而遭到谴责，但是它们也的确资助了许多好的科学研究。也就是说，制药公司对某项研究的资助会使人们对其产生怀疑，主要是因为存在一个直接的要达成某种好结果的经济动机，因为某种药物的开发通常有数以百万美元的投资。关于这些利益冲突，公开是最好的解决办法。如果读者不知道某种财务上的利益冲突，那么他们将不能评判这种利益冲突有多重要，或有多不重要，或这种利益冲突如何影响研究。

另外，尽管公开是科学组织和期刊处理利益冲突的重要手段，但这不是一个无懈可击的办法。的确，有证据表明公开确实达到了预期的效果。有这样一项研究，在这项研究中，有两篇手稿被给予两组评论者来阅读，一组一篇。这两篇手稿的内容相同，但一篇罗列了利益冲突，而另一篇则没有。结果表明，那些阅读含有公开利益冲突的手稿的人发现手稿中所报告的研究"不是那么有趣和重要"。然而，事实证明：由于相互矛盾的结果，公开可能并不总是有效的。首先，那些宣称某种利益冲突的作者们会感到自己的宣称使他们不那么客观，因而会更加强有力地论证自己的观点。其次，为了克服利益冲突所激起的读者的任何形式的怀疑论，作者们也会感到被宣称的利益冲突的权重使得他们必然夸大结果的意义。最后，读者实际上可能会受到一些陈述和信息的影响，尽管他们知道自己可能忽略了对利益冲突的公开。

非财务的利益冲突很难量化。这可以从每个研究者都可能具有利益冲突说起，并且那是研究者的一种强烈欲望，即使自己的观点和假设得到科学的证实和科学共同体的认可。我们可以设想有某一研究者，为了研究癌症和开发比现在更加有效的治疗方法，他起初要成为一名科学家和医生。为了达到这一目标，他必须发展那些准确描述某种现象并做出有效预测的假设。可以看到，他在情感上是多么容易依附于他首选的假设，因为他知道，如果他是正确的，那么他将很少有机会实质性地改善对乳腺癌患者的护理。如果他的假设是错误的，那么他会从头

① Young S N. How to increase serotonin in the human brain without drugs. *Journal of Psychiatry and Neuro Science*, 2007, 32 (6): 394-399.

再来。此时，他的职业生涯已过去了一大半，也没有更多的时间去得到公众的认可。因为将某种观点以治疗的方式付诸实现需要 10 年或 20 年的时间，而他的职业生涯大概剩下了不到 20 年的时间，如果他还健康和多产的话。考虑到他渴求做一名好的研究者，以及他致力于使自己治疗乳腺癌的手段得到公众认可，他必须非常非常小心，目的是不使这些因素影响他。对于一个科学家而言，没有比看到一个假设在反面证据面前不成立更可怕的了。

在医疗中，有些手术是常见而且是较简单的。比如，骨质疏松性椎体骨折和椎体成形术就是一个非常常见的手术，不同国家的不同医院这方面的专家恐怕都会做这样的手术，那么，两个不同地方的医生是如何受到两个重要临床试验的检验呢？比如，一个试验来自美国，另一个来自英国，两个试验都表明：在缓解疼痛方面，椎体成形术并不比服用安慰剂更有效，甚至有点像针灸疗法。一些小规模的低质量的研究（非盲目的、没有任何控制的，或存在其他方法论方面的缺点）和医生的趣闻经验，使他们认为椎体成形术是有效的。赫斯奇（J. A. Hirsch）是早期鼓吹椎体成形术的一名研究者，他是波士顿马萨诸塞州总医院介入神经放射学科的主任。他认为作为医生他必须敬重病人，因为他们遭受痛苦会让医生很难过，甚至在休息日都去做这些手术。所以，我们绝不要低估医生-科学家（physician-scientists）和医生-研究者们（physician-investigators）帮助他们的人解除痛苦的欲求。我们相信，大多数医生在能极大地帮助他们的病人时会感到十分愉悦。同样，科学家在他们的假设得到证实时，也会有这种感觉。这是激励他们的一种奖赏。在赫斯奇的案例中，他甚至宣称他“相信临床试验”，但是他并不真的认为椎体成形术会奏效。

这就是人类的基本心理因素，然后开始掺杂了更多实际的利益冲突。假设有一名医生研究者，如果他的假设没有被证伪，那么还会有更多的出版物、更多的资助，而且假设他在乳腺癌研究团体中地位更为突出。更重要的是，如果他的假设是正确的，那么他的研究结果将会提高数百万患有乳腺癌的妇女的生存几率和减轻她们的痛楚。这里，对某一假设的情感依附可能会与其他无形的利益冲突（名利和同辈人的尊重）和有形的利益冲突（更多的资助、更多的出版物、晋升和奖赏）混合在一起。任何声称这些东西都不会影响自己的决策和思考，或不会导致偏袒的研究者，不是自欺就是撒谎。事实上，这种对自己研究产权的自豪感会导致过度夸张自己的研究，或低估它的缺点。

这可能是造成这样一个事实的原因，即在就作者发表的论文采访他时，一些重要的弱点在被直接质询时，作者通常会承认，但这些弱点并不包括在已发表的论文里。当然，编辑习惯于要求作者说说自己研究的局限性，以及要求作者对研究的局限性保持谨慎态度。另一相关因素是研究者发展自己的事业和得到同行认同的强烈欲求。研究表明，社会的和金钱的奖赏可能贯穿心理的和神经的过程，这两方面某种程度上重叠在一起。关于利益冲突的一个最大的不同之处是：与金钱奖赏不同，社会奖赏不能以任何一种有意义的方式公开。

关于利益冲突行为研究中的另一点是：人类通常并不能很好地知道自己的所思所想。他们以为自己这样做了，但他们实际上并没有这样做，这或许可以解释许多研究者为何如此强烈地否认来自制药公司的经济资助或其他影响他们决策的方面。假如你是一位研究者，问问你自己，你有多少次听到一位研究者说是的，他有一种利益冲突，但他永远不会，也未曾被此影响过。尽管如此，他仍然认为自己是客观的。

一篇新近的科学短评问道：人们究竟在多大程度上知道自己的所思所想？得出的结论是：人们并不能很好地知道自己的所思所想。这是因为在现实生活中，人们没有意识到他们的自我认识是一种构建，也没有认识到他们拥有大量适应性的、在他们意识觉知之外运作的潜意识。他们得出的结论是：人们认为要避免那些不需要的反应是十分困难的，因为心理的运作过程是无意识的或不可控制的。与生俱来的自利本性是影响判断的首要原因，这使人们难以理解自利对自己判断的影响，更遑论拔除它的影响。

与自利相对，对自己伦理的和职业的责任的理解则包含一个更富于思考的过程。这些不同认知过程的参与可能会使协调自利和责任变得困难。有人在一则扩展性评论中审视了关于偏袒在解释和使用研究结果中的实验证据。他也讨论了这一证据及关于产生偏袒的认知和动机机制的理论。他的结论是：人们假定自己的观点是客观的，主观性（如由于个人的思想体系）则是对其反对者的冲突性感知的解释。

换言之，当碰到利益冲突时，我们一般都难以判断我们究竟在多大程度上受到这些因素的影响，因为自利是首要的，并且在我们思想的潜意识领域发挥作用。这就是为什么许多科学家否认他们受到制药公司资助的影响，许多医生强烈否认自己开出的药方受到来自药物公司礼金的影响。他们也的的确确这么认为。他们并没有撒谎。他们的自我意识是：他们是理性的，他们能把这些利益冲突从自己的科学和医学决策过程中剥离出来，但行为研究却对此大加反驳。

那么，所有这一切是否意味着，世界上的补充和代替医学（CAM）人员和江湖医生是正确的？基于科学的医学是否完全受到利益冲突和偏袒的损害，以至于它的可靠性被大打折扣，转而被诸如顺势疗法、灵气、其他魔法等仙尘之类的东西取代？当然不是。现实归现实，科学归科学，证据将赢取一切，甚至是利益冲突。在这里，我们认为做出如下比较是非常有益的，即比较基于科学的医学如何处理利益冲突，和 CAM 倡导如何处理利益冲突。然而，基于科学的医学在处理利益冲突时是暧昧的、杂乱的，有时还是不恰当的；它似乎没有什么东西可以与 CAM 相比。

让我们对比 CAM 和伪科学家们处理利益冲突的方法。从根本上讲，他们的差别不大。对于他们而言，利益冲突只有在那个有利益冲突的人是他们所不喜欢的人的情况下才是紧要的。如果一项研究受到某家药物公司的资助，那么他将不相信它。我们试图说服他这是空话。然而，当遇上利益冲突时，很少能与 CAM 研究者相匹配。

事实上，只要研究者或医生的利益冲突是正当的，利益冲突可以完全忽略。例如，在美国一位叫韦克菲尔德（Wakefield）的人自称是反疫苗接种和自闭症的守护神，但同时他不仅收受了出庭律师的大量钱财，而且申请了一项关于某种疫苗的专利，这不仅有利益冲突，甚至是欺诈性的行为。然而，自闭症反疫苗接种狂想的博客时代却围绕着韦克菲尔德这样的人转，而不管这种人遭受到的批评，韦克菲尔德还被授予 2008 年“伽利略奖”。在这里，人们一般将因韦克菲尔德这种人的利益冲突和不称职的研究而做的“审判”比作迫使伽利略放弃主张的审判，把因这种人的不称职和未公开的利益冲突而发起的科学控诉比作“宗教战争”。这些无疑是对伽利略的亵渎。

然而，我们不会以任何方式来贬低伽利略的影响，但有趣的是，韦克菲尔德在困难面前的坚定性使得伽利略相形见绌。因为伽利略最终同意放弃自己所支持的“日心说”，而韦克菲尔德在压力面前却从未屈服过。相反，他坚持自己的立场，继续为有自闭症的家庭而战。

同时，所有反疫苗接种组织的创办人，以国际疫苗信息中心的名义授予韦克菲尔德人道主义奖。我们由此得出什么结论呢？一般而言，基于科学的医学中的隐蔽性利益冲突，一旦被发现就会遭到强烈谴责，尤其是存在欺诈的情况下。然而，在江湖医生的地盘上，他们总会得到报酬，不管是否存在欺诈。关于“代替疗法”从业者有许多利益冲突，有许多其他例子。这种现象在中国也不罕见，江湖医生以所谓“大师”的名义行医已经不是什么新闻，这里面充满了利益冲突。

显然，在伪科学和与 SBM 相对的江湖医学之间，至少有两个大的差别。在 SBM 中，科学家试图证伪自己的假设，目的是检测它们的有效性。与此相对的是，伪科学家和江湖医生实际上很少对某些东西进行检测。相反，他们寻找确定的证据来支持自己的信念，并将自己视作高尚的弱者，声称自己这么做是为了病人，即使他们使病人遭受无用的或甚至是有害的治疗。更有说服力的是对利益冲突的反应。

这就是伪善的 CAM 支持者们如释重负的地方。这种行为显然会受到猛烈的抨击，如疫苗专家奥费特（P. Offit）和小肯尼迪（R. F. Kennedy Jr.）称韦克菲尔德是“生物皮条客”（biostitute）①，因为他为自己实验室所发明的疫苗收取了药品公司的使用费。他们攻击科学杂志，因为这些杂志收取了许多药品公司的广

① 这里专门指支持破坏环境的企业的生物学家。

告费。然而，问题是批评这种行为的一些公司本身也有许多广告搀和了配药、无面筋食物，以及所有其他未经证实的自闭症“疗法”。

另外一个例子是，莫克拉（J. Mercola）博士虽然经常谴责 SBM 的利益冲突，但他同时又在自己的网站上销售各种各样的补充剂。对于像反疫苗接种组织及一些相关公司和个人（如莫克拉等）而言，它仅仅是一种利益冲突，如果他们说的是事实的话。事实上，正当的利益冲突甚至可以使你成为他们眼中的英雄，这还不包括来自正面的宣传强化，如许多反接种疫苗者对韦克菲尔德的崇拜。

关键的一点是，利益冲突的确发挥着某种重要作用。由于科学是人类的一种认知努力，所以它将永远不可能是完全纯粹的，因为人类所做的任何事情都不完全是纯粹的。此外，SBM 并不总能理解或处理利益冲突，无论是公开的还是未公开的，真实的还是感知到的。在这一点上，政府出台的一些新的调控措施总是必要的。而且，总是存在许多无形的利益冲突，比如，研究者对自己研究产权的自豪感，被证明是正确的欲求，以及得到同代人的尊重等，这些不像财务上的利益冲突，都得不到量化。因此，使研究文献相对脱离偏见和利益倾向这一目标仍是一个遥远的希求。

尽管如此，基于科学的医学是医学的最好形式，除了所有其他被尝试过的形式。具体而言，它包括基于教条的医学（dogma-based medicine）和基于趣闻的医学（anecdote-based medicine），从古埃及的医生-祭司和古萨满人的医学时代以来，这两种医学的主导形式一直被实践着。庸医们以出血作为一种治疗几乎所有疾病的方法。200 年前的医生倡导使用像镉和锑等有毒金属来清洗和治疗。医学的进步是缓慢的，几十年甚至上百年才有一些进展，直到科学以一种严格且系统的方式应用于医学研究。这开始于 19 世纪，并在 20 世纪得到了爆炸式发展。在过去的 50 年里，医疗保健已取得了令人难以置信的进步。这得益于科学。因此，基于科学的医学可以说是目前人类最好的医学。

的确，SBM 并不是完美的。经济利益、利益冲突和个体从业者的自豪感逐渐削弱了它。现在，出现了越来越多的疾病和病毒，如目前在非洲传播很厉害的埃博拉病毒，SBM 提供的解救办法似乎太少。但是，它比我们之前尝试过的任何形式都要好得多。它的作用时好时坏，有时太慢，不过会变得越来越好。更有效地处理利益冲突将有助于它继续向好的方面发展。

第二节　科学与医学期刊中的利益冲突政策

克里姆斯基（S. Krimsky）和罗特博格（L. S. Rothenberg）[①] 对科学与医学期

① Krimsky S，Rothenberg L S. Conflict of interest policies in science and medical journals：editorial practices and author disclosures. Science and Engineering Ethics，2001，7：205-218.

刊做的一项研究很有价值。此项研究审视了科学和医学期刊针对作者采取利益冲突政策的程度，审视了这些政策的应用情况，以及这些政策的内容是否导致作者公开陈述自己的经济利益。

具体而言，此项研究报告了一项对期刊编辑关于实践利益冲突公开的调查结果。1997 年，在 1396 种排位很高的科学和生物医学期刊中，约有 16% 的期刊实施了利益冲突政策。这一年在实施利益冲突政策的期刊上发表的文章中，公开作者金融利益的文章不超过 1%，而有近 66% 的期刊没有公开作者的私人金融利益。被调查的期刊编辑中有近 3/4 通常发表作者的公开陈述，这表明：个人财务的低公开率，或者是由作者在其出版物的主题中低比率的金融利益造成的，或者是由作者对期刊利益冲突政策不遵从造成的。接下来我们对这一研究做一些基本描述。

一、引　　言

由于对学术-产业合作的发展，以及作者的与其研究相关的金融利益有了新的认知，科学期刊于 20 世纪 80 年代中期开始引入利益冲突政策。利益冲突被定义为一组条件，在这些条件中，关于某种首要利益（如病人的健康或研究的有效性）的职业判断，倾向于受到某种次级利益（如经济利益）的过度影响。

生物医学是最早在“作者须知”（ITA）中实施这些政策的期刊。国际医学杂志编辑委员会——医学期刊编辑的一个小的非代表性团体，对作者和编辑提出的建议是：对于“那种可能造成某种利益冲突”的财务关系应予以公开。最近，媒体和杂志评论就期刊编辑如何回应作者的个人财务公开提出了许多问题。

到目前为止，还没有一项发表的研究受到期刊公开政策的影响。他们对 14 种核心生物医学和科学期刊的 1996 个试点做了研究，对 1992 年发表论文的马萨诸塞州的作者个人金融利益进行了量化，分析了 1997 年生物医学和科学期刊中的利益冲突政策与作者个人金融利益的公开率，报告了一项关于实施利益冲突政策的同行评审期刊的 181 位编辑的调查。结果显示：在抽查的 789 篇论文中，34% 的第一作者有个人金融利益。由于当时实施利益冲突政策的期刊还比较少（在抽查研究中，14 种期刊只有一种实施了利益冲突政策），所以，他们发现那些有个人金融利益的作者并没有在发表的论文中给予公开。自 1992 年以来，越来越多的生物医学和科学期刊实施了利益冲突政策。可以预期在未来有关于个人金融利益更高的公开率。

二、研 究 方 法

为了确定 1997 年的生物医学和科学期刊中有百分之多少实施了个人财务公

开政策，他们选择了一个具有较高认可度的期刊的研究样本，这一研究样本是基于美国科学信息研究所（ISI）对期刊影响因子的分析。他们在选择过程中使用了期刊的两个影响指标（发表在 ISI 期刊引用报告即 JCR① 中）：一是“影响因子”，即近期文章在特定期刊中被引用的平均次数，它每年被报告一次；二是“被引用次数因子”（times cited factor），即文章被所有来源项目引用一次或一次以上的累积数目，它以年度和累积量来衡量。

他们在“以引用次数排名的期刊”和“以影响因子排名的期刊”的列表下，合并了 1996 年 JCR 列举的排在前 1000 种的期刊，得出了一个关于 1396 种不同的高影响的科学和生物医学期刊的样品（约有 600 种期刊覆盖了这两个列表）。然后，通过审议网站期刊的“作者须知”，或审查单卷本的期刊，他们确定了 1997 年的 1396 种期刊中有哪些实施了针对作者的利益冲突政策。某个期刊被认为实施了针对作者的利益冲突政策，如果它发表的“作者须知”声称：作者除了其从研究中得到的资助以外，还必须公开与其研究相关的任何利益（无论是经济上的还非经济上的），因为这些研究可能会使他们自己或他们的单位获利，或者必须公开他们任何可能被视作与其撰写的论文主题相关的利益冲突的关系。在他们的样品中，根据期刊是否包含经济的和非经济的利益，是否专注于产品，这些期刊的利益冲突政策会因其公开条件不同而各有差异。

首先，他们发现，220 种期刊（15.8% 的研究样本）有利益冲突要求。去掉那些实际上没有实施利益冲突政策的期刊之后，列表中的期刊数目减少到 181 种（13%）；有 5 种期刊可能在波士顿的大都会区或加利福尼亚大学洛杉矶分校的任何一所图书馆中都找不到。在他们所审查的期刊（总计 61 134 种）的所有原创性研究项目中，都标注了作者所有公开的私人资助来源和个人金融利益。

为了确定出版物中报道的潜在利益冲突类型，他们将会把所有作者公开的与其研究相关的个人金融利益（包括咨询费、科学顾问委员会资格、持有的股权、发明专利、酬金、专家证人费）制成表格。排除的是那些在其标题中与公司有隶属关系的作者，因为这无异于是一个明显的利益冲突公开，不属于他们的这项研究。通过比较互联网主页列出的作者须知与出版的卷中的作者须知，他们也验证了每一个期刊中的利益冲突政策是否在 1997 年得到施行。

为了审查期刊编辑关于利益冲突公开的实践，他们向 181 种同行评审期刊的每一位编辑发送了一份调查表邮件。在调查的 135 种期刊中（有 3 种是匿名的），有 91.1%（123 种）是生物医学期刊（包括牙医业），有 8.9%（12 种）被归类为其他科学期刊。这项调查的目的是：了解编辑的实践是否是造成出版物利益冲突低公开率的原因，期刊是否拒绝接收有利益冲突的作者的文章，以及期刊的利

① Journal citation report——杂志引证报告。

益冲突政策的应用是否广泛。

三、研究结论

研究小组所审查的这181种同行评审期刊，1997年共发表了61 134个原创性研究项目。在这些原创性研究项目中，有327个正面公开了作者的与其出版物相关的个人金融利益，占0.5%。他们区分了关于金融利益的“正面”公开和“负面”公开。其中，“负面”公开是指那些断言作者没有任何金融利益的陈述。虽然“没有任何金融利益”的披露也是一种公开，但为了保持该项研究的前后一致性，只有那些明确正面金融利益的陈述才能被看作重要数据。在他们最终记录的关于同行评审期刊的个人金融利益公开中，有0.5%排除了这些负面公开的情况，例如，没有或将来也不会收到任何来自与该主题相关的商业团体的好处，这是因为，与正面公开不同，它们所需的期刊数目小。关于咨询费和在公司中持有股权的陈述，在利益冲突公开中被最高频率地引用。

在181种期刊中，有119种（65.7%）（占所审查论文的58.1%）没有发表任何关于作者个人金融利益的正面公开。37种期刊（20.4%）中，有1%的原创性研究项目对作者个人的金融利益进行了正面公开。

他们在回顾期刊利益冲突政策的过程中发现，181种期刊中有6种使用了符合标准的表格，用于得出关于作者或作者所在的机构是否从中获利的信息。他们所使用的“模板期刊”术语，是用于刻画这样一组期刊：这些期刊要求作者在一系列有关所有合著者金融利益的标准化陈述中选择，并且它们在每一篇文章中以陈述形式或符号形式来发表作者的反应。

他们样品中的6种模板期刊分别为：①*Journal of Bone and Joint Surgery*（包括美国卷和英国卷）；②*Journal of Hand Surgery*（美国卷）；③*Journal of Refractive Surgery*；④*Investigative Ophthalmology & Visual Science*；⑤*Archives of Physical Medicine and Rehabilitation*。例如，*Archives of Physical Medicine and Rehabilitation* 要求作者提交关于金融利益的四种陈述中的一种：一是表明金融利益是作者直接获得的；二是表明金融利益是作者所隶属的组织所获取的；三是表明研究结果对作者或其组织无经济上的利益；四是表明作者不去选择上述公开陈述中的一种。*Journal of Bone and Joint Surgery* 的美国卷和英国卷都要求撰写者在五项选择中进行选择，最后一项断言作者选择不提供公开信息。*Journal of Refractive Surgery* 和 *Investigative Ophthalmology & Visual Science* 提供了一些关于金融利益的特定类别的模板，前一种期刊提供了7个类别，后一种提供了17个类别。除了 *Journal of Hand Surgery* 之外的5种模板期刊，都在10种高公开率的期刊之内；但这些期刊关于作者的财务关系没有任何特殊的地方。

这6种模板期刊的利益冲突的总公开率（既有正面的也有负面的），比其他任何一种期刊都要高出很多。但是，这6种期刊中的5种并不要求作者公开某些有某种利益的商业实体的名称，或者并不要求作者公开这种利益的特殊性质。

另外，有3种模板期刊中的作者可能要审查这样的陈述："我们不选择任何一种公开陈述。"具有这一选项的三种期刊中，仅有7篇1997年发表的论文引用了这种不公开的选项。这表明：那些被要求的期刊在作者中具有很高的参与率。他们把这些"我们不选择任何一种公开陈述"的类别看作是"我们不愿意参与财务公开"的代表。

在对期刊编辑的调查中，有72.4%（71，$n=98$）的编辑说他们很少或从未与作者讨论过是否应该发表对利益冲突的公开；73.7%（84，$n=114$）的编辑说他们总是或几乎发表这样的公开，虽然有10.5%（12，$n=114$）的编辑从未这样做。

绝大多数的期刊编辑（60.2%，77，$n=128$）从未拒绝过那些主要基于利益冲突的稿件，但有18.8%（24，$n=128$）的期刊编辑因为这些稿件主要基于利益冲突而被拒绝了，19.5%（25，$n=128$）的期刊编辑仅仅是因为连带其他因素而拒绝了。

研究表明了编辑对质询关于谁接收和谁提供利益冲突信息的响应。1/3的期刊要求来自同行评审的利益冲突信息（35.6%；47，$n=132$），而有近一半的期刊（48.8%；62，$n=127$）要求来自其编辑的利益冲突信息。

四、结论与建议

基于他们抽样的1396种高级别期刊，他们发现：1997年中，有15.8%的期刊有关于利益冲突的政策。在抽查的181种实施利益冲突政策的同行评审期刊中，有86.7%是医学期刊（$n=157$），有13.3%（$n=24$）是科学期刊。相比之下，在他们抽样的1396种高级别期刊中，医学期刊只占到了34%（$n=474$）。他们认为，医学期刊在实施利益冲突政策中占较高比例，是因为医学研究比基础科学更多地受到公众监督和媒体关注。因此，医学期刊编辑更赞成在出版物中公开个人的金融利益。一项调查发现：20世纪90年代中期，那些声称在自己出版物中写明针对作者的利益冲突政策的期刊中，在所有医学期刊中占到了34%，在发行量超过1000份的美国医学期刊中占到了46%。

在抽查的那些于1997年实施利益冲突政策的同行评审期刊中，他们发现：原创性研究项目中，至少有0.5%（$n=327$）的研究正面公开了个人金融利益，而65.7%的期刊却没有正面公开作者的个人金融利益。他们对期刊编辑的调查表明：绝大多数通常都发表作者的公开陈述。这意味着个人金融利益的低公开率，或者是由低比率的金融利益（没有什么可供公开的金融利益）造成的，或者是由作者对期刊利益冲突政策不遵从造成的。

基于前面提到的试点研究、模板期刊中的高公开率和生物科学中的商业化倾向，他们认为：在绝大多数实施利益冲突政策的期刊中，不遵从期刊利益冲突政策是对个人金融利益的低公开率的最佳解释。模板期刊所采取的方法，虽然公开了金融利益的具体细节，但唤醒了读者的广泛警觉，所以更值得编辑关注。

第九章　英国大学科学利益冲突的政策与指南

这一章我们仅选择英国具有代表性的剑桥大学和牛津大学，介绍和评析这两所大学的利益冲突政策。

第一节　剑桥大学的利益冲突政策与指南

一、指导思想

这个政策的目的是保证教职员在履行专业职责的过程中的行为规范，避免偏见，杜绝迷信权威和利益冲突，保证他们不以非专业的方式发表评论。该政策为预防利益冲突建立了一个框架，并为与其亲属工作关系密切的教职工提供了清晰的指南。

（1）保证公正、公平、无偏见地对待教职工。

（2）保证教职工知道当与亲属一起工作时何时申报或者披露任何利益冲突。

（3）阻止潜在非专业行为如偏见、裙带关系和不公平行为的发生。

（4）保证关于教职工或未来教职工的决定无成见、公正和判断正确，使教职工的权利在最严格的审查下得到保证。

二、指导原则

（1）教职工不应将自己置于这样的境遇，其中其他人可能有理由相信已经存在或者可能存在利益冲突或者不适当行为。

（2）教职工应感觉到他们被公平、公正、无偏见地对待。

（3）剑桥大学不应由于其教职工的不适当行为而使其声誉蒙受损失。

三、避免与消除利益冲突

（1）如果教职工参与招募工作，其中申请人是其亲属，他们需要公开利益，也就是说，不允许任何教职工参与有其亲属作为候选人的招募活动。

（2）教职工不应独立实施面试，若他们的直接管理员是候选人的亲属。不过，他们可以是面试小组的成员，而且已将亲属关系报告给面试小组。

（3）严格讲，亲属之间不应该有管理关系，无论是直接的还是间接的。这包括做决定、评价、申诉、违纪案件、培训、提职和提薪。

（4）如果某人被指派到其亲属管理的职位，这种关系需要公开而且得到评估。如果必要，或者更换管理人，或者给某人另指派新职位。

（5）如果不能识别选择性安排，一个独立的高级管理人应该监管任何决定。

（6）如果教职工确信他们已经处于冲突境遇，如与其亲属在一起工作，或者其同事与其亲属一起工作，他们有责任向相关管理人报告此问题。

（6）如果教职工有机会接触到关于其亲属的涉密信息，此信息必须根据涉密规定严格管理，相关管理人应尽可能避免产生利益冲突。

（7）如果存在亲属关系，或者在指派后形成亲属关系可能产生利益冲突，教职工必须及时向相关管理人报告。

（8）如果管理人对处理可能的利益冲突有困难，他或者她应该及时向其上级主管领导报告。

（9）教职工有责任保证在工作期间安排好自己的孩子，避免因孩子的问题影响工作，如果将孩子带到工作地点，就要调整工作或移交工作，也即禁止将孩子带到工作场所。

（10）如果教职工在家里工作，应该保证家庭事务不影响本职工作。

（11）教职工不应向其亲属提供工作机会或者为其亲属的工作支付报酬。

四、剑桥大学学生联盟的利益冲突政策

（一）一般原则

受托人包括研究者不能从其慈善团体或基金会接受任何利益，包括服务、设备、资金或者其他可计量的价值，除非法律规定或者慈善团体委员会授权允许。受托人不应使自己涉及个人利益或陷入与自己的职责相冲突的境遇，除非他们的利益是法律允许的，而且任何利益冲突适当地和公开地得到处理。

（二）利益冲突的形式

利益冲突涉及受托人的直接经济收益或利益，包括以下几方面。

（1）慈善团体提供的服务报酬。

（2）另一组织给予的奖金，在这个组织中受托人有利益，而且从该组织获得经济利益。

（3）在另一个组织中任职。

（4）个人或其家庭成员持有股权、投资或者其他商业利益。

（5）受托人在慈善团体中任职，即使他/她辞职而在其中做其他工作。

（6）间接经济利益，如受雇于慈善团体的受托人的配偶或者合伙人，他们之间有利益关系。

（7）非经济利益，如受托人同时也是慈善团体服务的享用者。

（8）忠诚冲突，如受托人的家人或者朋友被慈善团体雇佣，他们之间存在个人关系，容易导致利益冲突并引起怀疑。

（三）利益冲突的避免或消除

受托人有责任避免涉及直接或者间接利益冲突，一旦有利益冲突，就要尽可能减少或者消除它们，这样的境遇可能包括以下几方面。

（1）如果受托人在任何一项慈善团体的交易或者安排中涉及直接或者间接利益，受托人需要及时公开其利益。

（2）受托人可能不接受礼品或物品，除非不这样会损害与外部实体的关系。任何礼品或者物品应该向总经理或者校长报告。

（3）任何奢侈的礼品或者贿赂，必须立即向总经理或者校长报告，以便总经理及时采取行动阻止这种不当行为的发生，或者及时决定终止与外部实体的关系。

（4）涉及冲突的个人关系应该及时得到披露，与外部实体的关系也要及时披露。

（5）一旦发生利益冲突，慈善团体委员会希望受托人能够识别利益冲突，如果受托人接受了物质利益，必须向委员会报告，且得到许可；即使受托人没有接受物质利益，也需要向总经理或者委员会保证潜在利益冲突会得到披露和处理。

（6）利益冲突应该根据慈善团体的规定及时得到公开，如果必要，潜在利益冲突的披露需要总经理或校长的批准，同时让受托人知晓。

（7）详细登记和披露受托人利益的资料由总经理或者校长保管，或者由专门指定的其他人员保管。

（8）受托人必须公开他或者她在一个项目中的任何利益冲突，而且这些利益在讨论该项目之前就在受托人董事会或者其他会议上公开讨论过。

（9）披露利益的存在和消除已有利益冲突需要在慈善团体委员会会议上讨论并做出决定，即使受托人没有接受任何利益。受托人没有资格在所涉及的项目或者问题上投票，除非受托人得到委员会的批准或者授权。

（10）如果受托人在休假期间或者作为受托人身份获得个人利益，即使这些利益是得到委员会认可的，也必须在董事会会议上公开说明。

（11）如果委员会没有授权或者委员会没有做出决定，涉及利益冲突的受托人不能参加董事会，也没有资格参与相关问题的投票。

剑桥大学的利益冲突政策简洁明了，而且说明了问题，值得我国的大学效仿和借鉴。

第二节　牛津大学的利益冲突政策与指南

一、政策声明

（1）牛津大学鼓励教职工从事广泛的外部活动，如为政府、商业部门、企业、社区活动中心服务，提供专业咨询、专业实践、国际合作、研究与发展、智力支持、许可证发放等。

（2）这些活动具有公共利益，也对大学和个人有益。然而，它们可能产生利益冲突，无论是潜在的还是实际的，感知的还是声称的。

（3）所有教职工需要认识和披露可能产生的利益冲突，保证这些利益冲突能够被管理或者被避免。

（4）如果存在利益冲突，它们必须得到及时披露和处理，不能因此影响或者损害大学的声誉和个人的利益。

（5）该政策鼓励和促进外部活动，同时保证当利益冲突发生时，或者认识到存在利益冲突时，必须及时处理与披露。

二、适应范围

（1）该政策适用于牛津大学的所有教职工、所有在大学工作的委员会及其全体成员，包括仍做研究的退休人员、附属公司、学生组织等。

（2）每个教职工有责任认识这样的境遇，其中他/她有利益冲突，或者被合理地认为有利益冲突，有责任依据规定的程序披露利益冲突。

（3）如果个人对此政策不了解，他/她应该向大学的利益冲突委员会咨询，以免影响自己的工作。

三、利益冲突的识别

（1）当教职工或者学生承担对大学或者其他实体如基金会的责任和义务可能被个人的利益、其家庭成员或者亲属的利益损害时，或者与其承诺的其他实体的责任和义务相冲突时，利益冲突就产生了。

（2）可能存在这样的境遇，其中当没有冲突实际发生时，利益冲突已经出现。因此，当评估潜在利益冲突时，教职工和学生一定要意识到其他人可能已经察觉。这一点很重要。

（3）披露可能冲突的责任适用于察觉的冲突而不是实际存在的冲突。不过，如果这种境遇不能合理地认为产生了利益冲突的话，这种责任就没有被违反。

（4）利益冲突可能是金融的或者非金融的或者二者兼有。

（5）金融利益冲突是指，存在或者可能存在个人的金融利益或者其亲属或朋友的金融利益的机会，这种机会可能影响个人的行为、判断或者决策。

（6）金融利益意指任何形式的货币价值，如服务费、权益收益（如股票、股票期权或者其他收益）、知识产权收益（如专利、版权和专利税）。

（7）金融利益的强度不是是否披露冲突的决定性因素。对一个人不重要的利益对另一个人可能非常重要。无论金融利益多么小，披露是最好的方式。如果利益可能被提供给某人，或者被其他人认为可能提供机会刺激或者影响当事人的行为，使得他/她有机会影响大学的决策或者活动，此时利益冲突就会产生。

（8）非金融利益也能够产生冲突，或者被认为能够产生冲突，只要受托人的责任和义务与其承担的角色发生冲突，如受托人既是大学的职员，同时也为其他实体工作，这两个角色的责任发生了冲突。

四、操 作 程 序

（1）每个教职工和学生的责任是披露任何利益冲突，或者任何有可能产生利益冲突的环境或者条件。潜在的利益冲突与实际利益冲突同样有害。

（2）一般规则是，当利益冲突发生时就立即披露，或者当察觉到存在利益冲突时立即向相关管理人报告。当管理人涉及其中时，要向更高一级的管理人报告。

（3）对于本科生，学生应该就相关问题向他/她的导师咨询。对于研究生，学生应向其监管人报告。当学生与其导师或者监管人之间存在利益冲突时，学生应向所在学院领导报告。

（4）许多境遇仅仅需要公开和对公开做记录，记录需在学院备案或者存档。

（5）如何实际处理冲突需要得到多方的同意。采取的方式要形成文件，并提供给相关部门。以下是适当的利益冲突管理方式：不参与某些问题的讨论；不参与相关问题的决策；参考其他问题决策；不让个人的监管人参与其中；剥夺受托人的某些金融利益；发表利益通告；不参与相关研究项目；向赞助商或者第三方公开利益。

（6）涉及利益冲突的个人有责任遵从已达成的协议。

（7）任何未解决的问题应提交利益冲突委员会。如果有困难，利益冲突委员会会向理事会咨询。

（8）在某些特殊实例中一般程序不断变化，需要进一步的具体措施来说明，因此不仅需要学院领导批准，还需要指派的大学领导批准。

（9）相关部门的领导被要求通知利益冲突委员会采取行动，教职工要服从大学关于利益冲突的政策和规定。

(10) 利益冲突委员会会议制度：在学术年的第一次会议上，大学的每个委员会应该有一个关于利益冲突的经常性议事日程的条款。该条款应该涉及什么是利益冲突，在利益冲突发生后委员会成员应该如何披露。议事日程包括：委员会成员要披露能够产生任何利益的冲突，所有被披露的利益要有会议记录。如果成员缺席会议，要得到会议主席的批准。

(11) 外部利益的年会公开制度：除根据以上程序披露任何利益或者潜在利益外，下列任职者也需要向利益冲突委员会提交关于外部利益的年度报表——大学副校长、前任副校长、注册主任、委员会所有成员、所有审计和监察委员会成员、学监及其助理、部门领导、主导大学事务的其他实体的主席、大学附属公司的主管及利益冲突委员会成员。

(12) 检查利益冲突披露的人员有权与利益冲突委员会主席接触。

五、利益冲突委员会的职责

牛津大学设立了利益冲突委员会专门处理利益冲突问题。委员会的负责包括以下几点。

(1) 在适当条件下向大学团体、ISIS 创新有限公司[①]、指定仲裁员的机构和每个教职工和学生提出建议。

(2) 监督大学利益冲突政策的执行，根据外部团体制定的好的实践和经验提出建议。

(3) 保证有适当的系统提升和监督利益冲突政策的执行和实施。

(4) 评估外部利益的年度披露报告，监督大学团体的利益冲突行为。

(5) 在遇到困难的情况下向董事会或者任何相关委员会提出适当建议。

(6) 向相关个人提出建议。

(7) 代表大学董事会执行大学利益冲突政策。

(8) 向董事会报告年度利益冲突披露情况、委员会执行政策情况等。

---

① 这是以牛津镇的一条叫作 ISIS 的河流的名字命名的公司。

第十章 科学利益冲突的问题与政策咨询

科学家们在许多活动中都提到或者涉及利益冲突的问题。这些活动包括研究成果的出版，同行评审（研究性文章、经费申请书、晋升委员会等），科学咨询委员会、机构审查委员会和管理审查委员会的审议。目前美国学界已经提出了几个关于利益冲突的定义，它们都具有一定的合理性。其中，有两个定义具有代表性：一是，当某人的私人或其所在的机构利益与其所处职务的公务或其所托机构的职责存在冲突时，该个人就存在利益冲突；二是，当某个人同时对两个不同机构负有忠实义务或责任时，且这两项义务很可能被该人所从事的科学活动所影响时，那么该个人就处于利益冲突中。术语“利益”是指金融关系（如雇主、雇员、顾问、股票持有者、投资者等）或非金融利益/关系（如家庭成员、导师、学生、专业上的同事、共同作者等）。大多数现有的利益冲突政策强调金融或者经济上的利益冲突，而忽视非金融、非经济的利益冲突；但是，非金融的利益冲突同样很常见和重要，在未来，它们应该且很可能受到更多的关注和更高程度的审查。

第一节 科学利益冲突中的一些重要问题

一、偏见的必然性与忽视利益冲突的问题

一般而言，认识偏见与冲突是不同层次的事情，因此认识到偏向与冲突之间的差异就是很重要的。因为科学家既在提出科学假说又在检测科学假说，人们普遍认为在科学事业中真正固有的是偏见而不是冲突。虽然有些人对此有争论，但事实上这一点已经得到了证实，而且有大量的行为科学研究证据加以支持。例如，研究表明：提出和检测假说的过程（这是科学活动的基本构成部分）会使得发展该假说的科学家形成某种预期/偏见。

一般来说，研究者想让观众知道他在研究中是没有偏见的。他们在某一研究机构工作，工作目标是明确的。因此，它合理地证明了在科学中，以及在科学家的圈子里，无意的偏见是普遍存在和不可避免的。它应当与有意的和过分的偏见区分开来，这种偏见是不可接受且可以避免的。利益冲突应当被尽可能地避免，因为它会潜在地削弱科学活动本身的诚信，即客观评价可能支持或驳斥某个科学假说的证据/数据的能力。而且，利益冲突的限度或处理不当可能会危及公众对科学和科学家的信任及社会的道德制度。因此，一般而言，科学家都认为不如实

披露利益冲突是不可接受的行为，应当有一些机制来确保和实施科学家关于利益冲突的透明度。

二、科学合作和利益冲突政策问题

金融和非金融的利益冲突，在任何学术、工业、政府或非政府机构中都潜在地存在。关注利益冲突的学者认为，在利益冲突政策指引下的广泛的科学合作和交流中（事实上，这些合作是被极力鼓励的，而且在一些情况下会要求学科和跨学科合作），可能会严重限制那些活跃的（也许是最值得尊敬的）科学家的科学活动。在极端的情况下，如果某个专业领域的科学家与该领域的其他每个科学家进行专业交流，他/她就不可能审查任何手稿或经费申请书，也不可能参与任何同行审查和咨询委员会，以及对他/她的事业而言非常重要的活动。然而，这并不是容忍冲突和在科学领域严格执行利益冲突政策的止当理由，它仅仅是要求找到一个公平的、有资格的个人，这个人与该特定的科学活动没有冲突。

三、科学咨询委员会弃权声明的问题

在美国，科学咨询委员会在评估当前和发展未来的科学政策中发挥着重要作用。为科学咨询委员会服务的个人通常会选择以下三点。

（1）相对于该委员会而言具有较高的学术声望。

（2）就委员会而言，能获得功能性平衡。

（3）使不同的观点获得平等的表达。

如果委员会成员受聘为“特别政府雇员”，他们就必须遵守联邦利益冲突政策，而有利益冲突的个人不得受聘。但是，随着具体情况的不同，利益冲突披露政策也会不同。因此，一旦出具了利益冲突政策规定的弃权声明，或他/她的冲突被完全披露，他/她就可以就职于咨询委员会。出具弃权声明的做法很普遍，但是仍然存在争议。比如，在毒理学会研讨会中，专家的意见存在分歧。一些人强烈地、无条件地反对这种做法，尽管他们同意在一些情况下成立顾问团的代理机构可能想通过放弃利益冲突以获得想要的专家意见，但是这种例外情况极其罕见。一些人强烈呼吁弃权声明的政策是合理和必要的，这样可以得到想要的关于利益冲突的陈述，获得必要的专家意见。

四、工业赞助研究的作用和诚信问题

我们以美国工业毒理学会为例。一些学者认为，工业毒理学会在化学和药剂方面所获得的研究数据的作用是有争议的。参加毒理学会研讨会的一位工业代表指出，对用于商业用途的化学化合物进行高标准的审查是一种“道德义务”。该观点认为，应当制定许多保障性措施以确保这类行业赞助研究的质量和诚信，包括如下措施。

（1）在同行审查期刊中，审查赞助者希望和鼓励公布有利与不利的审查结果。

（2）大多数期刊要求披露行业基金。

（3）同行审查程序公正。

（4）审查报告应该符合工业毒理学会审查指南、优良实验室实验规范和信息质量法，它们都要求数据的准确性、可靠性和完全可用性。

（5）工业毒理学会对于报告不利影响研究数据有严格的操作指南。

（6）压制不利研究结果的，很可能会承担惩罚性的民事责任。

（7）科学活动本身会导致独立的审查活动和研究成果的验证活动。

但是，以往关于行业赞助研究的主张在毒理学会研讨会中受到了质疑。工业赞助研究的一些报告表明：有工业赞助的大学教师拒绝与同事分享研究结果、生物材料的人数，是没有工业赞助的大学教师拒绝与同事分享成果的人数近两倍。一些研究还表明，工业的金钱赞助更容易导致对该工业产品的积极性结果。同时，工业研究项目的透明度也受到了质疑，因为只有一小部分的工业赞助研究公布在同业审查文献中，或能为科学界及公众所了解。事实上，在毒理学会研讨会中的工业代表承认，大部分工业研究在审查管理期间会根据工业毒理学会的规定被视为“保密的商业信息”，禁止公开披露研究结果。尤其是在农作物保护行业，按照《联邦杀虫剂、杀菌剂与杀鼠剂法案》（FIFRA），制造商在申请添加新活性成分的申请期间，禁止公开披露。这涉及商业信息保密问题。另外，根据政府指南，毒理杂志通常与管理审查的结果无关。

五、处理利益冲突涉及的“道德盲”问题

近年来，许多科研机构已经制定了或正在制定处理利益冲突问题的战略和政策。这些政策或多或少都依赖于披露机制来处理利益冲突。虽然，这些做法现在很普遍，并广为人所接受，但有人认为冲突中的个人很难承认他们自己所面临的冲突。因此，即使是道德水准高的人，当存在冲突时，也会有认识盲点，这阻止他进行严格的自我评价。如果这一点成立的的话，那么很多披露政策就会面临危机，因为这些政策建立在冲突中的个人能够识别并披露该冲突，并要求撤换自己，或者调换到其他适当的岗位以解决冲突的假设之上。如果这是一个错误的假设，那么就会多次地破坏公众对科研活动的信任。更糟糕的是，还没有一个简单的办法来处理该问题。如果个人不能识别和对自身所处的冲突做出正确判断，那么他就可能就委员会的任命问题做出不恰当和不道德的决定。尤其是，滥用的潜在性仍然存在，因为当科学委员会的候选人自身无法识别利益冲突时，他是不合

资格的，同时由于知觉盲的易传染性，也没有其他人来质疑他的资格问题。

六、建　　议

毫不奇怪，利益冲突披露政策的成功与失败是许多研究机构和专业学会的主要议题之一。一些科学家非常不满意这些政策，他们认为这些政策很少被遵守，所以并没有起到为公众利益服务的目的。例如，1977 年的一份对 181 家排名较高的科学杂志所做的调查报告显示，在 6 万多篇文章中，只有 0. 5% 的文章进行了利益披露①。目前，公众利益科学中心（Center for Science in the Public Interest, CSPI）② 的另一份研究显示，发表在 4 家顶尖杂志的所有文章，有 8% 的作者没有披露存在的利益冲突③。

另外，联邦咨询委员会的利益冲突问题常常被忽略，或者通过弃权声明被免除，而且没有机构对监管机构制定的与利益冲突问题相关的管理文件（除了食品与药品管理局）进行监管。针对利益冲突政策中明显的披露政策的失败，公众利益科学中心已经提议，不但要增加食品和药品管理局在规划方面的职权，还要增加临床试验的执行权，以及设立改革食品和药品管理局的咨询委员会。

下面的两项议案已经被提上了议程。

（1）建立临床试验登记处，以控制临床试验相关数据的公布。

（2）建立独立的联邦药品安全办公室。

当然，这些改革的基本理论也受到一些科学家的质疑。他们认为当前的披露政策是成功的，而且能够有效地维护公众健康和科学研究的诚信。

概言之，研究利益冲突的目的是要提高科学界对于利益冲突问题复杂性的认识。有关专家希望不但能够提高对于这些问题的理解，而且能够提出当前及未来科学中利益冲突存在的一些问题。

第二节　为什么要关注科学中的利益冲突

研究人员有一个传统，即自由探索和自由交换想法。科学研究的目的是创造知识、批判现有的知识和传播知识。信任是道德价值的核心，科学的根本目标是

---

① Krimsky S, Rothenberg L S. Conflict of interest policies in science and medical journals: editorial practices and author disclosures. Science and Engineering Ethics, 2001, 7: 205-218.

② 公众利益科学中心是位于华盛顿特区的一个非营利监视者和消费者协会，它积极提倡更安全和更健康的食品。

③ Center for Science in the Public Interest. Project to Empower Students to Transform the Campus Drinking Culture: Survival Skills for the Successful Advocate. Washington DC: Center for Science in the Public Interest, 2004.

追求真理。因此，一个建立在信任基础上的关系是必要的，政府、研究赞助商，还有公众是这个关系中的主要因素。客观性是这种信任的根本。

利益冲突是内在于研究的事情。这就是为什么科学利益冲突会如此严重。一个冲突不仅可以导致伤害或伤害到特定的研究对象，在更大的范围，利益冲突会损害整个科学研究事业，使得信任和信心减少，所以在美国人们一般都会关注利益冲突问题。

一、利益冲突的再定义

利益冲突不仅包括金融的或者经济的利益，它也涉及滥用——实际的、明显的或潜在的，甚至包括对专业人士的信任。最简单的工作定义的境遇是：利益冲突是这样一种境遇，金融或其他个人因素有可能对专业判断和客观性采取妥协或产生偏见。一个明显的利益冲突是一个理性的人会认为专业人士的判断很可能是妥协的。一个潜在的利益冲突涉及一个境遇，可能会发展成一个实际的利益冲突。重要的是要注意，利益冲突的存在与否取决于个人利益，利益冲突意味着只有潜在的偏见，而不是一种可能性。同样重要的是，要注意利益冲突不被认为是科研不端行为，公认的科研不端行为目前仅限于捏造、伪造、剽窃等行为。

在当前阶段，定义为不端行为（捏造、伪造、剽窃）正在等待接受 PHS 的验收。有很多种类的利益冲突，它们出现在不同的机构及所有学科。而利益冲突，适用于一个“广泛的行为和情况下”，它们都涉及使用一个人的权力为个人和经济利益服务。

利益冲突可能包括个人及机构。而且个人在某些情况下，可能会有冲突发生在个人和制度层面，可能发生在成员之间的制度复查部之中。利益冲突大体上分为两类：无形的，涉及学术活动和奖学金；有形的，涉及金融关系。仅仅依靠提高研究者对无形利益冲突的敏感性，利益冲突是很容易被错过的。定义和描述特定类型的利益冲突将涉及个人、IRB 成员和机构。

二、个体的次要利益冲突

客观性对于科学发现是必不可少的。但是，在发现中偏见产生的判断几乎不可能消除。在那里经常是很微妙的和不那么微妙的，压力会影响研究者的感知和行动。所有的研究人员都理解出版、获得资助、任命、晋升、获得同行尊重的压力。许多科学家梦想争取最终的验证和最高级的认可——诺贝尔奖。

为了成功，有无数偏见会影响判断和减少客观的区域。想验证一个充分的物理理论，对一个特定概念的过度自信，对一个拥有同一个信念的特殊群体的过度依赖，排除数据并不支持假说和内部或外部压力来获得一个特定的结果都会有影响，很可能会导致扭曲的客观性。任何这些偏见或压力可能导致社会学家称之为“选择性非注意”（inattendance）的情形。科学家的思维方式会导致他/她忽略重要数据，或误解关键的观察。偏见可能太微妙以至于不能识别和难以控制。它可以影响研究者如何进行研究问题的选择，研究参与者的选择，以及如何将数据收集、分析、解释并最终发表。不管科学家描述杯子是半空还是半满，都是受其期望的结果影响的。研究表明，偏见甚至可以影响分享的研究结果。

（一）学术的利益冲突或知识偏见

研究型科学家们有特殊的责任传播知识，维护学术标准，批判当前的知识状态，综合现有的知识，并应用知识去解决基础和应用问题。同行评审系统是科学过程的基准。一个学术的利益冲突可能发生，如果个体干扰了对于一些类型的无形的个人利益的同行评议过程。例如，偏见会导致一个评论家对一部手稿做出积极回应，因为它显示了一种方法或在过程中评论家有个人的利益，或者一部评论家为了加强他/她自己的出版物或资金的机会，可能推迟竞争对手的手稿出版。

比如，马萨诸塞州综合医院的一名研究人员和其他人研究了出版物的作者，发现消极的成果不太可能被出版，即使积极的发现成果被认为有利于作者，也仍然要保留。在一项研究中，20%的研究人员推迟发表报告的结果是出于自己利益的考虑。这些都是无形的利益，并且对于每一个研究者都是固定的[①]。事实上，这些无形的利益有时难以识别，但它们却是压倒性的，尤其是当一个未来的位置或生计取决于这些公共的成就时。这些是知识偏见的来源，长期以来一直被研究团体所关注，但也必须被个人研究者认识和解决。

（二）其他类型的利益冲突

除了学术的利益冲突外，还有其他可以客观妥协的无形冲突。例如，当对利益冲突做出承诺，或者称为义务的利益冲突时，就会出现程度不同的冲突，如所花费的时间用于教学、研究，或是服务于雇主。大多数大学都有政策允许教员有20%的时间，或者每周一天的外部活动。良心上的冲突发生在个人信仰方面，它也影响研究的客观性。例如，一个科学家可能使用人类胚胎干细胞进行研究，一个关于流产的特定视图影响他/她的观点的科学价值。

（三）临床研究

临床研究人员认同三个基本要素：科学的完整性、病人安全、研究者的客观

---

① Blumenthal D，Campbell E，Anderson M，et al. Withholding research results in academic life science. Evidence from a national survey of faculty. JAMA，1997，277（15）：1224-1228.

性。然而，这些研究人员有可能体验到利益冲突，由于他们具有无私奉献，追求知识，努力维护福利和美德的人类志愿者参与他们的调查。研究者的偏见及临床研究上的潜在风险和回报客观性尤为受到关注。

在这里，偏见在判断方面可能不仅影响问题的研究和选择设计，也影响选择和保留研究参与者，报告和熟悉的不良事件，收集、统计分析、解释和报告的数据。在临床设定上，偏见和客观性的缺失不仅会损害整个研究事业，也会降低在研究上的公众信任，甚至还可以导致伤害并且伤害人受体。

历史上有两个著名的关于研究伦理的例子，这是研究中存在利益冲突的极端例子：塔斯基吉梅毒研究黑人男性（1932～1972 年）和柳溪肝炎研究（1963～1966 年）。临床研究人员在这两项研究上都如此沉迷于科学方面的项目，以至于他们忽略了福利，并且最终伤害了这些人受体。

在评估利益冲突的时候，我们需要考虑可能的偏见及利益冲突的影响，因为有时影响可能是致命的。有关专家呼吁人们要关注在临床研究上的利益冲突，甚至在著名的机构如宾夕法尼亚大学、弗雷德哈钦森癌症中心和波士顿的圣伊丽莎白的医疗中心。在这些情况下，就会出现利益冲突的表现，更出现了研究死亡的事例。

那么，如何采取保障措施预防这些利益冲突呢？看来还需要回到科学方法上。科学方法包括一系列的步骤，以确保研究的结果是公平的和可复验的。这些步骤包括：通过观察确定一个问题，制定一个假设，通过数据收集和分析测试这个假设，并得出一个结论，证明或未能证实这个假设。幸运的是，存在可以在合适的位置来帮助减少偏见和改善客观性的保障，尽责应用科学的方法就是这样的保障。进行临床试验，随机对照试验设计或一个数据和安全监测委员会（DSMB）可能会需要，因为警惕总是必要的。

不过，在美国临床研究的商业主义比较盛行。研究团体长期以来公认了学术利益的冲突。然而，最近在研究企业上已经发生了巨大变化，即对加速商业化的生物医学研究的关注日益增长。一些统计数据说明：由制药公司投入的研发费用从 1977 年的 1.3 亿美元增加到 2002 年的 32 亿美元，仅仅在 25 年里就增加了 24 倍，美国药品研究与制造商公司单独使用 R&D（研究与发展）制药，远远高于整个 2002 年 NIH 操作 24 亿美元的预算。而且私人执业医师参与药物研究的数量在 5 年的时间里增加了 60％ 。相反，在同一时期，与整个行业的稳步增长相比，进行实验的比例在学术医疗中心从 80％ 下降到 40％①。

显然，商业主义正在推动科研机构发展，并且事实上，这确实是有益的。然

① Nelson D K. Conflict of interest: researchers //Amdur, Bankert. Institutional Review Board: Management and Function. Sudbury, MA, 2002: 197-203.

而，缠绕在一起的学术研究和商业利益会导致金融利益的冲突。一个金融利益冲突涉及一些类型的金融支付，如咨询费用、公司股权或其他货币奖励，它会影响一个人喜欢一类而不喜欢另一类。这显然是有问题的，特别是当它们与正在研究或赞助研究的相关产品有关时。

金融的利益冲突被认为是有形的冲突，因为它们可以被看到和测量到。虽然它们比无形的利益冲突看上去更容易处理，但它们实际上可能不容易处理。财务安排与赞助商正在影响科学活动的许多领域。一个日益增长的趋向表明：一种不良的研究和创业环境会改变出版事业，影响研究人员和临床医生的即定模式。

然而，微妙的和直观的科学歪曲很难被发现。无形的利益冲突，如前所述，是有问题的，但是它们被广泛认可和共享。是什么吸引了美国联邦政府、科学界和公众呢？是那些被金钱所引发的冲突和金融关系，它是有形的利益冲突。许多人担心，这些关系的代价可能会影响科学本身的完整性。

（四）贝赫-多尔法案的影响

科学上的商业主义崛起的历史是有启迪作用的。1980 年以前，联邦政府保留了它资助研究和发现研究的权利。与此同时，生物技术公司都难以获得许可去生产和销售它们的发现。研究企业在此期间没有蓬勃发展。国会在 1980 年回应了贝赫-多尔法案，该法案说明：接受联邦基金获得他们在联邦政府资助项目的发明所有权，把技术转移到私人部门。它要求联邦政府资助的研究人员获得产品研发的专利权，寻求商业机会，并将他们在使用上的发现报告给美国国立卫生研究院。贝赫-多尔法案实质上取消了不允许校园创业的禁令，并且允许学术研究人员在他们的研究中发挥积极作用。这一法案有一个巨大的好处，尤其是鼓励甚至劝告现在的大学生们，他们的教师为他们的发现申请专利。当然，这使得大学很大地得益于共享版税。最终，许多大学都在它们与它们相关的行业蓬勃发展起来。

事实上，在赞助学术研究的公司，大多数要求它们的研究人员拒绝超过申请专利的限定时间，或提供领先竞争对手 6 个月的结果。但是，创业关系有一个缺点。财务安排与赞助商会对出版物产生影响，研究人员和临床医生的处方模式，有用学生或学员参与项目的研究员，可能获得经济上的利益。这种现象是不断增长着的，而且是令人不安的。潜在的或实际的金融利益的冲突是贝赫-多尔法案意想不到的后果。

对此，联邦政府对利益冲突做出了规定，为了应对研究企业的重大变化，1995 年，美国公共卫生服务机构，其中包括 NIH 和 NSF，颁布名为“为促进研究客观性申请者的责任”的法规。这些规定要求研究机构建立标准和程序来确保设计、实施和报告的研究是由不怀任何偏见的金融利益冲突的研究者做出的。为了促进客观规范的研究，联邦法规的目标是管理、减少或消除金融利益的冲突。

这些法规的主要因素包括：不是联邦政府或赞助商的机构有主要责任发展自己的内部政策和程序。该机构是指定一个审查披露重大金融利益和管理利益的冲突的官方组织。

研究人员必须向机构公开任何重大金融利益。该机构如果认为一个研究者有可能影响研究的重大金融利益，必须报告给联邦资助者。对于这些规定，研究者被定义为那些负责研究的设计、实施和报告的人员，他们的配偶和子女也包含在内。

重大金融利益被广泛定义为任何货币价值，可能包括工资或来自一个外部机构的支付服务，以及任何股权（股票）的利益和所有知识产权。它不包括工资、版税或其他调查机构的报酬，来自研讨会、讲座或者公共或非营利实体教学的收入，顾问委员会或评审小组为公众或非营利实体服务的收入。

对股权的限制包括：研究者和他/她的配偶及其子女的价值总数不超过10 000美元，并且不代表在任何单一实体超过5%的所有权。或者说，总工资、版税，或其他从外部源支付的收入预计不会超过10 000 美元。规则定义，一个报告重大金融利益的任何货币价值包括股本权益（如股票、股票期权或其他所有权利益）的限定值，其价值超过10 000 美元，并且代表在任何公司不超过5%的所有权利益，无论价值如何，如果股权或所有权权益是保存在一家经济利益将合理受到研究者活动的影响的公司的话。根据这些规则，所持股本权益的研究者的配偶和依赖于其的子女一起来确定进行信息披露的限定值。

"重大"这个词已经成为有争议的概念，考虑到创业环境，很多人觉得当前定义的限定值是不恰当的和不切实际的。也就是说，联邦法规是有问题的。1998年，FDA 发布要求披露赞助商的最终规则，报告说，它们的研究人员的金融利益都低于25 000 美元，这是一个更现实和更合理的数字。许多机构和联邦政府目前正在审查现有的定义和政策，新的指导或法规可能即将出台（实际上2011 年已经出台）。

（五）专业社团和协会

许多专业社团和协会，如 AAMC、AAU 和政府关系委员会（COGR）[①]，已经制定并发展了利益冲突的政策。

信息披露被很多人视为管理利益冲突的最好的手段，但也有一些人认为，金融冲突永远无法管理。临床研究人员必须能够在一个公正和客观的摆脱造成重大

① 国家关系委员会是一个在美国由150 所研究型大学、附属医院和研究机构组成的协会，致力于与联邦机构的发展产生共识，其政策和管理条例对其成员的学术不端行为产生影响。

金融参与商业赞助研究冲突的方式下设计和开展他们的研究。在这种情况下，唯一可靠的保障是为研究者们寻求绝对没有金融关系的支持他/她的研究的实体。这种方法常被称为“零容忍”。

几个专业的社会利益冲突的政策已经发布。这是一名叫杰西·基辛格的患者因被进行基因治疗而死亡后发生的事情。1999 年在宾夕法尼亚大学一个基因转化/治疗实验中，美国社会基因治疗学会（ASGT）在这个方法上一直特别积极，并且第一个采取了“零容忍”政策。ASGT 决定“所有研究人员和团队成员直接负责病人选择、知情同意过程，或者没有股票、股票期权或在临床管理中公司赞助的试验的类似安排”。

美国临床肿瘤学协会在 2003 年发表了一份修订后的利益冲突政策，其中也提倡“零容忍”，说明其成员在审查赞助商过程中不应该持有任何股票或者股权，或收受赞助商的酬礼、礼物，或超过真正研究活动成本的支付，如招聘奖金或鼓励研究早日完成是不允许的。

然而，人们对于信息披露表现出普遍的担忧。学术期刊越来越要求作者列出资助他们研究的公司。通常，这些列表很长，表明研究人员与很多行业有联系。与此同时，研究人员日益关注的是，当不得不披露其财务状况和财务关系时，他们的隐私和违约责任这些担忧可以对信息披露起到威慑作用。此外，人们日益担心，如果研究人员持有股权的一家公司支持他们的研究，这会玷污他们的声誉和工作。一些人担心解决经济利益冲突的主要方面是通过建立一个网站披露作为利益冲突的“警察”的寒蝉效应。

（六）个体层面利益冲突的管理

美国政界和学界一致认为，利益冲突必须认识和识别，然后进行管理、减少或消除。在个体研究者的利益冲突、信息披露和监管的研究方面，由一个独立的董事会处理似乎是最常见的管理策略。具体的步骤可能包括以下三点。

（1）越来越多的期刊要求作者在发布临床试验研究报告时披露其与支持他们研究的赞助商的财务关系。许多期刊现在还要求披露社论和评论。

（2）研究者的金融利益与赞助商的审查可能完全透露给任何人类研究的志愿者。

（3）研究者与赞助商的金融关系应包括在所有书面和口头报告、出版物和摘要中。

根据冲突的严重性，其他管理策略可能包括以下五点。

（1）修改研究计划，包括更改站点的审查判决。

（2）研究的监测由独立的评论家进行。这可能包括特殊的监督和批准的任何咨询协议语言，当教师咨询一家他们还持有股权利益的公司时。在临床研究中，监督过程可能包括参与者的招募和注册、知情同意过程、分析研究数据和随后给赞助商的汇报。

（3）重大金融利益的剥离。

（4）实际或潜在的冲突关系的断离。

（5）研究者对部分或全部项目的研究的不合格审查。

三、制度复查部层面的利益冲突制度

贝赫-多尔法案所提出的问题的复杂性和1995年的联邦法规都产生了有趣的伦理困境。直到最近几年，在制度复查部层次，其中包括IRB参与处理利益冲突的研究人员和IRB成员本身，这个问题还是很少能够得到解决。然而，利益冲突发生在IRB层次是现在公认至关重要的。一些联邦机构和私人组织一直在积极致力于当前的和适当的问题指导。

有许多潜在的利益冲突的来源是内在于IRB的个体和那些来自成员的机构。下面列出了许多来源。

（一）个人层面

（1）成员是一个正在审查的进行研究的研究者。

（2）成员或员工持有赞助商重大金融利益的研究。

（3）向忠诚的同事提交审核。

（4）与成员密切相关的研究领域正在受到审查。

（5）熟悉的领域太宽大。

（6）竞争压力太大。

（7）决策对成员自己工作的影响（如政策变化）。

（8）个人根深蒂固的信仰。

（9）非IRB角色的成员。

（10）合同和赠款。

（11）办公室。

（12）法律顾问。

（二）制度层面

（1）压力或渴望保护机构。

（2）关注机构的声誉或声望。

（3）促进研究，保护研究对象。

（4）低估IRB服务。

（5）潜在的责任。

（6）机构或社区价值观。

（7）迅速评论的压力。

（8）机构股权或所有权。

（9）检查费用。

人们很少知道影响 IRB 的确切性质和程度的利益冲突。由联邦政府授权保护权利和促进人类福利的人受体正在受到关注，IRB 应向人受体提交研究协议，以此权衡风险与收益，确保提供彻底的知情同意过程。临床研究者作为医生具有双重角色，他们的主要责任和义务是确保他/她的病人的个人福利，作为研究者，其职责在于为社会推进科学的进步。

许多 IRB 成员拥有股权利益，这些股权利益可能是在委员们正在审查的公司赞助的研究。在联邦法规的一项协议中，如果成员们或他们的家人有任何可能会影响其成员审议的金融利益，联邦法规要求成员想方设法使自己自行回避投票协议。

现在许多 IRB 向赞助商和研究人员收费，以支付审查他们协议的成本。这引起了人们的关注，IRB 可能批准边缘型协议来维持他们的客户，或者研究人员会货比三家，选择与 IRB 更“友好的”，即有可能批准他们的协议。有时候，机构可能批准一项有压力的 IRB 协议。因此，IRB 必须批准严格的、高风险的研究协议。这些研究可能吸引大量的公众注意力，并且为研究者进行研究提供一个强烈的动机。开创性的研究是必要的，但它将给 IRB 批准该协议带来相当大的压力。协议可能由亲密同事或部门成员提交，目的是提高对决策的忠诚度问题。

研究人员一般要为完整的研究机构和 IRB 描述他们的财务关系，并描述出资研究的披露声明的行为。许多 IRB 包括一个在知情同意的表上通知前瞻性研究参与者的关系的声明（如“靠赞助商支持的研究的研究者”）。然而，现在还不知道这将对研究参与者加入这项研究的决定有什么影响。一些潜在的研究参与者可能会认为，这个声明意味着，如果这项研究成功，研究者会赚钱，参与者将获得更好的一个“双赢”的局面。其他人可能认为，研究者比参与者更感兴趣的是钱。大多数潜在的研究参与者可能甚至不理解问题的复杂性。这是一个需要进一步研究的问题。

不过，在利益冲突的 IRB 层面的管理方面，许多 IRB 目前正在发展战略以应对处理利益冲突可能会干扰他们的客观性和商议。一项最近的报告估计，约 25% 的 NIH 的研究正采取行动来识别和管理成员之间的利益冲突。在未来，为了对严重而复杂的利益冲突有更充分的认识，IRB 将采取更积极的措施来管理、减少或消除利益冲突。

四、体制层面的利益冲突

1980 年的贝赫-多尔法案旨在鼓励机构商业化。研究者发现，事实上，近年来学术机构在它们与行业的关系上蓬勃发展，因为它们强调将它们的发现直接推向市场。人们越来越意识到，学术界对产业的强约束关系每一天都在增强。鉴于削减联邦开支，这未必是一个危险的关系，并且事实上通常是有益的，因为促进技术进步的资金是必要的。

这些迅速发展的产学关系是非常令人印象深刻的。人们发现，大约 2/3 的学术机构在赞助这些研究的创业企业持有股权利益，行业赞助与倾向工业的研究结论和在出版物及数据共享限制上是显著相关的。

一个机构的利益冲突的定义是，金融利益的机构或一个机构领导可能会影响或合理地影响制度过程，包括行为、审查，或对人类研究的监督。根据委员会与政府的关系，机构的利益冲突可能发生在一个或多个方面，无论是在大学内部不同单位之间，或大学与外部其他项目之间，并且其他实体机构制度上的核心价值观还是不合适的，这种结果有可能导致选择或行动对任务、义务或大学的价值观有害。例如，18 岁的杰西·基辛格在宾夕法尼亚大学的基因转移试验上的死亡，已成为一个恶名昭彰的科学的隐喻①。大学的人类基因疗法学会、审查的赞助商，因研究人员参与审查和大学有明显的金融利益冲突已受到密切关注。悲剧性的结果是使公众广泛宣传试验和研究团体。宾夕法尼亚大学随后改变了它的许多政策，已经停止所有人类基因转移实验研究所进行的人类基因治疗。

（一）对机构利益冲突产生影响的活动

然而，学术界和产业界之间的金融关系继续发展，没有联邦法规指导机构如何识别、管理或消除利益冲突。人们应该关注，如果一个机构拥有一项专利发现，然后进行研究，其结果可以提供给有经济利益的机构吗？披露融资机构应该被要求吗？资助机构应该从机构收到关于如何管理这种潜在的冲突的报表吗？

如前所述，AUU 报告上对个人和机构的利益冲突进行了定义，这些利益冲突促进对一些问题的理解。AAMC 递交了监管机构在人受体研究的经济利益的原则和建议。它们为了引起人们关注机构的利益冲突已经开展了一系列活动。2001 年，人类研究保护办公室（OHRP）为机构起草了指导方针——涉及金融关系的临床研究机构和临床研究人员，IRB 必须考虑在处理利益冲突时对人受体的经济利益的保护。2000 年，NIH 发布“金融利益的冲突和研究的客观性：研究人员和机构审查委员会的议题 ”。NIH 已经创造出了一个非常有用的资源，这种利益

① Sanders E. Researcher Wilson to Step Down as IHGT Head. The Daily Pennsylvanian, 2003-4-23.

冲突的信息资源在网络上可以获得，包括很多不同的链接资源和指导文件。另外，哈佛大学、AAMC 和 AAU 也解决了机构的利益冲突，并且已经发表了评论和指导。

（二）对体制层面的利益冲突的管理

（1）管理机构的利益冲突的策略正在形成，其中几个类似的利益冲突发生在个人层面。

（2）鼓励通过信息披露，公开利益冲突、前受托人及与大学领导密切联系的公司的董事会中做业务的机构。

（3）限制在公司里的大学教员和其他机构领导的参与。

（4）当心当技术转让官方的报酬与股票价值结合起来，个人偏见会影响关于股票销售或接受赞助研究协议的判断。

（5）管理和审查利益冲突使用的是独立的来源和外部评审员。

（6）建立机构的防火墙，以防潜在的利益冲突的交叉发生。技术转让机构的制度不应在识别或管理利益冲突的决策链上。

（7）预期的情况都可能被认为是损害研究和信托的完整性。

（8）机构利益冲突的来源是极多的。但是，如果人们都避免破坏他们的科学事业的信誉，确保最高标准的道德行为的研究也能够持续，他们必须解决这个问题。真理必须不被污染，哪怕只是一个知觉的偏见。

五、利益冲突始终存在

很明显，利益冲突不会完全消失。无形和有形的利益冲突将永远存在。金融利益的冲突将不可避免地变得越来越复杂和棘手。制定新的策略来管理、减少或消除利益冲突，将是一个持续的挑战①。大多数的利益冲突形成的学术产业关系是真实的、间接的，但尚能忍受，只要研究者们设法遏制他们的风险，同时保留他们的福利。人们必须警惕导致偏见和客观性损失的利益冲突，企业的研究依赖于它。

第三节　关于资助和合作协议的问题

从上述论述可知，研究的客观性是非常重要的，并且这是获得和维持公众信任的基础。这是为了解决日益复杂的关于研究人员的生物医学行为的经济利益问

---

① Blumenthal D. Ethics issues in academic-industry relationships in the life sciences：the continuing debate. Acad Med，1996，71（12）：1287-1290.

题，也是为了解决政府、研究机构、私营部门、PHS及美国秘书办公室之间的互动关系。HHS发布了修订后的条例，即关于“申请人有责任促进PHS资助研究项目的客观性及前瞻性的条例”（也称金融利益冲突条例，简称FCOI）。这些法规制定了新的标准，阐明了先前机构所执行的标准适用或接收来自PHS基金部分资助的研究，包括NIH资助的研究，以资助金、合作协议及研究合同等方式进行。

这些条例制定新的标准，并澄清之前建立的标准，这些标准应由机构来遵守，申请或接受以资助金、合作协议及研究合同等方式来自PHS授予的部门包括NIH的研究基金。2011年修订的条例增加了问责制、透明度；加强了规范性及对研究人员的经济利益的有效的机构管理；加强了NIH的规范性监督。其主要目标是促进研究的客观性，通过在研究中建立标准来对设计、实施提供一个合理的预期，并在NIH资助或合作协议产生的研究不受研究人员的经济利益冲突的偏见影响。

另外，NIH将继续努力为校外接受者提供有用的资源，对授予合作协议的修订条例实施中最常见的问题给予解答。问题是按主题进行排列，显示它们所属的机构或研究人员，目的是澄清可能出现的问题，并协助机构满足或超出条例要求，正如他们发展或修订机构的重大利益冲突政策；常见问题只涉及授予和合作协议。

一、常见问题

1. 该条例的目的是什么？

2011年修订的条例是要促进研究的客观性，通过在研究中建立标准，来对设计、实施提供一个合理的预期，并使NIH资助或合作协议产生的研究不受研究人员的经济利益冲突的偏见影响。这项条例通常是指经济利益冲突条例。

2. 机构从什么时候必须遵守2011年修正后的条例？

在联邦记事公布条例申请后，机构以补助金或合作协议方式申请或接受NIH资助，不得超过365天，必须遵守所有修订条例的监管要求，如2012年8月24日起就可以公开访问该机构的经济利益冲突政策。

3. 机构如何表明是遵照了2011年修订后的条例？

当机构发布了它的经济利益冲突政策，或如果机构当前没有可公开访问的网站，则可以通过书面请求进行公开。这标志着该机构申请或接受了PHS

补助金或合作协议的资助，包含在 2011 年修订条例中这种资助完全符合所有条例的要求。该机构必须遵照 2011 年修订的条例，不得迟于 2012 年 8 月 24 日。

4. 2011 年修订后条例可进行追溯吗?

不可以追溯。修订条例适用于各种补助金或合作协议，关于资助日期是遵照规则的最后日期（包括非竞争的延续），但不得迟于 2012 年 8 月 24 日，并可立即公开访问经济利益冲突政策。然而，通过它们的政策，机构可以选择适用于各种 PHS 资助活动的修订条例。例如，在监督机构的经济利益冲突政策时，它们可能会选择对所有 PHS 资助的单个对象实施监管，而不是持续地监管每一个具体的资助对象。

5. 1995 年的条例与 2011 年修订的条例最重要的区别是什么?

2011 年修订条例有一些重要变化，特别是以下重点领域。

（1）重大金融利益的定义。

（2）关于研究人员重大金融利益的信息，研究人员向机构所要披露的信息程度。

（3）机构对确定经济利益冲突的管理。

（4）给 PHS 资助部门（如 NIH）报告的信息。

（5）可公开访问的信息（如 FCOI 政策机构及 FCOI 的高级/主要人员）。

（6）研究人员的培训。

6. 研究者在哪里可以获得更多的信息?

关于补助金和合作协议的更多具体信息在经济利益冲突网页上可以查到，具体可以访问 NIH 办公室的校外网页与研究首页的指导部分[①]。

7. 如果一种机构可能会凌驾于条例之上，那它们有可能产生政策的利益冲突吗?

只要机构的政策满足了 PHS 条例的最低要求，就会产生冲突。关于机构政策的经济利益冲突，条例规定机构政策必须告知每个研究者重大金融利益公开的职责，同时必须告知 PHS。如果某机构采取了一种比 2011 年修订条例中更严格的公开门槛政策，那么该机构必须坚持更严格标准的政策要求。机构必须向 NIH 报告所确定的 FCOI，包括与机构自己更严格的标准相一致的确定经济利益冲突，包括条例所规定的时间和方式。

---

① 具体网址是：http：//grants. nih. gov/grants/policy/coi/index. htm。

8. 对于临床研究有特殊的要求是真的吗?

在任何情况下，HHS 决定 NIH 资助的临床研究项目，目的是评估一种药品，医疗设备，或设计、实施的治疗方案的安全性和有效性，或评估由研究人员所报告的利益冲突，按条例规定，这种冲突不应该由机构来管理或报告，机构必须要求研究人员公开披露所涉及的经济利益冲突，在每次向公众展示研究结果时，要求增补先前已经出版发行的发行物。机构的经济利益冲突政策可能有另外的要求。

9. 关于财务信息披露，机构必须存留多久的记录，如果适用的话，那么任何行动都必须基于该机构的政策和回顾性调查吗?

保留记录必须遵照机构的政策，同时也遵守 PHS 条例。根据规定，要求机构保留所有研究人员公开披露的经济利益的所有记录。机构对于这种公开信息进行的审查或回应（不论公开的信息是否导致机构的经济利益冲突），如果适用的话，根据机构政策或回顾性调查，一切行动为：公开披露的经济记录和任何由此产生的任何行动记录，必须由机构至少保存三年，时间是从最后交付报告的提交之日算起，或针对不同情况，如果适用，可以从其他规定所指定的日期算起。如条例中所规定的，NIH 希望机构为每个有竞争力的部门保留记录。

二、关于管理部门

1. 哪些部门应参与管理这些条例?

机构可以通过办公室或组织来管理其政策，只要政策适应于所有研究者，并且政策满足了所有条例的要求。

2. 机构的指定领导的职责是什么?

机构指定领导必须审查所有研究人员公开披露的经济信息，并确定任何重大金融利益是否与 NIH 资助的研究相关，通过合理确定重大金融利益，看是否存在着经济利益冲突：NIH 资助的研究是否受到影响，或者是实体的经济利益受到研究的影响。

3. 在确定 NIH 资助的研究是否具有重大金融利益时，研究者能够参与官方的决策吗?

研究者能够参与机构的决策来确定重大金融利益是否与 NIH 资助的研究相关。根据 2011 年修订后的条例，重大金融利益是与研究相关的重大金融利益，当受 NIH 资助研究的影响，或者实体的经济利益可能受研究的影响时。

4. 当研究者未能遵守该机构的金融利益冲突政策或不能遵守管理计划时，应该对这一行为采取什么行动呢？

当研究人员不能遵守该机构的经济利益冲突政策，或不能遵守管理计划时，机构必须在 120 天内完成以下工作。

（1）对研究人员活动的回顾性调查，看 NIH 资助的研究项目在设计、实施或研究报告中是否有任何偏见。

（2）回顾性调查的记录要与条例一致。

（3）关于 NIH 资助的任何研究或部分研究，在这个资助周期中，当研究人员不遵守机构的经济利益冲突政策或不遵守经济利益管理计划时，该机构要有确定的文件证明在设计、处理或这类研究报告中是否存在偏见。如果发现有偏见，机构应该通知 NIH 及时提交一份延缓报告。NIH 应该进行如下处理：偏见对研究项目有影响，并且该机构的行动计划或采取的行动要消除或减轻偏见的影响。此后，该机构应每年提交符合条例的 FCOI 报告。根据经济利益冲突性质，机构有必要确定另外的临时措施；关于研究人员参与 NIH 资助的研究项目，研究项目的日期应该是在经济利益冲突被确定和机构独立的回顾性调查被完成之间。

5. "先于机构的任何资金支出"是什么意思？

在 NIH 公布了一项补助金或合作协议授予之后，"先于机构的任何资金支出"是指这样一种费用，它是被机构官方记录之前一段时间支出的。

6. 不遵守 2011 年修正条例的处罚/罚金是什么？

FCOI 条例（CFR50 部分的 F 子部件）并不包括违规的"精细结构"。然而，该条例要求机构建立适当的执行机制，并提供雇员制裁措施或其他行政措施，以确保研究人员的遵从是适当的。此外，该条例允许 NIH 采取适当的行动或指导机构采取行动来维持公共卫生服务资助研究的客观性①。

根据违规的严重程度和持续时间，NIH 可能需要采取一个或多个行动。例如，NIH 可以对补助金强加特殊条件来迫使承授人采取纠正措施。此外，如果实际上承授人不能符合奖励的条款和条件，NIH 可能会采取行动，全部或部分地暂停拨款，等待纠正行动，或可能终止授予。

---

① NIH 资助政策声明（GPS）（10-1-2011）见 HTTP：//GRANTS. NIH. GOV/GRANTS/POLICY/NIH-GPS_ 2011/INDEX. HTM。作为所有 NIH 奖项的条款和条件，在第 8. 5 节提供了特别奖励条件和执行法案信息，当承授人不能遵守奖励条款和术语时，在这些情况下，NIH 可能要采用这些信息。

7. 机构将如何支付费用，这些费用与回顾性调查相关吗?

修订条例的实施成本，包括进行回顾性调查的成本，都是可允许的成本，这种成本能够补偿设施和管理成本，支持公共卫生服务补助金和合作协议的成本。

三、关于适用性

1. 条例覆盖哪些机构?

条例适用于每一个正在申请或接收 NIH 研究资助的机构，通过补助金或合作协议的方式，对每个计划参与或正在参与这种研究的研究人员来说，是通过机构来实施条例。然而，该条例并不适用于初期创新的小企业或技术转移应用的小企业。就财务信息公开的目的而言，条例只是涵盖了研究人员的配偶和未成年的子女。在申请或接收 NIH 研究基金的情况时，该条例也适用于个人，但不适用于机构。在这些情况下，NIH 将通过逐一案例来决定机构或研究人员必须采用的步骤。这些步骤与条例相一致，并提供合理的预期，即预期设计、实施、研究报告不受偏见的影响，而偏见是来自个人的经济利益冲突。

2. 该条例适用于 NIH 所授予的所有资助和合作协议吗?

条例并不适用于初期小企业创新研究与小企业技术转移应用。该条例适用的研究，包括来自 NIH 科研经费所支持的任何活动，是通过授予或合作协议的方式进行的。该条例明确适用于 PHS 法案下授权的研究，或其他法定权力，如研究经费、职业发展经费、集中补助、个别研究生奖学金、基础设施奖励、机构培训补助金、计划项目或研究资源奖励。

3. 这一条例适用于会议补助吗? 会议补助是用来支持直接主办的国际、国内或地区会议、研讨会及讲习班吗?

条例把“研究”定义为这样的活动，即这种活动的科研经费通过补助金或合作协议的方式来自 PHS 的授权部门（如 NIH）。NIH 资助的不同机制的事例，为“研究”一词的定义提供了不太详尽的清单，这些 NIH 资助机制把条例应用于研究经费、职业发展奖励、集中补助、个别研究生奖学金、基础设施奖励、制度化培训补助、计划项目或研究资源奖励。唯一被排除在外的是小企业创新研究和小企业技术转移研究的初期应用。

4. 条例适用于少数生物医学研究资助或适用于其他奖励机制吗?

适用，理由与第 3 条相同。

5. 条例适用于次级资金接收方、转包受让人及共同研究者吗？例如，分包商或联盟成员？

适用。2011 年修订后的条例通过补助或合作协议的方式适用于每一个正在申请或接收 NIH 研究基金的机构。对于每个计划参与或正在参与这种研究的研究人员来说，是通过机构来实施条例。当联邦资金从受奖者机构流传自其他个人或实体及流传自次级资金接收者时，要建立次级资金接收关系，NIH 资助的研究项目将要处理实质性部分，并且对于授奖机构要解释纲领性成果及例规事实。

6. 某研究者有一位合作者/顾问/转包受让人/分包商/次级资金接收方，他/她由 NIH 资助进行研究，但他/她不是直接受雇于该机构，也不直接从该机构来接受补助，那该条例适合于这个研究者吗？

适用。如果研究者满足了“研究人员”的定义，那么 PHS 条例就适用于他/她。承授机构有必要纳入书面协议中，协议是关于次级接受者条件的，或者是建立承授机构经济利益冲突政策的，或者是关于次级资金接收者申请为次级接受者的研究人员的。这应该咨询相关的官方机构或书面文件来确定哪些政策适用于研究者。

7. 该条例适用于一位接受 NIH 资助的博士后研究员吗？

适用。如果某人满足“研究人员”的定义，PHS 条例就适用于他/她。该条例适用于每个申请或接收 NIH 资金资助或研究合作协议的机构，对每位正计划参与或正在参与这项研究的研究人员来说，条例通过各个机构来执行。如上所述，研究人员被定义为项目负责人或主要研究人员和任何其他人员，不论头衔或职务，谁负责设计、实施 NIH 资助的研究报告，或提出这类基金的申请，均适用。因此，如果一位博士后研究员符合了研究人员的定义，如果他/她是由 NIH 资助进行研究，那么他/她将受此条例的监管。他/她应该咨询机构指定的领导，以确保其符合相应的要求。

8. 由 NIH 资助进行研究的研究生会不会受该条例的金融冲突影响呢？

如果研究生满足了“研究人员”的定义，PHS 条例就适用于他/她。如上所述，“研究人员”一词被定义为包括“负责设计、实施或报告”的个人，这些研究是由 NIH 资助的。

9. 政府的道德法案强制要求受雇于 NIH 的研究者必须财务公开，这些规定适用于非 NIH 雇员吗？

不适用。NIH 的道德法案不同于适用于所有人的一般道德规则，道德规则仅适用于 NIH 雇员。

10. 这些新条例适用于所有联邦基金吗，或者只适用于 NIH 资助的研究吗？

该条例指出，最终规则适用于机构，而该机构通过补助或合作协议方式申请或接收 PHS 的研究基金。

定义的“PHS”、“PHS 授奖部门”及“研究”如下：PHS 授奖部门意指 PHS 的组织单位，该单位资助属于此研究范围。“研究”意指一个系统的调查、研究或实验设计，该设计用来发展广泛的与公众健康相关的一般知识或对广泛的公众健康相关的一般知识做出贡献，研究包括行为和社会科学研究，还包括基础研究（如发表文章、出版书籍或书籍章节）和产品开发（如诊断测试或药物）。如上所述，任何包括此类活动的研究，或者合作协议的方式均来自 PHS 授权部门的科研经费所资助，无论在 PHS 法案的权力下或是其他法定权力下批准的活动，如研究经费、职业发展奖励、集中补助、个别研究生奖学金、基础设施奖励、制度化培训补助、计划项目或研究资源奖励。因此，该条例适用于机构，这些机构通过 PHS 授权部门接受联邦资金的资助从事研究。NIH 是 PHS 的一个授权部门。机构应该联系适当的 PHS 授权部门来确定 2011 年修订的条例是否适用于 PHS 基金的资助。

四、定　　义

1. 什么是公共卫生服务？

PHS 意指美国的卫生和福利部的公共卫生服务，以及 PHS 的任何部门，这些部门可以被授权，包括 NIH。

2. 就条例的经济利益冲突的目的而言，什么是机构呢？

机构意指任何正在申请或接受 NIH 研究经费的国内或国外、公共或私人的实体或组织（不包括联邦机构）。

3. 条例的金融利益冲突中的实体是指什么？

实体意指接受报酬的研究人员（配偶和未成年子女）或者拥有所有权或股权的任何个人，这些研究人员或个人可以来自任何国内或国外、公共或私人的组织（不包括联邦机构）。

4. 2011 年修正条例中所参照的，在 NIH 资助的研究中谁是高级/主要人员呢？

高级/主要人员是指项目总监/首席研究员（PD/PI）及通过机构所认定的任

何其他高级/主要人员，在条例监管下，机构提交给 NIH 的拨款申请、进度报告或任何其他报告。

5. 就该条例的目的而言，谁会被算作是研究人员呢？难道只有主要的研究人员才算吗？

研究人员意指项目总监或主要研究人员和任何其他人，不论头衔或职务，即不论是谁在负责设计、实施或 NIH 资助的研究报告（如 NIH），或是谁提出这类基金申请，可能包括合作者或顾问。机构应该考虑这些研究中所涉及人员的作用，以及考虑这些个人工作独立程度。当研究者的定义仅限于头衔如主要研究者、主要人员或教员时，一种不确定的 FCOI 风险可能包含研究个体的增加。此外，根据 2011 年修订后的条例规定，研究者的配偶和未成年子女将被排除在研究人员的定义之外；然而，在重大金融利益的定义中又提及他们，因为研究人员必须披露他/她的配偶和未成年子女的重大金融利益。

6. 什么是机构职责？

“机构职责”是由 2011 年修订条例所定义的，研究人员的专业职责代表的是机构，机构是通过经济利益的冲突政策来定义的，这种定义可能包括研究、研究咨询、教学活动、专业实践、机构委员会成员资格及专门问题小组的服务，还包括机构调查委员会或数据与安全监测委员会。如适当的话，机构还可以包括其他定义范围内的专门责任。

7. 什么是金融利益冲突？

当机构通过其指定官方来合理地确定研究人员的重大金融利益时，就存在一种经济利益冲突，这种重大的经济利益与 NIH 资助的研究项目相关，也可以直接或显著地影响 NIH 资助项目的设计、实施或研究报告。

8. 条例所涉及的金融利益是什么，重大的经济利益又是什么呢？

该条例涵盖了所有具有货币价值的金融利益，不论该价值容易确定与否。2011 年修订后的条例把重大金融利益定义为：金融利益包括下列一个或多个研究人员（包括其配偶及未成年子女）的权益，这些似乎与研究人员机构职责是合理地相关的。

（1）任何公开的实体交易，在信息公开前的 12 个月内，如果接受了来自实体的任何有价报酬，至披露日期时，如果任何实体的股权价值超过了 5000 美元的话，那么就存在一种重大金融利益。例如，对于这个定义而言，报酬包括薪金及其他被认定为不是薪金的支付方式（如顾问费、酬金及有偿著作权）；股权包括任何股票、股票期权或其他所有权的权益，这些股权可以通过参照公开的价格或公平市价的其他合理措施来确定。

（2）任何非公开交易的实体，在信息公开前的12个月内，如果接受了来自实体的任何有价报酬，至披露日期时，如果任何实体的股权价值超过了5000美元的话，或者当研究人员（或研究人员的配偶或未成年子女）持有任何股权时（如股票、股票期权或其他所有权的权益）的话，那么就存在一种重大金融利益。

（3）知识产权权利和利益（如专利、版权），在收到有关的这种权利和利益的收入时也存在一种重大金融利益。

研究人员还必须披露任何支付的报酬或赞助的旅游费（即支付给研究人员，而不用研究者去报销，所以可能不容易获得确切的货币价值），这是与他们机构的职责相关的；然后要求提供这种公开信息，该信息并不适用于报销旅行费用，或由联邦政府、州政府或当地政府机构及高等教育机构在“美国法典”中所界定的赞助机构、学术教学医院、医疗中心或隶属于高等教育机构的研究机构。FCOI机构的政策将指定研究人员公开披露的细节，将包括最低限度的细节：旅行目的、保荐人/组织者、目的地及持续时间。按照FCOI机构的政策，为了确定PHS研究资助的行程是否构成了FCOI，机构的领导将确定是否需要进一步的资料，包括确定或公开的货币价值。

长期的重大金融利益不包括以下类型的金融利益：薪金、特许权使用费或由机构支付给研究人员的其他报酬。如果研究人员现受雇或由机构所任命，包括归属机构的知识产权及与这些权利相关的共享特许权使用的协议，如果该机构是一个商业或营利组织，并且从投资中获益的话，那么任何机构的所有权收益就由研究人员所持有，如互惠基金及退休账户，只要研究人员不直接控制这些投资渠道做决定，这些渠道来自联邦政府、州政府或当地政府机构及高等教育机构在“美国法典”中所界定的赞助机构、学术教学医院、医疗中心或隶属于高等教育机构的研究机构。该机构可能会有更严格的财务公开要求。

五、公开披露信息

1. 2011年修订条例中关于重大财政利益的定义与1995年条例所规定的重大金融利益有何不同？

根据重大金融利益的定义，2011年修订条例在以下许多方面不同于1995年条例的定义。

（1）机构职责。根据2011年的FCOI条例，必须由研究人员向机构公开披露重大的金融利益。重大的金融利益是由机构所定义的，这似乎与研究人员的机构职责是合理地相关的。因此，当研究者读到修订后的版本时，条例要求研究人员必须公开披露重大金融利益，修订后重大金融利益的定义在更频繁的基础上要求研究人员向机构公开披露的信息是一种更广泛的利益。除了研究人员自己以外，他们还要求披露他/她的配偶及未成年子女的重大金融利益。根据 1995 年的条例，研究人员要求披露的重大金融利益信息与 PHS 资助项目是相关的。

（2）货币范围。2011 年重大金融利益的定义，将最低的货币范围降低至 5000 美元，在某些情况下，取消了目前的货币公开范围。根据 1995 年 FCOI 条例，重大金融利益并不包括股权。当研究人员及其配偶与未成年子女的权益集合在一起时，要同时符合以下条件：任何实体不超过 10 000 美元的价值及不超过 5% 的股权所有权。同样，重大金融利益不包括支付（如工资），在接下来 12 个月当中，研究者及其配偶与未成年子女财务合计不得超过 10 000 美元。

关于研究者（研究者的配偶和未成年子女），2011 年修订条例定义，在非公开交易实体的报酬与来自公开上市实体的报酬上也是不同的。在信息公开前的 12 个月内，如果接受了来自实体的任何有价报酬，至披露日期时超过 5000 美元的货币范围的话，那么该条例适用于公开上市的实体。在信息公开前的 12 个月内，如果接受了来自实体的任何有价报酬，至披露日期时超过 5000 美元的货币范围的话，或者当研究人员（或研究人员的配偶或者未成年子女）持有任何股权（如股票、股票期权或其他所有权的权益）的话，那该条例适用于非公开交易实体。

（3）时序。修订后的重大金融利益的定义改变了时序，时序确定报酬是否表征了重大金融利益。1995 年条例把总计付款（包括工资及特许权使用费）排除在外，“在未来的 12 个月内”，总计的付款预计不超出“货币范围”。根据 2011 年的定义，所争议的问题是来自实体的任何报酬，即“在信息公开披露前的 12 个月内如果接受了来自实体的任何有价报酬，至披露日期时超过 5000 美元”的话。

（4）为服务进行支付的事例。1995 年的定义提及如咨询服务费或谢礼的事例。2011 年修订后的条例增加了“带薪署名权”作为另外支付服务费的事例。

（5）特许权使用费和知识产权。根据 1995 年的条例，如果特许权使用费不是来自申请机构的话，那么特许权使用费用范围是 10 000 美元。根据 2011 年修订后的条例，序言阐明了 5000 美元的范围适用于特许知识产权（如专利、版权）、知识产权的特许权使用费，也适用于与特许权使用费相关的特许知识产权的共享协定。然而，分配给机构的知识产权及与这些知识产权相关的特许权使用费的共享协议，它们仍然被排除在重大金融利益的定义之外。

（6）报销或赞助旅行。根据 1995 年的条例，对于报销或赞助旅行的披露信息没有具体要求。2011 年修订后的条例明确指出，研究人员必须公开披露任何报销旅行费或赞助旅行信息（即哪些是研究人员所支付的，哪些是研究人员所报销的，因此确切的倾向价值可能不容易获得）。这与研究人员机构的职责是相关的，如机构的利益冲突政策所规定的（即指定要披露的细节，最低限度将至少包括旅行目的、保荐人/组织者身份、目的地和持续时间）。机构的领导为了确定该旅行是否构成了 PHS 基金研究中的 FCOI，他们有权决定是否需要提交进一步的资料，包括确定或披露货币价值。在定义重大金融利益时要处理所公开披露的信息，SFI 必须考虑下列因素。

第一，正计划参与 PHS 资助研究的研究人员，必须披露之前 12 个月的 SFI，他们机构的披露时间不迟于申请 PHS 基金研究的时间。

第二，每个正在参与 PHS 基金研究的研究人员，至少必须每年提交最近的 SFI 的公开信息，在获得资助的期间，该公开信息与由机构所规定的具体时间相符。

第三，每个正在参与 PHS 基金研究的研究人员，在 30 天之内发现 SFI 或获得了新 SFI，那就必须提交最新的公开信息。

（7）排除方面。2011 年修订后的条例修改了权益类型，这些类型的权益明确从重大金融利益定义中被排除了。被排除的权益有以下几项。

第一，如果研究人员当前是受雇于该机构，或由该机构所任命的话，由该机构支付给研究人员的工资、特许权使用费或其他酬金。

第二，分配给机构的知识产权及与这些知识产权相关的特许权使用费的协议。

第三，在机构中由研究人员所持有的任何所有权收益，如果该机构是商业或以营利为目的的组织的话。

第四，来自投资途径的收入，如互惠基金和退休账户，只要研究人员在这些途径中不直接做出这些投资决定的话。

第五，由联邦政府、州政府或当地政府主办研讨会、演讲或教学活动的收入，高等教育机构在“美国法典”中所界定的来自学术教学医院、医疗中心或隶属于高等教育机构的收入。

委员会的咨询服务收入或来自联邦政府调查小组的收入，与 1995 年经济利益冲突政策条例不同，该条例适用于来自不同联邦政府、州政府或当地政府、学术教学医院、医疗中心或隶属于高等教育机构等非营利性实体收入。上述描述的活动类型将受重大金融利益定义的影响。此外，根据 1995 年的条例，SBIR/STTR 申请人除外，条例扩大到包括研究人员所持有的任何所有权收益，如果机构是作为商业或营利性组织（无论 SBIR/STTR 申请与否）。

2. 谁需要公开金融利益？

根据2011年修订后的条例，正计划参与或正在参与NIH资助研究的研究人员，除了初期的SBIR/STTR应用之外，要求研究人员（包括研究人员的配偶及未成年子女）向机构指定领导披露重大金融利益信息，这似乎与研究人员机构职责是合理相关的。

3. 机构必须从研究者中获得什么信息，这些信息何时才收集呢？

根据2011年修订后的条例，研究人员要求公开披露其重大金融利益信息（包括研究人员的配偶及未成年子女），这似乎与研究人员机构职责是合理相关的。

（1）披露的日期不迟于申请NIH资助研究的日期。

（2）30天内发现或获得的新的重大金融利益（如通过购买、婚姻及继承）。

（3）在获得资助的日期，在机构所规定的具体时间内，至少每年公开披露一次其重大金融利益信息。

4. 在资助期间，所获得或发现的金融利益是什么，随后要提交初步报告吗？

在获得资助期间，研究人员有义务来持续公开重大金融利益。根据2011年修订的金融利益冲突政策条例，研究人员必须向他们的机构更新所披露的信息，更新30天内获得或发现的重大金融利益信息（如通过购买、婚姻或继承的方式）。机构指定领导将有60天来审查所披露的重大金融利益信息，来确定重大金融利益是否与NIH资助研究相关，确定是否存在着经济利益冲突；如果存在经济利益冲突，至少中期基础的执行管理计划应说明已经采取的行动，否则将替换掉经济利益冲突管理。如果经济利益冲突存在的话，那么同样在60天内，机构必须向NIH提交FCOI报告。

5. 关于研究者的配偶所拥有的资产或抚养子女费用，这些经济利益必须予以披露吗？

要公开。相关问题请参阅重大金融利益的定义。所必须披露的金融利益包括研究人员或研究人员及他/她的配偶与未成年子女所持有的合计经济利益价值。

6. 一位研究者需要多长时间来公开最近所得或发现的重大金融利益？

根据2011年修订后的条例，正计划参与NIH资助研究的研究人员必须向他/她的机构提交更新后的重大金融利益信息，提交30天内获得或发现的新重大金融利益信息及未及时披露的重大金融利益信息。

7. 研究人员需要公开其机构所支付给他/她的薪水吗？

不需要。公开信息不包括工资、特许权使用费或者来自他/她聘用或委任机构的其他酬金。

8. 研究者需要公开任何与其机构职责相关的补助与主办会议的旅行费吗？

需要。条例规定研究人员需要公开任何报销旅行或赞助旅行费（即哪些是研究人员所支付的，哪些是研究人员所报销的，因为确切的倾向价值可能不容易获得），这与研究人员机构的职责相关。因此，要求公开的信息并不适用于如下可以报销的旅行费或赞助的旅行费。

（1）联邦、州、当地政府机构。

（2）在“美国法典”中所界定的高等教育机构。

（3）学术教学医院。

（4）医疗中心。

（5）隶属于高等教育学会的研究机构。

研究者需要阅读研究者所在机构的 FCOI 政策，因为它会具体说明需要公开的详细信息，这些信息在最低限度包括：①行程的目的；②主办人/组织者的身份；③目的地；④持续时间。

此外，机构的 FCOI 政策也可以确定是否需要公开另外的信息，如为了确定旅行是否构成了 NIH 资助研究的重大金融利益冲突，来决定或披露的货币价值信息。

9. 研究人员是否需要披露全部报销或赞助旅行信息，无论美元级别如何，除了所披露的这些来源外（即联邦、州或地方政府，高等教育学会，教学医院，医疗中心或隶属于高等教育学会的研究所），其他来源的报销或赞助旅行费需要披露吗？

需要。对于公开可报销旅行或赞助旅行费，2011 年修订后的条例不提供最低限额报销的范围。2011 年条例要求披露关于这种旅行的基本信息，在最低限度中包括旅行目的、主办人/组织者的身份、目的地和持续时间，但不包括金额。正如条例所提供的，为了确定 PHS 研究资助的行程是否构成了 FCOI，机构的领导将决定是否需要进一步的资料，包括确定或公开货币价值。条例并不指定程序，该程序是机构用来审查研究人员所披露的旅行信息。然而，机构有责任来确定这种旅行是否对 PHS 资助的研究构成了经济利益冲突。参加科学会议的旅行及向同行展示研究人员成果的旅行与在整个科学研究中其他有关方面的旅行，这些旅行在研究者之间形成关系或进行合作时起到重要的作用。修订条例规定不阻止这类旅行，但要求公开报销细节或证明旅行是与研究人员机构职责相关的。通过确定其来源，可以赞助旅行或报销旅行。

10. 研究者应该向谁披露研究者的金融利益?

研究者的机构将指定一个机构领导来征求和审查其所披露的财务信息。关于要求研究者的机构公开的信息及程序，可以查阅机构的利益冲突政策及程序，或者咨询机构指定的领导来获得更多的信息。

11. 研究者应该什么时候向机构披露其经济利益?

根据 2011 年修订后的条例，重大金融利益必须向机构指定领导进行披露，向 NIH 提交申请资助时，30 天内发现或获得新的重大金融利益必须进行披露，其披露的时间间隔在年度基础上是由研究者的机构来确定的。

12. 在资助期间，如果研究者的经济利益改变，会发生什么事?

根据 2011 年修订的金融利益冲突政策条例，研究人员必须向机构提供最新的公开披露信息，包括在 30 天内获得或发现的重大金融利益信息（如通过购买、婚姻或继承的方式）。但一定要审查研究者机构的政策，因为政策可能有更严格的报告要求。要求机构的指定领导来审查最新的重大金融利益的公开信息，以确定重大金融利益是否与 NIH 资助的研究相关。如果相关，那么重大金融利益是否是经济利益冲突，并采取适当行动来管理，最终向 NIH 报告。

13. 作为一名 NIH 资助的临床网络实验研究员，对于实验，其网络已经开发了广泛的政策，这种政策需要向他/她的网络指导委员会/业务办公室公开其年度重大金融利益，那么他/她还需要向其机构再公开重大金融利益吗?

对于监管 NIH 资助的临床试验，他/她向指导委员会或其他实体报告了重大金融利益，根据机构的经济利益冲突政策，可以不履行他/她的职责。如果他/她是条例所定义的 NIH 所资助的研究人员，那么根据经济利益冲突政策，他/她必须向其机构披露其重大金融利益。请参阅其机构的政策（可能整体进行网络披露），向适当机构指定的领导咨询，以查证机构公开披露要求，以及政策是如何适用于他/她的研究。

14. 来自非营利性机构的收入被排除在重大金融利益定义之外吗?

没有。2011 年修订后的条例指出，只有由联邦政府、州政府或当地政府主办研讨会、演讲或教学活动的收入，高等教育机构在“美国法典”中所界定来自学术教学医院、医疗中心或隶属于高等教育机构的收入，被排除在重大金融利益之外。根据重大金融利益的定义，来自其他来源的收入也必须进行披露。

15. 当研究者受雇于一所大学，并拥有非营利性公司的股份时，必须披露什么信息？

这要视情况而定。如果研究人员通过大学由NIH资助（如大学就是承授人），研究人员必须披露营利性公司给大学的股权，如果重大金融利益与研究人员的机构职责相关的话。如果研究人员通过以营利为目的的公司受NIH的资助（即以营利为目的的公司是承授人），研究人员将不需要披露给大学的权益，或给以功利为目的的公司的权益，因为大学不是承授人，并且在商业或营利组织中的研究人员所持有的所有权权益不需要披露。在这些情况中，当以营利为目的的公司申请或接受NIH研究经费时，将不需要披露权益。

16. 研究者是否需要公开披露共同基金或退休账户中的权益？

这有可能。2011年修订后的条例不要求披露来自投资渠道的收入，如互惠基金及退休账户，只要研究人员在这些渠道中不直接做投资决定就可以。机构经济利益冲突政策可能对共同基金有更严格的披露要求。

17. 股票或股票期权是指什么？

根据机构的经济利益冲突政策，股票期权资产在提交基金申请时是要求上报的，然后每年报告一次，或获得新股票时，就如同其他资产报告的方式一样，需要文件来确定股票期权的价值，股票期权的价值是由机构定义的。

18. 外国投资（如外国公司拥有股份）涵盖的财务信息要求披露吗？

有可能。金融利益被定义为货币价值，而不论该价值是否容易被确定。根据条例，任何经济利益都要进行披露，以满足重大金融利益的定义。根据条例，如果投资满足重大金融利益定义的话，那么外商投资涵盖了金融利益。研究人员必须披露重大金融利益（包括研究人员的配偶及未成年子女）。要求披露的信息和需要文件来确定外商投资的价值，这应该是由机构经济利益冲突政策与程序所定义的。

19. 盲目信托是什么？它包含在最终规则中吗？

根据机构的经济利益冲突政策，机构可以确定研究没有受盲目信托资产的影响，并且该信托资产是研究人员所不知道的，是由一个独立受托人所管理的。因为这类资产不能让研究人员知道，机构可以确定这类资产没有直接或显著影响研究的设计、实施或报告。当然，研究人员知道资产，其资产的放置在当时形成时是原本可信的，机构政策将要求研究人员披露任何此类资产，这似乎与他/她的机构职责是合理相关的。该机构可以确定，只有从原来资产的款项中购买新资产时，研究人员是不知情的。

20. 来自版税的收入受条例管理吗？

这要视情况而定。经济利益可以定义为任何货币价值，不论该价值容易确定与否。特许权使用费可能易于披露，正如与知识产权相关的其他利益一样易于披露。条例涵盖了这些与知识产权相关的特许权使用费及特许权使用费所共享的协议，涵盖了支付给研究人员（或者他/她的配偶或未成年子女）的特许权使用费，这一费用的范围是5000美元。如果支付给研究人员（或者他/她的配偶或未成年子女）的特许权使用费满足重大金融利益的定义，那么他们必须披露这些信息。但是，如果是特许权使用费或特许权使用费协议，而且该共同的特许权使用费与知识产权相关，知识产权本身是由雇用的申请人或者委任的申请人或者得奖机构及授权申请人来进行许可或可能许可（也就是说，他们不是研究者个人所拥有），它们被认为是来自机构的报酬，因此不会被认为是研究人员的重大金融利益。如果研究者目前收到来自机构的特许权使用费，如果研究者当前受雇于或另有机构的委任，这笔费用将不算在重大财政利益的定义之中。

另外，无许可知识产权不算入收入，也不算入重大金融利益定义中。然而，这样的利益有可能成为重要的创收，在这一点上，它们将会受条例管理。要求披露的信息及所需文件可以证实特许权使用费的价值，或证实确实特许权使用费所共享的协议，这应该是由机构的经济利益冲突政策及程序所定义的。

21. 当这些收益是来自外国的高等教育机构或他国的政府部门时，研究者被要求披露所有的财务收益吗？

要求披露。在每一种情况中，条例虽然指在“美国法典”中所定义的高等教育机构，或美国联邦、州或当地政府机构，但也包括其他国家的机构。

22. 当次级资金接收的“研究员”参与初期SBIR/STTR资助时，需要向他/她的机构披露他/她的重大财务收益吗？

这要视情况而定。要求研究者披露他/她的重大金融利益，这取决于次级资金接收机构，如研究者是PHS所资助的研究者的话。如果次级资金接收的研究者并不接收来自PHS的资金，那么研究者将不需要向他/她的机构（如大学）来披露他/她的重大金融利益，除非这是机构所要求的（如大学的FCOI政策）。另外，如果次级资金接收的研究人员是PHS所资助的研究者，他/她必须公开披露他/她的重大金融利益，这与2011年修订的FCOI条例是一致的。

23. 条例需要研究者跟进价值每天变化的公开交易股票或其他类似的有波动的价值利益吗？

不需要。一般来说，每年披露一次就足够了，允许研究者更新关于任何先前所披露的重大金融利益信息，如更新之前披露的股权价值。

24. 根据2011年修订后的条例，机构有权规定某些细节吗，研究者需要披露赞助或报销旅行的细节吗？

需要。在确认由PHS所资助的各种机构的不同要求和资源时，条例旨在最大限度地提高机构的灵活性并降低行动负担，通过推迟机构的FCOI政策来规定研究人员披露的细节。关于报销旅游费和赞助旅游细节，只要这种细节与条例一致即可。以下是几个说明机构如何可以在FCOI政策中“规定披露的细节”。

（1）机构规定的披露时间。2011年修订后的条例规定，在资助期间，研究人员至少每年提交一次最新的关于重大金融利益的披露信息，正如该机构所规定的，年度披露的信息包括任何最初不能对机构披露的信息或随后披露的重大金融利益。最新重大金融利益必须披露在30天内发现或获得的重大金融利益。然而，规则不要求每个重大金融利益都要单个披露。因此，机构可以灵活规定披露的时间。

例如，机构可以以一种前瞻性的方式，要求研究人员披露他们的计划或预期要报销的旅行或赞助的旅行费（如在未来的12个月内），在年度财务信息更新时披露，或机构选择其他时间披露，要求每年更新旅行的细节。一旦研究者以这种方式来披露计划要赞助的旅行或报销的旅行费，研究者将必须满足监管要求来进行披露，而不必再次披露“30天内的旅行”（假设报告的范围没有变化，那要报告旅行目的的细节、主办人/组织者身份、目的地及持续时间）。然而，应该指出，根据这种机构政策，应该继续要求研究人员来披露30天内新的旅游信息（即在年度报告中没有预料到要披露的旅游信息），正如条例所规定的。

（2）在FCOI政策内，机构可以规定审查的细节。机构需要确定，如果研究人员的报销旅行或赞助旅行费构成了一种FCOI，那么机构有自由裁量权，以决定报销旅行或赞助旅行的细节（如资金的来源、目的地、旅行时间等）来推动进一步的体制审查。根据资金来源及具体行程的其他情况（如目的地、时间），机构可能认为赞助旅行会影响设计、实施或PHS资助研究的报告。例如，机构可以决定，研究人员参加每年一次的专业协会会议或旅行，根据条例要求，这些是需要公开披露的信息，可能不需要机构进一步审查来确定旅行是否构成了FCOI。

（3）机构可以规定研究人员公开披露的细节。机构可能会规定，要披露赞助旅行或报销旅行费的细节，这与2011年修订条例的要求是一致的。2011年修订条例规定，这种披露的细节必须包括目旅行的、主办人/组织者的身份、目的地及时间。根据2011年修订后的条例规定，对其他细节，如果有的话，对披露的特定旅行相关信息或披露的类别是否适当，机构拥有自由裁量权。例如，2011年修订后的条例宣布，机构可能只要求最低的细节，对某些类别的旅行，如旅行去美国大陆参加专业学会会议，对美国大陆以外的旅行要给出理由，同时要求披露更多细节。

25. 从外部实体接受超过5000美元的费用，且这种费用是由服务所产生的（如数据分析），当研究所直接支付研究者时需要披露吗？

不需要披露。因为这是机构支付的服务费，不需要研究人员披露这些信息。然而，如果机构支付的服务费是直接付给研究人员的，则研究人员必须披露薪酬，不论研究人员把钱移交给机构与否，还是把钱用于资助研究人员将来的研究活动中。

六、管　　理

1. 机构如何管理相冲突的经济利益？

机构如何管理研究人员的经济利益冲突，这是机构的政策和程序的事情。强制性对研究人员的经济利益冲突条件或限制管理的例子，包括但不限于以下几项。

（1）公开披露的经济利益冲突（例如，当呈现或出版研究成果时；涉及项目的工作人员时；涉及机构的制度审查委员会时）。

（2）涉及人受体研究的研究项目，得向参与者披露的经济利益冲突信息。

（3）针对导致经济利益冲突的偏见，委任的独立检查者能够采取措施来保护设计、实施及研究报告。

（4）修改研究计划。

（5）当研究者参与全部或部分研究不合格时，会改变研究人员或改变人员的责任。

（6）经济利益的减少或取消（如出售股权）。

（7）中断关系，因为这种关系造成了经济利益冲突。

2. 管理计划必须包括什么内容？

既不包括经济利益冲突条例，也不包括NIH规定机构的管理计划的特定形式。然而，条例定义了 FCOI 报告的关键要求，并且描述的管理计划是 FCOI 报告的关键要素之一。条例规定：FCOI 报告包含了一种对机构管理计划关键要素的描述，具体包括以下六项。

（1）在研究项目中，研究人员的作用和主要职责的冲突。

（2）管理计划的条件。

（3）如何设计管理计划来维护研究项目的客观性。

（4）对研究人员管理计划协议的确认。

（5）如何监控管理计划以确保研究人员是合规的。

（6）所需要的其他信息。

最新 FCOI 或年度的 FCOI 报告必须包括管理计划的状态（即不论经济冲突是否仍得到管理，还是解释为什么不存在经济冲突），说明管理计划的任何变化，因为必须给 NIH 提交上一年的 FCOI 报告。

七、公众可访问性

1. 机构制定的财务冲突政策需要向公众开放吗?

当然需要。机构要求其关于经济利益冲突的政策可以通过网站进行公共访问。如果机构目前并没有一个可公开访问的网站（只在这种情况中），对于任何请求，机构应当在 5 个工作日做出书面回应。然而，如果在 PHS 资助期间，机构有一个可公开访问的网站，要求发布的信息适用于 30 个工作日。当机构发布经济利益冲突政策或可进行公开访问政策的其他方式时，它表明机构以补助或合作协议的方式申请或接收 PHS 基金，而 2011 年修订后的条例所涵盖的补助或合作协议方式，完全符合所有监管的要求。

2. 关于高级人员/主要人员的金融利益冲突信息，需要向公众开放的是什么信息?

在机构任何资金支出之前，该资金是 NIH 所资助的研究项目，机构应确保公开可访问性，通过公开访问的网站，向机构公开披露的任何重大金融利益信息，机构应在 5 个工作日对所提出访问请求做出书面答复，并要满足以下三个条件。

（1）在申请 NIH 资金资助的研究项目时，要披露重大金融利益信息，这是由高级人员/主要人员所持有的信息，拨款申请、进度报告或提交给 NIH 的任何其他报告是由机构来确定的。

（2）机构确定了重大金融利益是与 NIH 资金资助的研究相关的。

（3）机构确定了重大金融利益是一种经济利益冲突。

机构通过公开可访问的网站或书面报告来使信息可用，公开可访问的网站或书面报告，在最低限度内包括以下五个方面。

（1）研究人员的名字。

（2）研究人员的职务及对于研究项目的意义。

（3）重大金融利益的实体名称。

（4）重大金融利益的性质。

（5）重大金融利益的大概美元价值（允许的美元范围：0~4999 美元；5000~9999美元；10 000~19 999 美元；20 000~100 000 美元，其后是20 000 美元的递增；金额在1 000 000 美元之内的，递增的量是50 000 美元），或表明，利益不能轻易参照公开的市场价值或市场的其他公平措施来确定价值。

机构可以询问的内容包括联络人的姓名或者提供专门的邮件地址或电子邮件地址，而对于上面的信息，个人可以发送书面请求来咨询。虽然信息超过条例的具体规定，也不是 NIH 所要求公开的，但机构可以确定，以这种方式来指定一个联系人来符合他们使信息可公开访问的义务，这是一个有益的步骤。

3. 对书面请求必须在5个工作日做出回应是什么意思？

当收到书面请求后，机构应该在5个工作日内做出回复，回复上且应有邮戳或日期。

4. 当更新信息时，公众通过网站访问机构所提供的信息是可用的吗？

如果该机构使用公开可访问的网站使公众访问相关信息，那么网站上的信息至少应该每年更新一次。此外，机构应该在网站更新60天内机构的数据或更新关于额外重大金融利益的确定信息，这些信息是关于 NIH 资助高级人员/主要研究人员的研究项目的，且这些信息是之前所没披露过的，或者是披露高级人员/主要研究人员的重大金融利益信息；或对外披露高级人员/主要研究人员新的重大金融利益信息。对于 NIH 资助的研究项目来说，如果机构确定了重大金融利益与 NIH 资助的研究相关，也确定重大金融利益是经济利益冲突，应注意网站上提供的信息是当前上市日期，且至少以年度为基础进行更新，机构在60天内，要确认新的经济冲突利益。如果机构对书面请求做出回应，机构要注意到在书面回应中，当前所提供的信息是与日期相一致的，且必须更新，机构以年度为单位，且至少在60天内确定一个新的经济利益冲突。

5. 如果一个机构主要通过次级资金接收者进行研究，哪些机构会负责确定 FCOI 的高级/主要人员，并向公众开放呢（即在网站上公布 FCOI 信息或对于所提要求在5个工作日使信息可用）？

在所有情况下，机构的首要责任是使 FCOI 信息可公开访问。然而，要求次级资金接收研究人员来遵守次级接受者的 FCOI 政策，次级奖金接受机构也将让这样的信息可进行公开访问。因此，在这些情况下，作为书面协议的一部分，机构首要考虑次级接受机构的要求，以使 FCOI 信息可进行公开访问。

八、报告要求

1. 如何向 NIH 提交报告？

对于补助和合作协议来说，机构必须通过电子研究管理的 FCOI 模块，给 NIH 提交所有 FCOI 报告①。在此之前，机构执行 2011 年修订后的条例规定，机构必须继续遵守 1995 年的条例，并向 NIH 报告研究人员的重大金融利益，正如 1995 年的条例所要求的。一旦机构完全符合监管要求，要满足额外的报告要求。因此，如果电子研究管理共享 FCOI 模式未及时更新，FCOI 报告应该包括一个附件来处理 FCOI 报告中的最小要素。

2. 什么时候向 NIH 提交 FCOI 年度报告？

首先是初步报告。NIH 资金所资助的研究项目，在机构的任何资金支出之前，由机构建立关于研究人员的重大经济权益，机构必须向 NIH 提供 FCOI 报告，重大经济权益必须是重大利益冲突，而且必须符合条例。

其次是在 NIH 资金所资助的研究项目期间，必须提交最初的 FCOI 报告：在确定研究人员存在一种重大金融利益之后，机构必须在 60 天内提交 FCOI 的报告，即需要提交报告的研究人员包括最近参与项目的人，或在资助期间，向机构披露一种新的重大金融利益的研究人员。

每当研究人员没有及时披露之前存在的重大金融利益时，或在 NIH 资金资助期间，机构不能审查之前存在的重大金融利益时，机构指定的领导必须在 60 天内审查重大金融利益，确定重大金融利益是否与 NIH 资助的研究相关，确定是否存在经济利益冲突。如果是这样，或至少在中期检查基础上，机构必须执行管理计划来指定已经实施的具体行动；或将会提出管理经济利益冲突，并向 NIH 提交一份重大金融利益报告。

机构要在 120 天之内报告不同意决定，除了 FCOI 报告，机构还必须完成一项回顾性调查：根据研究人员的研究活动，及 NIH 资助的研究项目来确定 NIH 基金是否资助任何项目，或资助部分项目，确定在不同意期间进行的设计、实施

① 参见 NIH 补助和合同的指南，编号为：NOT-OD-09-072。了解更多信息阅照 FCOI 模块使用者指南。

或这类研究报告时是否存有偏见。

基于回顾性分析调查，如果适当，更新先前提交的 FCOI 报告，指定将采取的行动来管理提出的金融利益。如果发现存有偏见，通知 NIH 及时提交一份延缓报告，报告包括记录在回顾性调查中的关键性要素和描述偏见对于研究项目的影响，或为消除或减缓偏见影响而采取的行动。此后机构将每年提交一次重大金融利益报告

最后是年度 FCOI 报告。对于任何之前由机构报告的经济利益冲突，机构应提供一份年度 FCOI 报告来解决金融利益状态及管理计划的任何变化。年度 FCOI 报告应该指明经济利益冲突是否仍然是在控制中，或解释是否不存在经济利益冲突。在项目持续期间（包括延期的基金或没有延期的基金），必须向 NIH 提交年度的 FCOI 报告（如通过电子科研管理共享的补助和合作协议），同时，要求机构提交年度进展报告（即在开始日期之前 2 个月或在非竞争性延续资助开始日期之前的 45 天），包括多年度资助的进度报告或延期的时间（如在共同的电子科研管理共享资助中提交的延期通知或事先批准提交 NIH 的延期通知）。需要注意的是，年度 FCOI 报告不是作为年度进展报告的一部分而提交上去。通过电子科研管理共享模块，年度 FCOI 报告是独立交给 NIH 的。

3. 如果在最初提交 FCOI 之前，机构就消除了这种经济利益冲突的话，机构需要向 FCOI 提交报告吗?

不需要。在一些情况中，机构确认了经济利益冲突，并在 NIH 资金资助开支之前取消了经济利益冲突，机构不需要向 NIH 提交 FCOI 报告。

4. 资助期间当不再有经济利益冲突时，机构还需要向 FCOI 提交报告吗?

需要。在资助项目进行期间，当不存在金融利益冲突时，在下一年度提交 FCOI 报告的最后期限之前（即在提交年度进展报告时），机构应该更新经济利益冲突信息。年度 FCOI 报告应该解决经济利益冲突的状态，以及管理计划的任何变化。FCOI 报告说明，经济冲突仍在被控制中或包括解释为什么不存在经济利益冲突。

5. 向 FCOI 提交的报告必须包括什么内容?

所有 FCOI 报告必须包括足够的信息来使 NIH 理解经济利益冲突的本质和程度，并评估机构管理计划的适当性。向 NIH 报告 FCOI 中必须包括下列要素但并不限于此。

（1）项目数量。

（2）使用多个 PD/PI 模型，PD/PI 的联系人①。

（3）关于经济利益冲突的研究人员的名字。

（4）研究实体的名字，实体中的研究人员有经济利益冲突。

（5）经济利益性质（如股票、咨询费、差旅费报销、酬金）。

（6）经济利益的价值（允许的美元范围：0~4999 美元；5000~9999 美元；10 000~19 999 美元；20 000~100 000 美元，其后是 20 000 美元的递增；金额在 1 000 000美元之内的，递增量是 50 000 美元），或表明，利益不能轻易参照公开的市场价值或市场的其他合理的措施来确定价值。

（7）描述经济利益是如何与 NIH 资助的研究相关的，以及为什么机构确定经济利益与这些研究是冲突的。

（8）对于机构管理计划主要要素的描述包括以下几方面。

第一，在研究项目中相冲突的研究人员的角色和主要职责。

第二，管理计划的条例。

第三，管理计划是如何设计来维护研究项目的客观性。

第四，研究人员的管理计划协议的确认。

第五，管理计划将如何被监控来确保研究人员合规。

第六，其他需要的信息。

关于 NIH 的资助和合作协议，资助接受方应该使用电子研究管理（电子科研管理共享）FCOI 模式继续提交 FCOI 报告。一旦该机构完全符合监管要求，必须满足额外的报告要求。因此，如果电子科研管理共享 FCOI 模式在这种情况中不要求更新，FCOI 报告应该包含一个附件来解决 FCOI 报告中的最低要求。

6. 由 FCOI 向 NIH 提交的年度报告“由 PHS 资助机构所指定的时间和方式”意指什么?

在进行 NIH 资助的研究项目期间，涉及经济利益状态和管理计划的任何变化，机构必须向 NIH 提交 FCOI 年度报告。必须提交年度的 FCOI 报告（如对资助和合作协议是通过电子科研管理共享的 FCOI 模型），在项目持续期间（包括延长资助或不需要延长的资助），当要求机构提交年度进展报告时，同时也应提交年度的 FCOI 报告（即在开始日期之前的 45 天，或非竞争性延续奖项开始日期之前的 45 天），包括多年度资助的进度报告，或延长时间（例如，在电子科研管理共享所提交的延长通知，或在请求批准之前提交给 NIH 的报告）。需要注意的是，年度 FCOI 报告不是作为年度进展的一部分来提交的，它是通过电子科研管理共享的 FCOI 模块独立被提交的。

---

① PD（The project director）指项目总监，PI 指首席研究员（principal investigator）。

7. 如何向 NIH 报告重大金融利益的价值?

条例中所要求披露的信息，要求在公开披露之前的 12 个月内“收取来自实体的任何酬金”，及“截止披露的日期为止，在实体中的任何股本利益，当合计超过 5000 美元时”必须向承授机构进行披露。因此，要求机构向 NIH 报告所积累的或合计的每个重大金融利益的价值，以来确定经济利益冲突。经济利益报告的价值允许的美元范围包括：0~4999 美元；5000~9999 美元；10 000~19 999 美元；20 000~100 000 美元，其后是 20 000 美元的递增；金额在 1 000 000 美元之内的，递增量是 50 000 美元)，或表明，利益不能轻易参照公开的市场价值或市场的其他合理的措施来确定价值。

8. 从机构收集到信息后，NIH 会做什么呢？NIH 会跟踪每个报告吗?

NIH 专业的科研人员将评估收到的信息，考虑 NIH 资助项目的程序，以确定机构的行动是否足以来管理所确定的经济利益冲突。NIH 将利用信息来监管机构是否符合条例要求。当需要额外的信息来完成 NIH 的审查或处理具体问题时，NIH 将跟踪这项工作。

9. NIH 能要求申请人或保证人提交关于经济利益冲突事项的更多的信息吗?

可以。对于研究人员所披露的任何经济利益及机构的审查（包括任何回顾性审查)，NIH 可以在此期间或之前或之后任何时间进行查询，并且不论披露的信息是否导致经济利益冲突，需要对这样的披露信息进行回应，包括要求提交的要求，或允许所有符合条例的相关记录进行现场审查。

10. NIH 在接受或审查了 FCOI 报告后，会采取什么行动?

NIH 专业和科研人员将评估由机构所提供的信息，以及在审查过程中机构要求的其他信息，这些信息是条例所特别规定的。NIH 可以在任何时间（如披露之前、期间或之后）查询研究人员所披露的任何经济利益及机构对所披露信息的审查，或对所披露的信息进行回应，不论所披露的信息是否导致机构对经济利益冲突进行确定，机构要求提交 FCOI 报告。在某种程度上，如果 NIH 确定了经济利益冲突将对 PHS 资助项目的客观性产生偏见的话，那么需要进一步纠正行动或认为机构没有根据条例来管理经济利益冲突，NIH 可以使条例与 NIH 资助的政策声明一致，并确定强加特别奖励条例，决定暂停资助或其他强制行动，直到问题得到解决。

11. 在相关的情况中，当正在发生的 FCOI 没有变化时，在 2 型（更新）或 3 型（修订）的资助费用之前，机构必须提交一份 FCOI 报告吗?

在更新版资助（2 型）或修订版资助（3 型）中，通过电子科研管理的任何共享 FCOI 模式先于任何资助的支出，应该向 NIH 提交新的 FCOI 报告。当要求机构提交年度进度报告时，也应该提交年度 FCOI 报告，包括多年资助的进度报告或延长资助的报告。

12. 当重大金融利益有变化时，机构必须提交新的 FC0I 报告吗？

如果下列任何提交的 FCOI 要素改变的话，机构应该提交一份新的 FCOI 报告。

（1）项目编号。

（2）FCOI 研究人员的姓名。

（3）实体名称。

（4）重大金融利益的性质。

如果年度报告的重大金融利益的价值有变化，研究人员应该在他/她的年度公开披露中向机构披露这种变化。SFI 价值的变化并不构成一种“新”的 FCOI 报告。年度 FCOI 报告将提供 FCOI 的存在状况，管理计划的任何变化将导致价值的增长。

九、回顾性调查和延缓报告

1. 什么是回顾性调查，什么时候需要它？

每当经济利益冲突没有确定或及时管理时，包括以下三项。

（1）当研究人员不能披露重大金融利益时，重大金融利益是由机构所确定的，并构成经济利益冲突。

（2）研究人员不能审查或管理这些经济利益冲突。

（3）研究人员不能符合经济利益冲突管理计划。

机构应该在 120 天内，来确定机构的违规，完成研究人员活动的回顾性调查，及对 NIH 资助的研究项目进行回顾性调查来确定是否有任何 NIH 资助的研究，或回顾性调查在设计、实施或研究报告中存在偏见。

2. 记录的回顾性调查的关键要素是什么？

机构应该记录回顾性调查，调查必须包括以下关键要素。

（1）项目编号。

（2）项目名称。

（3）PD/PI 或者如果使用多个 PD/PI 模型，需要联系 PD/PI。

（4）FCOI 研究人员的名称。

（5）回顾性调查的原因。

（6）用于回顾性调查的详细方法（例如，审查过程的方法、审查小组的组成、文件审查等)。

(7) 审查的结果。

(8) 审查的结论。

3. 如果在回顾性调查中发现了偏差，机构需要做什么？需要延缓报告吗？

如果发现存在偏见，机构必须及时通知 NIH，并向 NIH 提交延缓报告。在最低限度，延缓报告必须包括在上面回顾性调查中所记录的主要要素，以及描述在研究项目中偏见的影响，机构的行动计划或取消或减轻其偏见对行动的影响，即研究项目的影响、造成的伤害程度，包括任何实际伤害或将来伤害的任何定性或定量数据，以及分析研究项目是否可挽救。此后，正如条例所规定的，机构将提交 FCOI 年度报告。

十、SBIR/STTR 申请者或获奖者

1. 条例是否适用小的创新企业研究及是否适用于小的技术转移企业的项目或资助？

2011 年修订后的条例并不适合第一阶段的 SBIR/STTR 应用，但适应第二阶段 SBIR/STTR 的应用/资助。

2. 如果研究者持有某个公司的股权，可以申请或接收 SBIR/STTR 奖励吗？研究者的股权是 SFI 也必须向公司披露吗？

重大金融利益并不包括“在‘申请人或获奖人’机构的研究人员所持有的所有权权益，如果机构是一个商业或营利组织”，因此，研究人员的权益被排除在披露要求之外，当营利公司是这样的机构，它正申请或正接收 PHS 研究经费，而 PHS 研究是研究人员正在参与的（1995 年的条例有类似的排斥：在机构中任何所有权的权益，在 SBIR 项目中机构是申请人）。

3. 排除了 SBIR/STTR 初期申请之后，可以把初期奖励延伸到次级资金接收方机构吗（如转包或分包奖励）？

如上所述，在 SBIR/STTR 阶段 1 程序中，条例并不适用资助，因此，次级资金接收方不会被通过。例如，一所大学，即是一个次级接受方，在 SBIR/STTR 阶段 1 资助中，不需要做出 FCOI 的确定，正如在 SBIR/STTR 阶段 1 资助中，次级获奖人不需要做出 FCOI 的规定一样。

十一、次级资金接收机构（如分包商或合伙成员）的职责是什么？

承授机构负责确保任何次级资金接收方将符合条例的要求，并向NIH报告次级资金接收研究人员确定的经济利益冲突。作为次级资金接收者条款的一部分书面协议，承授机构必须被纳入进去；承授机构的经济利益冲突政策是否建立，次级资金接收者是否适应次级资金接收研究人员，包括满足披露经济利益冲突要求的时间周期。

依靠于经济利益冲突政策的次级资金接收机构，必须向承授机构报告确定的经济利益冲突，以有足够时间来允许承授机构向NIH来报告经济利益冲突，履行报告义务。次级资金接收方必须符合获奖者机构的政策，次级资金接收方必须向获奖者提交所有研究人员的重大金融利益，以有足够的时间让获奖者来审查、管理FCOI，并向NIH报告确定的FCOI。获奖者机构负责监测次级资金接收方，次级资金接收方符合重大经济冲突条例、管理计划及向NIH报告所有确定的经济利益冲突。

十二、培训要求

1. 条例要求研究人员进行培训吗？

每位研究人员（正如条例所规定的），包括次级资金接收的研究人员，必须在从事NIH资助研究之前完成培训，至少每四年进行一次培训，并且直接是在指定的情况下。

（1）机构经济利益冲突政策以某种方式的变化，影响了对研究人员的要求。

（2）研究人员是新进入机构的。

（3）机构调查发现，研究人员不遵守机构的经济利益冲突政策或管理计划。

机构可以利用校外研究的NIH办公室的现有资源——经济利益冲突的网站①来满足一些培训的要求。然而，机构还必须提供另外的培训，关于研究人员有职责披露重大金融利益及披露机构关于经济利益冲突的具体政策。

2. 这种培训是关于研究者通过补助正接受NIH资助，或者当通过合作协议来实施和发布FC0I机构政策时，研究者应该什么时候完成经济利益冲突的培训？

根据2011年修订条例所规定的，预计机构在365天执行期内会发展和执行

① 参见：http：//grants. nih. gov/grants/policy/coi/.

它们的金融利益冲突政策。正如最终规则所要求的，一旦机构执行和公布它们的经济利益冲突政策，那么预期研究人员要完成所需的培训先于NIH资助研究，或者资助的发布日期是在机构实施日期之后，或者通知资助的发行日期是在机构执行日期之后。

3. 在机构落实监管要求之前，所有的研究人员必须根据2011年修订条例的要求进行经济利益冲突的培训吗?

实施日期可以在这一日期之前，即在所有的研究人员已经经过培训的日期之前。如果实施日期不到365天（即2012年8月24号），所能预期的是，所有NIH资助的研究人员，将在从事NIH资助项目之前来完成他们的培训义务。

4. 在某些情境下，要求机构“即时性”去培训研究人员。在这种情形中，如何定义即时性?

在机构经济利益冲突政策中，NIH预期机构所定义的即时性是建立一个合理的时间表，要求研究人员必须在规定的情况下完成培训。虽然条例并没有准备定义一个时间表，但所期望的是，机构将优先确保研究人员理解或遵守条例的要求，该机构的经济利益冲突政策强化了培训的需要，以便能够迅速处理问题。

第十一章 处理和预防科学利益冲突的指南

本章将根据上述英美应对科学利益冲突的政策法规，概括和归纳出处理和预防科学利益冲突的一般规则和指南，为我国处理、预防类似问题提供一种可能的政策性依据和管理方法。

第一节 关于一般科学活动中的利益冲突

一、科学利益冲突的定义

科学利益冲突是指这样的境况，在这个境况中，研究人员包括科学家和医生与其所属组织之间及他/她代表的其他组织之间有利益关系时，特别是研究人员同时为这两个组织工作并从中获得个人利益时，利益因素影响或危及研究人员做出正确、客观和公正的专业判断，从而危及公共利益。

二、可能产生利益冲突的境况

（1）从事的研究倾向于私人企业的需要。

（2）从获得个人利益的公司购买仪器和其他材料。

（3）为个人目的将政府资助的研究结果进行不适当的转移。

（4）不适当使用特权信息。

（5）影响与政府资助的研究有关的合同和协议。

（6）在政府资助的研究合同方面，接受与大学进行商业活动的公司的赠物。

三、利益冲突的披露

（1）在批准的知情同意书中，根据规定，额外信息的解释应提供给研究对象。

（2）向出版物编辑、会议发起人披露成果是否涉及利益冲突。

（3）在研究结果的任何口头或书面的大众传播中，要向学术界和外行的观众及新闻界披露。

（4）向研究的资助者和赞助商披露。

（5）按照国家法律或法规的要求，向相关部门的领导披露。

（6）向所有从事研究项目工作的研究者、研究人员、学生和实习生披露。

（7）向涉及冲突的个人的领导（如主席、处长、院长等）披露。

（8）向临床试验的赞助商和其他参与机构披露。

（9）当相关时，向诊所或医院管理者披露。

四、独立复查人对研究计划的修改与审查

（1）修正财务安排。

（2）建立专门的监督程序，以确保研究的真实性。

（3）在公共机构中的财务决定和研究决定之间建立一道“防火墙”。

（4）在极端情况下，禁止所提议的研究。

五、剥夺研究者冲突的经济利益和盲目信托中的安排

（1）让机构中对研究或外部企业没有任何关系的个人或人们，进行客观独立的数据监测，以确保有效性。

（2）审查研究设计，以解决经济利益中的潜在偏见。

（3）禁止将涉及冲突的人作为主要的研究者。

（4）禁止将涉及冲突的人作为共同负责人或研究者。

（5）禁止涉及冲突的个人参与数据的收集。

（6）禁止涉及冲突的个人参与数据的分析。

（7）审查作者的地位。

（8）对由具有足够独立性和专业知识的个人或群体组成的整个研究项目进行监督，以评估项目的研究和进展情况。个人（群体）可能是来自内部或外部机构。

（9）由第三者保存资产净值利益，直到控制条件被满足。

（10）禁止研究者卷入研究的合同谈判中。

（11）断绝产生冲突的研究者的关系。

六、剥夺研究者参加部分研究的权力

（1）剥离各自的利益。

（2）将利息率减少到可接受的水平。

（3）限制行使/买卖股票期权或股票。

（4）如果利息由特许权使用费、相关研究的进度付款、因为技术的许可而得到的部分或全部的赔偿组成，该机构不妨考虑推迟或放弃付款。

第二节　关于人受体研究中的利益冲突

一、管理理念

（1）坚持基本的学术价值观。
（2）保持一个开放的学术环境。
（3）为研究者和机构研究提供独特条件。
（4）研究与机构的使命一致。
（5）适当限制研究成果的出版或传播。
（6）适当使用机构的资源和设施。
（7）降低人受体研究的风险。
（8）消除对学生、实习生、初级教师和工作人员的剥削。
（9）建立沟通和监督研究项目的适当渠道。
（10）所做研究会对社会产生重大利益。

二、管理原则

1. 责任分化原则

研究过程、经济决策过程和代理人必须分开。如果一个机构没有将人受体研究的监督和管理责任从它的机构经济利益的管理责任中分开，那么，危及人受体的安全性和研究项目的完整性的风险会显著提高。机构及其领导必须将决策研究的委托人从涉及机构的业务投资或其他经济利益的所有决策、过程和工作分开。

2. 可反驳推定原则

是否在机构的利益冲突之前寻求一项特殊的人受体研究项目，这个决定应由反对在机构的赞助下做研究的可反驳推定来控制。可反驳推定是说：如果情况是迫不得已的，且与委员会已批准的一项有效的管理计划冲突，这种假设可能会被推翻。机构利益冲突委员会认为是否是迫不得已的情况应取决于每个案例中科学的性质、利益的性质、利益与其相关的研究的密切程度、人受体研究的风险程度，以及在何种程度上的利益可能会受研究的影响。委员会应凭借机构的属性（如特殊的设施或设备、独特的患者群）和机构中研究者的经验与专业知识，评价这个机构是否是唯一有资格进行研究并保护人受体的利益。

3. 外部审查与监督原则

评价是否存在迫不得已的情况，首先是常设委员会的责任，作为机构的管理规定，最终的决策权属于总裁/校长或管理委员会。如果机构的利益冲突委员会确定允许该项目继续进行，它应该批准和记录做出决定的基础和条件。如果涉及人受体，机构利益冲突委员会应向相关的制度复查部提供报告。在特定情况下，外部的制度复查部和外部的监督管理机构及其他管理机构作为利益冲突的管理者，可以确保对研究进行足够的监察。制度复查部应要求在知情同意文件和其他相关的情境中披露机构的利益冲突。

三、管理规定和流程

（1）确定机构的领导、董事会成员、院长、系主任、处长及中心主任等的潜在利益冲突，通过该机构的机构或个人利益冲突政策监督人受体研究。

（2）确定机构领导有哪些。这可能是由领导（如院长、系主任、中心或研究所主任、科长等）决定，或由功能（即关于人受体研究的监督或决策元素）构成，或两者兼而有之。机构应谨慎说明这个政策是如何具有包容性。

（3）对机构所持的股份制定一个具体的报告标准。对于机构领导，要详细说明个人的利益冲突政策所涵盖的活动和资产。

（4）所有机构及其领导的经济利益应到指定的机构办公室报告（定期更新），并受到机构利益冲突政策的审查。

（5）成立一个机构利益冲突委员会，即机构要选择建立委员会去解决个人利益冲突。

（6）负责技术转让和授权的机构办公室应随时向机构的利益冲突委员会（或指定的机构领导）报告，作为许可协议的结果，机构可以获取股权、版税或赞助人受体研究的其他利益，并且作为协议的一部分，赞助公司随时被允许参与机构的人受体研究。

（7）应在机构利益冲突的过程和制度复查部的监督之间建立机构的报告链接。

（8）当机构的利益冲突委员会决定潜在的机构利益冲突是否应消除或它是否能让研究进行时，这些决定都应该被记录在案，并告知受影响的个人和领导。

（9）给大学的礼品必须与研究协议的赞助和赠款区分。礼物不应有任何明示或暗示的选择条件，而赠款采取与大学的使命、研究政策、非营利的地位相一致的方式，含有关于信息共享的条件。两者都会产生潜在的机构利益冲突，这就需要机构的利益冲突委员会认真考虑。

（10）由于礼品和慈善事业可能会带来潜在的机构利益冲突，机构应授权唯一指定的机构领导代表机构接收礼物、金钱或其他物品。

（11）应广泛进行宣传，并让公众充分了解机构利益冲突政策。

四、潜在利益冲突的识别

以下一种或多种情形都可能在人受体研究中形成潜在的机构利益冲突。因此，如果存在下面任何一种情况，机构都应进行具体的、以事实为依据的调查，看是否有特别的经济关系会影响或看似合理影响机构主持下的人受体研究。

（1）当在以研究性产品为主题的研究中，机构有权从产品的销售中获得税费时。

（2）当通过其技术许可活动或与这种活动有关的投资，该机构在赞助人受体研究的非公开交易中已取得一种股权或价值股权的权利（包括购股权或认股权证）时。

（3）当通过其技术许可活动或与这种活动有关的投资，该机构在赞助的人受体研究的公开交易中已获得所有权利益股权（包括购股权或认股权证）时。

（4）对于在机构中执行，或在机构的支持下进行的一项具体的研究项目，人受体研究中负有直接责任的机构领导在商业研究赞助商或研发的商品获得重大的经济利益。

重大金融利益的可能情形如下。

（1）在非公开交易的公司（机构中人受体研究的赞助者，在人受体研究中或在机构的支持下进行研究或测试的产品的制造商）的任何数量的股权或权益(包括购股权或认股权证)。

（2）在机构执行或支持下的人受体研究的赞助商在公开交易中超过最低金额的股权或权益（包括购股权或认股权证)。最低金额由国家法规限定。

（3）咨询费用、顾问委员会费用、报酬、酬金、礼品或其他酬金或公司的“实物”补偿，总计超过最低金额，或预计在未来12个月超过该值。

（4）无论是以个人或代表的身份，以公司受托人的角色预约服务。这种服务是否能收到报酬，通常情况下，将涉及在该公司担任管理人员、董事或其他董事会任命的成员。

（5）除非官方目前没有重大金融利益的赞助或研发产品，并且同意在由该机构执行或支持下的任何相关研究完成后不到三年时间，不持有这样的利益，否则由该机构执行或支持下进行的人受体研究的商业赞助者担任科学顾问委员会成员。

此外，还有其他关系可能值得特别审查。机构应通过对机构利益冲突潜力的评估和对人受体研究的风险大小的测量，确定所需的所有关系或利益的性质和对它们的审查程度。这种关系包括但不限于以下几个方面。

（1）当拥有研究监督权的研究者、研究管理员或机构的领导，加入到采购或采购决策中，包括主要从赞助该机构的人受体研究的实业公司购买，或与其签订非日常供应的合同时。

（2）当该机构从人受体研究的潜在商业赞助商那里获得了丰厚的礼品（包括实物礼品）时。潜在赞助商的礼物的评价可能包括：礼物是否有足够的规模，甚至被用来捐赠给机构，成为整个机构的利益，它可能会影响该机构人受体研究的监督；礼物是否被用来展示进行人受体研究的大学、学校、院系、机构或其他单位的利益；任何机构的有权利人员，是否根据他/她的职位，影响或表现出影响涉及礼品的征集的人受体研究的执行、审查或监督。

一旦潜在的机构利益冲突被认可，就必须确定迫不得已的情况是否能够证明反对研究行为的可反驳推定。要解决该问题，应考虑如下理由。

（1）所涉及的学科的性质。

（2）机构利益冲突的描述和与研究相联系的密切程度。

（3）研究中研究对象的潜在风险的大小，以及哪些风险怎样受到机构的利益冲突结果的影响。

（4）参与方坚持从研究中获得利益的程度。

（5）在迫不得已的情况下，是否允许研究进行，如果允许研究进行，那么做出这种决定的原因是什么。

（6）如果存在迫不得已的情况，管理计划细则包括：制度复查部的通知；如果涉及国家资金，赞助项目办公室为提醒赞助实体以符合适用联邦规定的通知；关于披露机构利益冲突的刊物、简报、申请许可证，以及其他交流的类型的需求。

五、管 理 方 法

（一）公开披露

披露是指机构内或机构外的人们在特定的人受体研究中关于经济利益的相关信息的释放。披露本身并不需要包含所有相关的信息，它仅包含利益冲突，根据要求提供利益冲突细节的额外信息，如它是如何被管理，以及是如何容易被披露的对象获取的。

（二）保护人受体

在一个冲突的研究者和人受体参加拟研究项目的过程中，必须接受最严格的审查，因为这种过程充满了道德困境，并在执行中有潜在的危害，因此应该考虑以下问题。

（1）在什么情况下，利益冲突的个人应被允许参加到人受体的招募中？

（2）在什么情况下，利益冲突的个人应被允许参加人受体的选择，包括接收/排除的筛选标准是什么？

（3）在什么情况下，利益冲突的个人能参加知情同意的过程？

（4）在什么情况下，利益冲突的个人应被允许参加人受体的临床试验，并从研究过程或程序中隔离？

（5）在什么情况下，利益冲突的个人应该被允许参加人受体在研究过程中的临床评价，并能从研究过程或程序，包括不良事件的评估和报告中隔离出来？

（三）尊重学生、实习生和同事的利益

当学生、实习生和他们的年轻同事及教员一起参与人受体研究项目时，可能会有重大的隐患。相关机构应解决以下问题。

（1）在什么情况下，学生、实习生和年轻的教师及工作人员应该被允许参与由涉及冲突的高级或指导教师和工作人员执行的研究项目？

（2）在什么情况下，学生、实习生和年轻教师及工作人员应该被允许在新成立的公司工作，而这个公司涉及利益冲突的教师和工作人员，他们有权力或影响力对学生、实习生和年轻的教师及工作人员进行管理？

（3）在什么情况下，学生、实习生和项目的年轻教师和工作人员应被告知有潜在的冲突？

（4）在什么情况下，由涉及冲突的人员，包括学生、实习生和/或年轻教师和工作人员所做的外在于研究活动的学术决定应该由他人审查？

（5）在什么情况下，参加项目的学生、实习生和年轻的教师和工作人员应该获得高级教师和工作人员或管理员的监督？

（四）保证研究和数据的完整性

要确定人受体研究和数据完整性的风险，以下一个或多个技巧应予以考虑。

（1）让机构中与研究或外部企业没有任何关系的个人或人们进行客观独立的数据监测，以确保有效性。数据监控可以通过一个常设委员会来完成，也可以由一个对该研究领域非常熟悉且有该领域的专业知识的人来完成。

（2）审查研究设计，以解决经济利益中的潜在偏见。

（3）禁止将冲突的人作为主要的研究者。

（4）禁止将冲突的人作为共同负责人或研究者。

（5）禁止冲突的个人参与数据的收集。

（6）禁止冲突的个人参与数据的分析。

（7）审查作者的地位。

（8）对由具有足够的独立性和专业知识的个人或群体组成的整个研究项目进行监督，以评估项目的研究和进展情况。个人（群体）可能是来自内部或外部机构。

（五）消除经济利益

消除或减少人受体研究中的利益冲突是一种根本方法。这种方法主要关注经济利益的性质和/或关注冲突的个人与成为经济利益的主要来源的外部实体的关系，目的是限制当事人的经济利益，而不是限制研究者的活动。

第三节　美英应对科学利益冲突的成功经验

一、确立防止利益冲突的一般原则

（1）承担教育学生的义务。

（2）承诺学术自由。

（3）致力于推进对自然界和人类环境认知及认知的范围和深度。

（4）在关心和参与研究的条件下，保证人受体的安全。

（5）承诺知识的开放及对知识的及时沟通和传播。

（6）承诺既保护环境，也要保护研究、知识和公众服务的完整性与客观性。

二、确定利益冲突的含义和适用范围

利益冲突一词只适用于当前的利益，而不适用于过去的利益，已经过期的、不再存在的利益不能合理地影响当前的行为。它也不适用于可能的利益，可能会在未来出现，但目前并不存在，因为这样的未来利益本质上是投机的和不确定的。

利益冲突不仅适用于个人经济利益，也适用于与第三方有实质性的共同经济利益。因此，在评估一个人的潜在的利益冲突时，不仅必须要考虑其个人的经济利益，而且要考虑其配偶、未成年子女、其雇主、个人的业务合作伙伴，以及其他与其个人有实质性的共同经济利益的人。

利益冲突通常主要指经济利益的冲突，具体包括以下几方面。

（1）就业关系（包括私人和公共部门就业与自主创业）。

（2）咨询关系（包括商业和专业的咨询与服务安排，科学和技术顾问委员会成员作为诉讼的专家证人），股票、债券和其他金融工具与投资人包括伙伴关系。

(3) 房地产投资；专利、版权和其他知识产权利益；商业所有权和投资利益。

(4) 提供服务以换取酬金和差旅费用报销。

(5) 研究经费和其他形式的研究支持。

科学研究中的经济利益包括以下几方面。

(1) 咨询费用、酬金，包括来自第三方的酬金、礼物、实物补偿、咨询费、讲座费、旅行费。

(2) 股权利益，包括在非公开交易经济利益公司的股票权。

(3) 在公开交易经济利益公司的股票权和股权收益。

(4) 版税收入，或由于专利许可或著作权而享有将来版税权利，尤其是研究与技术许可或相关工作直接相关。

(5) 任何非版税支付或与研究相关但与研究的合理费用不直接相关的支付权。这包括超过合理费用之外的支付给研究人员的奖金或付款；无论这些支付款项是来自经济利益公司或来自机构。

(6) 作为有经济利益的公司的领导、经理或任何其他信托角色收到的服务费。

研究中重大金融利益不包括以下例外情况。

(7) 公开交易的任何数量的利益和各种共同基金。

(8) 对机构所付款项，或机构对个人的支付款项，这些款项与研究中产生的在赞助者和机构研究协议中详述的合理费用直接相关。

(9) 薪水和其他用于机构服务的款项。

三、建立利益冲突委员会或者工作小组开展审查工作

利益冲突委员会或者工作组的第一个任务就是评估研究中可能或者已经出现的利益冲突，评估与保护人受体相关的科研管理政策；第二个任务是检查出现的问题，这些问题是从提高产业和研究型大学之间的合作，特别是个人和机构在经济利益上的冲突中所产生的。其目的一是帮助大学履行其义务，即在研究中防止潜在个人利益冲突以实现研究的客观性，改进现有管理系统和监管法规；二是在研究中防止潜在的机构利益冲突以实现客观性，发展政策和原则。

对于涉及人受体的研究需要特别审查。由于研究涉及人类带来了风险，任何在研究中的相关经济利益涉及人类一般不应容许。如果在引人注目的情况下证明这个一般规则有例外，研究应该受到更严格的管理（包括向研究者和学生披露信息），以确保研究的完整性和人受体的安全。注意医生/人受体的关系和特殊要求，维护人受体的利益高于一切。

制度复查部要求研究者的报告要根据其最初向制度复查部的预约，每年更新

并当发生变化时更频繁地更新。制度应详细说明制度复查部主席、管理者怎样认定、评价制度复查部成员的潜在利益冲突，并明确任何有冲突的制度复查部成员必须在商讨关于制度复查部成员有潜在利益冲突时回避。

四、报告和披露利益冲突

报告是由相关人员向机构领导、利益冲突委员会提供人体试验中的重大金融利益信息，或者通过制度性渠道传递这些信息。披露意味着向利益冲突审查机构和管理流程以外的当事人，如研究者或编辑，发布关于人体试验中重要的经济利益信息。

比如，美国医学院校协会对机构内部报告的建议是："应该要求相关人员向机构报告所有重要的经济利益，经济利益应合理地展现出它受个人当前或预期的人受体研究的影响。在编制报告时，相关人员必须明确地声明他/她是否有这样的经济利益；失败的报告是不能接受的。报告应至少每年一次，当重要的经济利益发生临时变化时要及时更新。"利益冲突的信息要及时向如下方面披露。

（1）向机构披露财务信息。个人包括全体教员，职工，参与设计、实施、管理或报告研究的管理员，金融利益包括股本、咨询费和其他款项。披露与政府赞助的相关研究（不服从监管）的金融利益，确保所有潜在的利益冲突是可识别和可处理的。

（2）向出版物披露财务信息。当个人从事研究向出版社提交手稿时，他们应该披露任何与他们研究相关的金融利益。符合披露利益冲突所采用的国际委员会医学期刊编辑政策，出版物应打印此信息以便向公众开放。

（3）在口头陈述上披露财务信息。当报告研究结果与研究相关的任何金融利益时，个人从事的研究应该向他们的受众披露。

（4）向国家或者机构的有关部门披露财务信息。使用国家科学基金的机构要向国家科研管理部门报告该机构发现了利益冲突的存在，并保证该机构已经在资金支出前管理、减少或消除了冲突。

（5）披露人受体审查过程的财务信息。人类研究保护系统负责确保人受体的知情权。在机构领导负责利益冲突的过程中，国家科学技术委员会或者国家科学基金会的利益冲突法规和政策应该授予其权威确定是否个体有利益冲突需要管理、减少或消除。

披露程序应具体说明经济利益是经过安排的，而并不限于以下方面。

（1）咨询费或其他费用。

（2）版费。

（3）股票、股票基金或股票期权。

（4）制度上规定的投资者的份额。

（5）董事会或其顾问或受托责任的职位。

（6）本应被明示或另将会被表明的一种类型的安排，或这些的组合。

就人受体研究的内容形式的披露而言，AAMC 报告指出："内容形式的披露具体措辞应该由制度复查部确定，但应包括一种事实解释，即经济利益的问题已被利益冲突委员会审批，受委员会的监督，并由委员会和 IRB 决定不会对研究对象的福利或研究的完整性构成任何额外的重大风险。"

五、重视迫不得已的情况

迫不得已的情况是指研究中难以估计和预料情形的出现或发生。美国医学院协会的经验是：在迫不得已的情况下，有明显的经济利益冲突的个人也可能在人受体试验中被允许进行研究。当经济利益与研究直接相关并受其充分影响时，这些情况是否可信将取决于科学的本质、利益的本质、利益和研究的相关度，以及利益被研究影响的程度。

例如，有一部分股权在生产研究产品的新兴公司，那风险和障碍就最大；但有时直接的、潜在的、丰厚的经济利益在某些情况下会被证明是可取的。当一个人靠实践和经验持有唯一的资格利益，并且没有这个人研究不能安全进行，他/她应被允许有反驳推定经济利益的机会，通过事实获得利益冲突委员会机构的认可。在确保有效的冲突管理、可靠的研究监督的条件下，利益冲突委员会会同意这样的一个人参与到研究中。

六、建立规范系统的管理程序

科研机构和大学在国家法律和制度框架下，建立各自的关于利益冲突的审查、预防和管理系统，如设立利益冲突委员会及专门的办公室，建立科学规范的电子管理平台。哈佛医学内联网（HMI）就是一个值得借鉴的做法。

第四节 科学利益冲突的防范机制与管理模式

一、预防原则

（1）自我控制。自我控制要求研究者自律。从具有潜在利益冲突的活动自我排除是自我规范的关键。科学家不参与有潜在利益冲突的研究项目，要有自我约束意识。这其实就是科学家在利益面前的道德问题。

（2）同行评议。同行评议是科学评价过程的普遍规则。任何科学发现和理论成果都应该通过同行评议得到承认。同行评议作为一种内部管理形式也不是完美的，它缺乏科学共同体外的监督，可能导致对大多数神秘研究中错误的承认，而且不一定能识别出研究中的偏见，或者由于“人情”因素而可能失去客观性和公正性。

（3）政府干预。政府行政部门通过制定政策对科学研究中的利益冲突进行控制，这是政府的权利优势。例如，在美国生物医学领域，PHS 就是相应的政府管理部门，它对控制利益冲突做出相关规定：“接受性组织必须建立安全措施预防雇员（研究者）、顾问或管理机构人员利用职务为个人利益或家族利益或其他相关人谋利。每个得到经济支持的协会必须建立起关于利益冲突的政策方针及其预防措施。这些政策方针应该反映国家和地方法律，必须包括经济利益、礼品、赠物和喜爱之物、裙带关系及其他领域如政治影响和行贿受贿。”

（4）过程公开。对于涉及研究过程中的利益和对研究结果的评价过程要公开。研究项目从立项到启动和完成的过程应该是公开的。公开活动一般每年一次或特别指明。许多政策规定，对责任的检查以职员承认潜在冲突境况为基础：“决定外部活动是否存在利益或委托事项冲突的责任首先在于涉及的职员。如果对于外部活动是否可能构成冲突存在任何合理的怀疑，职员必须咨询他/她的院长。”加利福尼亚大学强调公开形式必须由职员自己以书面形式提交大学管理部门并归档，并规定，来自非政府机构超过 250 美元的项目，接受资助人的礼品不得超过 250 美元；资金的补充、合同期限和资金的支出都要及时提交管理部门，以便于监督。许多大学成立一个常务委员会来评价、判断潜在的利益冲突，处理已经发生的利益冲突。比如，纽约大学的常务委员会一般由一个主席和六个委员组成，这些委员都是大学的资深职员，由大学委员会主席任命，为期三年。

（5）内容公开。利益内容公开的形式主要有两种：一是要求职员填写大学制的表格，这将使广泛的潜在相关外部活动公开化；二是根据相关政策让职员理解和承认潜在冲突的境况。后一种形式将产生更少的非相关信息，但要求更依赖职员对他们的活动保持警惕和客观。不同的研究机构公开的活动范围不同。由于强制性服从应用于国家公务员的条例，对于国家机构，公开要求更严格。对于公共和私人机构，下列经济和管理活动是要求公开的：①产权（股份）持有；②兼职职务；（3）兼职收入；④礼品；⑤谢礼；⑥贷款。这些活动可能存在潜在的利益冲突。

（6）处罚。这是处理利益冲突的严格原则。在处理可能的冲突时，政策法规有时并不十分明确。这并不必然说明政策不完善，而是利益关系太复杂，政策很难涉及。比如，AAMC 建议在进行适当的评价后，规定大多数境况是：不可接受和禁止的；经一个或多个委员会推荐容许执行来排除某些不适当的偏见和活动；容许个人信息不表达一个可能不合理的偏见或不适当的活动。AAMC 描述解决许可但有潜在问题的境况的选择权包括：所有相关信息的公开；研究工作的再形成；对意见过程的密切监督；剥夺相关个人利益；禁止或避免卷入相关研究项目；禁止学生卷入不适当研究项目；中断可能产生冲突的兼职工作。当故意违反政策法规的事件发生时，仅仅通过罚款来消除冲突是不够的，还需要实施严厉处罚，如通报批评或免职。其他处罚还有：正式警告，记录在案，禁止申报项目等。

概言之，应对科学利益冲突的原则有以下几点。

（1）公开冲突。

（2）剥夺可能影响研究者科学判断能力的利益。

（3）有利益关系者不参与相关成果、论文的评审，不发表有倾向性的言论。

（4）求助于调整利益冲突的法律、规则和政策。

（5）加强职业道德教育。

（6）制定、颁布鉴定利益冲突的明确标准和指南。其中，公开是避免利益冲突及其负效应的最有效手段。

二、管理模式

大多数政策法规通常使用三个模型来管理利益冲突。

（1）禁止产生冲突的特殊活动类型。

（2）根据详细审查和控制的变化层次对活动进行分类。

（3）在个案基础上不依赖禁令和分类来评价各种活动。

相关机构通过制定严格的政策法规控制可能产生的利益冲突，如斯坦福大学强调："某些境况必须避免，因为即使完全公开也不能满足大学或合同要求，这些行动得不到大学的批准和认可。"这些境况包括：未被授权的大学资助的研究产品、材料、信息等的转移；利用特权信息为个人牟利；与个人有密切关系的公司进行合作；接受与大学进行商业活动或研究的私人公司的赠品或其他东西。这些境况是大多数组织机构普遍禁止的。美国医学协会（AMA）建议禁止可能导致研究中利益冲突的金融交易，"一个临床研究者一旦涉入一个公司的研究计划中，或知道他/她可能涉入研究计划中，作为个人的研究者不能在道义上卖或买该公司的股票，直到研究活动结束且研究结果发表或公开"。霍普金斯医学院还进一步禁止相关金融利益的所有权，"当该公司通过金融或其他方式支持他/她的研究工作，包括支持辅助人员、非本单位雇员和学生的工作时，在一家公司任何时候，职员及其配偶和子女都不能拥有或控制股票或职员优先认股权。"这些禁令通常没有涉及可能在研究结果方面具有同样强烈的利益的实体，如那些既是研究的资助人又是受评价产品生产者的实体。另外，有些禁令可能只针对职员，并不包括研究者的家庭成员和社会关系。

分类模型就是对科学活动进行分类，以进行有效评价。

（1）具有最大利益的关系/活动——只有在批准和勘漏后才被允许。

（2）正常许可的关系/活动——随后要公开和勘漏。

（3）常规允许的活动。该校没有禁止先前的任何特殊关系而是集中于个案分析。

分类模型清晰划分了什么构成了职员的适当和不适当行为。这样，许多冲突境况就可能避免。

三、利益冲突管理计划中应遵守的证据

（1）冲突的个人同意提供的项目的副本。

（2）任何监督的个人或团体报告的副本。

（3）数据分析计划的副本。

（4）保证书的副本。

（5）披露的副本。

（6）出版物的副本。

（7）与学员关于冲突的交流的副本。

（8）海报、摘要、数据和其他材料的审查。

（9）与经济利益相关的财务记录的审查。

四、利益冲突政策和程序应遵守的证据

（1）受利益冲突政策影响的个人经济利益的报告记录。

（2）咨询和其他外部关系的记录。

（3）给机构所送礼物的记录。

（4）利益冲突的审查委员会的定期会议的时间安排。

（5）会议所产生的会议纪要。

（6）各种群体或个人的潜在利益冲突的披露记录。

（7）监督组或安排的记录或会议记录。

（8）冲突管理计划的记录。

（9）向相关管理部门通知的记录。

五、利益冲突的风险管理

潜在风险与可能利益的范围具体如下。

（1）被征召或参与研究人受体的风险。应该确定冲突在多大程度上可能提高受体的风险，取决于受冲突个体如何征召受体，以及根据合同如何对待受体。

（2）冲突个体对数据偏见造成的风险。在多大程度上冲突的个体能与数据

整体性达成妥协。

（3）利益冲突表现的风险。无论是否真实存在利益冲突，对经济利益风险的表现做测定是非常重要的。

（4）冲突个体和机构声誉的风险。即使冲突已解决，考虑冲突个体和机构的声誉受损程度也很重要。

（5）如果研究允许照计划进行，医学、科学和公众健康的利益会增加。反之，如果研究不允许进行，效益可能会降低，如果研究允许进行，那么效益可能超过风险的程度如何。

减少或取消利益冲突的方法具体如下。

（1）剥夺外部利益。

（2）取消外部利益管理。

（3）拒绝任何外部补偿。

（4）减少外部补偿量。

第五节　对我国建立利益冲突管理政策的启示

（一）健全我国科技管理体制

中国的科研活动中由于利益冲突引起的不道德行为，很重要的一个原因在于中国科技制度的不太健全。

首先，要尽快转变科技体制中的权力高度集中的运行和管理模式，建立起一套与市场经济相适应的现代科技管理新体制，改变过去那种单纯以行政手段管理教科研的模式，综合运用法律的、行政的、经济的手段进行管理，并在此基础上实现体制创新、强化监督，如完善现行的学术激励、成果评价、职称评审等一系列制度。

其次，建立科学不端行为监察制度。中国目前仅有国家自然科学基金委员会设有专门的监察部门，由于缺乏全国统一的监察制度和机构，大量被揭示的不端行为往往因为惩戒制度和执行机制的缺失而得不到及时有效的处罚。中国科学院完成的《我国科学道德与学风问题基本分析和建议》建议：国务院科教领导小组尽快建立专门的监察委员会或办公室，建立对科研不端行为的监察网络，它包括政府科研投入资助监察机制、大学和研究机构监察机制及科学团体监察机制等。

最后，建立专门的审查委员会或工作组。在大学或研究机构中指派一个专门组织是十分有必要的。这个组织在审查公共机构及其主要负责人是否与外部具有财务关系方面具有权威性。它会专门审查那些牵涉患者或被试者的冲突。它也会考虑该公共机构金融资产流动的程度，因为这些资产流动得越慢，高校在企业中的资产就会越受到研究（和其他由该公共机构做出的决策）的影响。工作组使用的选项包括以下几方面。

（1）修正财务安排。

（2）建立专门的监督程序，以确保研究的真实性。

（3）在公共机构中的财务决定和研究决定之间建立一道“防火墙”。

（4）在极端情况下，禁止所提议的研究。

（二）制定有效的科学规范

科学规范是科学活动的主体，包括科学家和其他各种类型的参与者、介入者及施加影响者，所应遵循的行为规范与道德准则。科学活动已发展成为一项高度组织化了的、规模空前的、直接影响着国家乃至于整个人类的利益的事业，因而科学规范显得尤为重要。目前我国对于科学内部的规范，有关单位已经建立了有关制度。在进行科学研究时，必须遵循严格的研究程序，不得弄虚作假或任意杜撰；在进行科学评价时，注重同行评议，强调可重复性、可检验性，提倡创新，反对抄袭与剽窃；在进行科学交流时，尊重首创，强调信息共享与团队精神，反对学霸作风。比如，《中国科学院院士科学道德自律准则》中规定：反对学术上的浮躁、浮夸作风；坚决抵制学术界的腐败和违规行为；充分尊重学术领域中的不同意见，警惕和反对学霸作风；反对以院士的名望侵占他人成果；在参与各种推荐、评审、鉴定、答辩和评奖活动中，坚持公平、公正原则，实事求是、不徇私情等。

（三）制定有效的学术道德规范

对于科学的社会运作规范虽然也有一些规定，如《中国科学院上海生命科学研究院科研行为守则（试行）》中就规定：“生科院的研究人员在生科院进行的科学研究成果都属于职务发明成果。研究人员本身或其直系亲属与商业公司有利益关系时，研究人员有责任在计划、从事和汇报相关研究项目时，向生科院说明其中的利益关系；在申请基金和研究项目时向相应的机构说明利益关系；在参加会议和发表论文时也要注意其中的利益冲突问题。”《清华大学教师学术道德守则（试行）》对如何避免学术研究中的利益冲突问题做出了明确的规定。例如，第三十一条规定：“评议专家与评议对象存在利益冲突（如存在亲属关系、师生关系、校友关系、同事关系、竞争关系）时，为保证评审的公正性，评议专家应及时向评审组织机构申明利益冲突，由评审机构决定是否应予以回避，或采取其他相应措施。”

(四) 加强学术道德教育与建设

当前我国的科研活动中由于利益冲突所引起的各种学术腐败，还有一个很重要的原因在于“自律”的失控，一些人思想滑坡、道德失范。造成这种现象和社会经济转型期制度不健全、社会上出现不良观念和风气、科技人员收入偏低有关。因此，一方面要严格自律，加强对科学工作者的道德教育，同时科技人员要主动加强自身的道德修养，遵守学术规范；另一方面要严厉处罚。也就是说要制定出严格的学术规范，明确惩罚、制裁措施。在这方面，各高等院校及科研院所都做了大量工作。比如，北京大学修订了《北京大学教师学术纪律规范》，明确规定，对抄袭他人已经发表或未发表的作品，或者剽窃他人的学术观点、学术思想等违反学术纪律的行为，分别给予警告、记过、记大过、降级、撤职、解聘或开除等纪律处分。在人事录用、学术晋升、项目审批和考核评估之前，认真调查候选人遵守学术纪律的情况，对有违反学术纪律行为的，实行一票否决。

(五) 公开利益冲突

对于解决经济利益冲突，我们还可以借鉴美国的经验，采取一些具体的、可操作的手段。比如，剥夺可能影响研究者科学判断能力的利益；有利益关系者不参与相关成果、论文的评审，不发表有倾向性的言论；求助于调整利益冲突的法律、规则和政策等。也许更重要的还在于给科学家一个科学、公正的科研环境，使他们精力的大部分能用在科研上，而不是用在申请项目、请客吃饭、拉关系上。经验表明：公开化是预防和管理利益冲突最有效的方法。

第十二章　同行评议中的利益冲突及其对策

同行评议作为一种特殊的科学交流方式，一般发生在两个领域：一是和亲近同事包括工作同事、朋友、学派等成员间的交流；二是和潜在的无数学者包括作者和读者间不受个人感情影响的交流。为了与特定目标和计划相协调，学者选择第一种或第二种或两者结合的交流方式，选择哪个交流领域是构成科学自由的重要组成部分，同行评议过程中这两个领域的抵触产生了利益冲突的倾向①。在过去30年中，科学研究中的利益冲突问题一直是受到关注的话题，它主要涉及科学家的媒体报道、学术利益和伦理关注，以及学术期刊和政府组织的科学学会②。然而，同行评议中的利益冲突问题一直是制约科学发展的瓶颈。

第一节　利益冲突发生的三个阶段

大多数利益冲突定义的表达始于1980年以后。利益冲突的含义大致经历了三个阶段，其表达的语义内容已经演变，且我们能辨别整个20世纪三种含义不同的语义表达。利益冲突探讨的内容随时间而变化，且与科研系统的变化密切相关。换句话说，利益冲突的出现与社会语境有关③。

一、第一阶段：同一群体为不同利益服务

利益冲突的第一种含义出现于学术会议的报告中，它的表达在这种语境下适用于两件事情同时发生的境况，且这两件事情使同一群体的人们感兴趣，通常伴随的术语是“会议”、“项目”、“复本”、“过剩”④。第一种含义的出现是与管理联邦雇员可能的利益冲突法规相关。这一时期大规模雇佣科学家，于是问题就出

---

① Oleinik A. Conflict (s) of interest in peer review: its origins and possible solutions. Science and Engineering Ethics, 2014, 20 (1): 55-75.

② Krimsky S, Rothenberg L S. Conflict of interest policies in science and medical journals: editorial practices and author disclosures. Science and Engineering Ethics, 2001, 7 (2): 205-218; Evans G R, Packham D E. Ethical issues at the university-industry interface: a way forward? Science and Engineering Ethics, 2002, 9 (1): 3-16; Zilgalvis P. The Council of europe's instruments on biomedical research: how is conflict of interest addressed? Science and Engineering Ethics, 2002, 8 (3): 277-281; Salvi M. Conflict of interest in biomedical research: a view from Europe. Science and Engeneering Ethics, 2003, 9 (1): 101-108.

③ Gingras Y, Gosselin P M. The emergence and evolution of the expression “Conflict of Interests” in Science: a historical overview, 1880—2006. Science and Engineering Ethics, 2008, 14 (3): 337-343.

④ Münstberg H. The international congress of arts and science. Science, 1904, 20: 290.

现了[①]：一位政府的科学家也许被邀请参加一个代表公共利益的科技项目，并从一个私人的非营利组织接受旅行和相关费用。“目前有关利益冲突法规的设计一是为防止贿赂；二是当政府需要雇佣太多顾问和临时雇员前，雇员和离职雇员有权检举政府。”[②] 比如，纽约市律师协会准备的文件总结出利益冲突的规则同样适用于兼职和全职的联邦雇员[③]。

这种提法对缩紧联邦政策有影响。相关法律是由七个定义薄弱、解释模糊的法规组成的，在更广泛的解释上，禁止为政府工作的任何人从与政府有业务往来的任何团体获得经济利益，而相关法律倾向于把为政府工作的任何人置于至少是公务员这样一个极端尴尬的位置[④]。这样说并非为详尽地叙述这个事实，而是要注意到利益冲突出现在这样一个特殊的背景下：顾问的增多使他们能够为不同的和相互抵触的利益服务，这也使他们与以政府为化身的国家利益相矛盾[⑤]。

可以肯定，第一阶段对利益冲突的讨论是外在于科学共同体本身的，也不涉及科学内容的争论，但利益冲突是在雇佣实践和政府法规背景下产生的：此时的科学家是作为公务员而非科学领域的竞争者来参与社会活动的。

二、第二阶段：不同群体捍卫公共利益

第二种含义是指两个人或两个群体为了追求不同的经济或政治利益而产生的冲突，“冲突”一词指行动者之间的争论[⑥]。第二种含义比第一种含义出现得更频繁，通常伴随的术语包括“群体”、“国际”、“个人”、“战争”。通常情况下，第二种含义的利益冲突也是科学共同体以外的，特指第二次世界大战背景下政治辩论的案例。

第二阶段利益冲突的讨论出现于20世纪60年代，当时它表达的内容与保护公共利益密切相关，对利益冲突问题的关注主要是诸如美国食品及药物管理局、美国环境保护署、美国能源委员会这些机构保护公共利益的能力，大学和森豪威尔军事综合工业的联系变成直接促发争论的主题。然后工业利益被描述成与大学

---

① Gingras Y，Gosselin P M. The emergence and evolution of the expression “Conflict of Interests” in Science：a historical overview，1880—2006. Science and Engineering Ethics，2008，14（3）：337-343.

② J. T. Fare enough. Science，1958，128：385.

③ The Association of the Bar of the City of New York. Conflict of Interest and Federal Service. Cambridge：Harvard University Press，1960；Roberts R N. White House Ethics：The History of the Politics of Conflict of Interest Regulation. New York：Greenwood Press，1980.

④ Science in the News. Scientists in government：growing concern over conflicts of interest. Science，1960，131：1508-1509.

⑤ Gingras Y，Gosselin P M. The emergence and evolution of the expression “Conflict of Interests” in Science：a historical overview，1880—2006. Science and Engineering Ethics，2008，14（3）：337-343.

⑥ Münstberg H. The International congress of arts and science. Science，1904，20：290.

和监管机构的任务不相匹配，随着大学和工业的商业联系加强，这使得利益冲突的讨论变成主要话题。

一个引起争论的很好案例是发生在圣塔巴巴拉海峡的石油泄漏事件，1969年成立了专门委员会调查泄漏的原因，当时委员会主席曾公开抱怨，他动员大学专家对他的调查协助时困难重重，由此利益冲突的陈述浮出水面①。

石油泄漏委员会于1969年2月成立，它一直酝酿成立一个专家小组研究关于管道内良好衔接的问题。由于明显的和真实的利益冲突，这一提议很难赢得具备专门技能且能解决此问题的大学工程师的合作。奥布赖恩抱怨说，圣巴巴拉和伯克利的加利福尼亚大学，和由私人资助的南加利福尼亚大学里的石油工程师拒绝参加此次合作，并明确表示他们不希望冒失去工业资助和咨询安排的风险②。

显然，在这种情况下，由于大学科学家与企业有着千丝万缕的联系，我们会发现，利益冲突的陈述与这些科学家拒绝参加公共调查并为保护公共利益有关。我们仍然能从1982年帕哈罗沙丘会议上强调的各种"伴随着与工业界合作的学术界新的利益行业的出现，特别是在生物科技领域的出现"③ 中听到这个问题的回应。报告强调，新的企业家式的大学产生了偏见。

与企业签订的研究协议和其他安排事项必须是按照如下要求进行的：不提倡协议保密，保密将危害科学的进步，削弱学生和博士后的受教育经验，减弱大学作为一个可信和公正源泉的角色，干扰教职工所追求科技问题的选择，从教学和研究的基础义务中转移教职工的精力和分散学校的资源。

帕哈罗沙丘会议的与会者见证了管理可能利益冲突的义务，因为这种商业联系对传统学术价值产生了影响。此例表明，利益冲突的关注始于20世纪80年代，并以理解大学传统任务的变化和大学与企业利益的从属关系为特征④。大学的传统任务是通过教与学从事基础理论研究并对知识进行生产和传播。而1980年以来美国颁布的一系列法案，如《史蒂文-惠德勒（Steven-Wydler）技术创新法案》、《贝赫-多尔专利权与商标权修正法案》、《联邦技术转让法案》等，这一系列法案的出台，其目标一是打破过去大学和工业界因缺乏商业联系而漠视科研成果商品化的局面，从而促成它们合作的新契机，同时也开创大学与企业间进行技术转让的新途径；二是使政府资助的科研项目尽快转化为实际生产力。大学、企业和政府形成了可靠而紧密的全面合作伙伴关系。

---

① Gingras Y，Gosselin P M. The emergence and evolution of the expression "Conflict of Interests" in Science: a historical overview，1880—2006. Science and Engineering Ethics，2008，14（3）：337-343.

② Walsh J. University：industry links raise conflict of interest issue. Science，1969，164：411.

③ Cullington B J. Pajaro Dunes：the search for consensus. Science，1982，216：155-158.

④ Caldart C C. Industry investment in university research. *Science*，Technology and Human Values，1983，8（2）：24-32.

三、第三阶段：单一群体维护公众信任

第三种含义首先出现于1947年，但真正出现于20世纪50年代末，它是指单一的个体、团体或机构因有不正当的影响而受到谴责①。这一含义迅速占据主导地位，它区别于以往的特征就是语义场术语的出现，如“伦理”、“法律”、“规章”、“法典”，这无疑是一个更贴近现实的意义。

20世纪80年代末一个新的元素出现了：在科学领域中围绕欺诈和剽窃的讨论增加，其主要特征之一是使用“公众信任”的概念，且它的目标是阻止利益冲突的发生，维护科学机构的公共利益②。当今越来越多的科学家同属于商界和学界，他们有可能身兼多职，如大学科学家既是大学教授，同时又是某企业的顾问或股票持有者，因而就存在多种利益关系，这导致利益冲突的普遍发生。类似这种情况可能“腐蚀着我们曾高度尊重的机构和职业的公众信任”③。

目前，公众信任的概念与利益冲突和欺诈性讨论相关，其出现的背景众所周知。当然，这些讨论导致了最前沿的话题，旨在科学机构中维护公众信任，甚至在一些科学机构中企业和大学的关系被重新描述成削弱公众信任的境况，这种争论从改变学校任务的担忧到评估研究机构的能力，再到保护他们自己不正当的行为。

到20世纪80年代末，围绕欺诈的一系列重要争论展开了，科学家们将注意力转向由政府和私人基金资助的科学家的披露政策，从那时起，维护机构的公众信任和保护公共利益成为其主要目标。科学机构，如期刊社和大学，维护公众信任暗含着对科学社会学家默顿所描述规范结构④的一次重大修订，现在的新标准要求清楚明显的规则，包含公开经济利益，甚至明显提及每个作者署名论文的正确投稿方式⑤。2002年后利益冲突的表达出现增长趋势，且其表达方式出现的频率反映了各种有关利益冲突指南规则和披露政策，值得注意的是美国国立卫生研究所提出的利益冲突的新规则⑥。

一项有关科学杂志中对利益冲突各种表达方式使用的调查表明：对此问题的

---

① King R W. Comments by readers. *Science*, 1947, 106: 415.

② Gingras Y, Gosselin P M. The emergence and evolution of the expression “Conflict of Interests” in *Science*: a historical overview, 1880—2006. *Science and Engineering Ethics*, 2008, 14 (3): 337-343.

③ Kennedy D. Disclosure and disinterest. *Science*, 2004, 303: 15.

④ 默顿规范是指科学的普遍主义、共有性、无私利性和有条理的怀疑主义，这些都或多或少与利益冲突相抵触。

⑤ GingrasY, Gosselin P M. The emergence and evolution of the expression “Conflict of Interests” in *Science*: a historical overview, 1880—2006. *Science and Engineering Ethics*, 2008, 14 (3): 337-343.

⑥ Kaiser J. NIH rules rile scientists, survey finds. *Science*, 2006, 314: 740.

争论出现在20世纪50年代中期，它的含义和内容的演变首先是与科学共同体和国家关系的密切联系；其次是与企业的关系密切相关。利益冲突是由于从科学共同体外部的境况到由大学和企业关系日益密切而产生的，现在演变成科学共同体内部一直争论的话题，最近时期的表达方式出现在20世纪80年代末，是与欺诈和剽窃指控的高潮相联系，而第二阶段的表达方式转向公共利益的概念，最新的表达方式集中于公众信任的理念，因此现在科学共同体正在使用它的规则和实践改变一种境况，即科学共同体不再是理所当然的，科学家现在得承担责任并接受公众的严格监督，尤其是对科研经费的申请与使用的监管①。

总之，利益冲突的语义内容经历了不同阶段的变化，直接导致了其定义表达的多种多样，但是普遍接受的定义是："利益冲突是一种境况，在这种境况中，个体的判断和相继行动有可能受到多重竞争利益的影响。"② 同行评议中的利益冲突是当前科学发展的症结，它是指在科学同行评议活动中，评议者对于所评议内容，如申请科研基金项目、学术论文等的专业判断（此时评议者所接受委托的利益应当是多方面的，如基金组织的利益、学术期刊读者的利益及申请人或投稿人的利益等），受到了来自其他私人利益的影响③。

第二节 同行评议中利益冲突发生的原因

在同行评议中，利益冲突的发生主要有以下两个原因。

一、同行评议制度本身催生利益冲突

同行评议是"由从事该领域或接近该领域的专家来评定一项工作的学术水平或重要性的一种机制"④。也就是说，同行评议属于非个人决策，是一种社会学范畴。因此，与单独的个体评议相比，同行评议属于集体评议的过程。

一方面，当同行评议专家评估稿件时，不断增加的科学劳动的分工要求涉及来自不同知识领域与子领域专家的评审意见，如一个有综合方法论背景的社会学家，并不一定有足够的专业知识来评估基于高级统计分析的稿件，或者来

① Gingras Y, Gosselin P M. The emergence and evolution of the expression "Conflict of Interests" in *Science*: a historical overview, 1880-2006. *Science and Engineering Ethics*, 2008, 14 (3): 337-343.

② Concordia University. *Concordia university code of ethics*. http://web2.concordia.ca/Legal_Counsel/policies/english/BD/BD-4.html [2010-2-1].

③ 王蒲生，周颖．同行评议中的利益冲突分析与治理对策．科学学研究，2003，(3)：298-302.

④ 林培锦．权力与利益视角下的学术同行评议制度优化研究．科技进步与对策，2011，(11)：100-102.

评估使用复杂定性内容形式的稿件①。即使综合委员会成员们的专业知识领域，也不可能覆盖所有相关领域和子领域，找到真正的同行本来就很难，加之有限的同行专家库，评议中的利益冲突日益显现。在国家层面，这种情形更加严峻，如截至2006年，加拿大总共有38 277个学者在大学教书，他们中最多有2715人集中在管理和工商管理专业领域②。如果把他们加起来，在管理和工商管理专业领域的加拿大专家相当于一个小城镇的人口，而其他大多数学科恰好相当于一个小村庄，甚至是一个由几户人家组成的小村落③。因此，与个人评议相比，就一个特定稿件而言，同行评议制度因其集体评议的属性更可能增加抵触和冲突。

另一方面，集体评议过程中具有科学交流中第一领域的特点：它包括亲密的面对面交流，因此它不排除小团体的出现和委员会内成员的联盟④。拉蒙特的研究表明：学术判断的重点在于委员会成员的内部交流和讨论，“因为评价过程的主体间性⑤，试图完全消除评价的主观性注定是要失败的”⑥。

二、同行评议中多方参与引发利益冲突

所有参与到同行评议过程中的委员会成员们都扮演着多重角色。他们既是学派或学校中的一员，又有毕业了的学生和以前的上司。“在评价过程中不可能消除人际关系的影响，包括庇护主义”⑦，同行评议过程中多方参与主要涉及内外部评审专家、编辑、作者、读者和项目领导等。

第一，每个学术共同体内评论员的专业知识不可能覆盖所有领域与子领域，

① Oleinik A. Conflicts of Interest in peer review: its origins and possible solutions. Science and Engineering Ethics, 2014, 20 (1): 55-75.

② CAUT. CAUT almanac of post-secondary education in Canada, *2008 —2009* . Ottawa, ON: CAUT (Canadian Association of University Teachers), 2009.

③ Gupta P, Kaur G, Sharma B, et al. What is submitted and what gets accepted in Indian Pediatrics: analysis of submissions, review process decision making, and criteria for rejection. Indian Pediatrics, 2006, 43: 479-489.

④ Oleinik A. Conflicts of interest in peer review: its origins and possible solutions. Science and Engineering Ethics, 2014, 20 (1): 55-75.

⑤ 主体间性有不同的级别，一级主体间性即一个人对另一个人意图的判断与推测。二级主体间性即一个人人对另一人关于其他人意图的判断与推测的认知的认识。例如，A知道B知道C想要在中午与A一起去吃饭，那么A便是进行了二级主体间性的判断。http://baike.baidu.com/view/900418.htm? fr = aladdin [2014-4-30].

⑥ Lamont M. How Professors Think: Inside the Curious World of Academic Judgment. Cambridge: Harvard University Press, 2009.

⑦ Lamont M. How Professors Think: Inside the Curious World of Academic Judgment. Cambridge: Harvard University Press, 2009.

因此需要外部评审的介入。由于外部评审不参加委员会的讨论，他们以书面形式传达评估信息，这意味着该委员会的成员在第二个领域与外部评审互动，但只要外部评审的身份被委员会成员所得知，个体人际关系的因素就要列入考虑范围，因而外部评审的参与进一步增加了两个领域之间的冲突。

第二，编辑可以和作者在两个领域中交流，这一特权使编辑的权力更加牢固，且编辑从来不是单一的学者，他/她有可能同时是网络参与者、学派的一个成员或一个机构的职员等，他们同时担任的所有职务加上“守门人”的美称，使编辑有意或无意地滋生了他/她的特殊利益，这些利益开始影响一门学科的发展轨迹①。有研究指出，在学术期刊对论文（尤其是生物医学等领域）的评议中，评议人和期刊编辑“偏爱”让有数据支撑的重要研究结果及正面性的研究结果发表，而且对检验已得到科学发现的研究结果也不感兴趣，其结果必然影响和压制了科学家开展多种形式的探索性研究，也不利于纠正已有科学知识中可能存在的错误②。换句话说，编辑就是在利益冲突的境况下行使特权或设法增加他/她的权力。

第三，外部评审和作者间的交流很可能发在第二个领域中：双方都不应该知道彼此的身份，根据一些编辑的说法，评论者似乎能辨别出作者的身份，当他们评阅他/她把所有识别信息都删除的稿件时，这事实上就产生了利益冲突③。即使在拥有最大的科学共同体的美国，1981 年的调查表明：来自美国心理协会注册表上超过 2/3 的评审人承认，尽管掩饰其名字，投稿人的作者仍能被猜测出④。然而，匿名规则并非万能，评论者和作者的多重身份和他们共同所属的机构是利益冲突问题的缘起。

第四，当作者与评论者是同一学派或是竞争学派时，利益冲突就发生了，且当这种情况发生时，如果他们共享着同一构思模型，有时甚至没必要去识别作者的身份，评论者会不加批判地支持他/她的推理方法；若他们对作者稿件的学术观点或思想持相反或竞争的态度，或许从一开始他们就拒绝它了⑤。

---

① Oleinik A. Conflict(s) of Interest in peer review: its origins and possible solutions. Science and Engineering Ethics, 2014, 20 (1): 55-75.

② 龚旭．同行评议公正性的影响因素分析，科学学研究，2004，(6)：613-618.

③ Oleinik A. Conflict(s) of Interest in peer review: its origins and possible solutions. Science and Engineering Ethics, 2014, 20 (1): 55-75.

④ Campanario J M. Peer review for journals as it stands today—part 2. Science Communication, 1998, 19 (4): 277-306; Merton R K, Zuckerman H. Institutionalized patterns of evaluation in science//Merton R K. The Sociology of Science: The Oretical and Empirical Investigations. Chicago: The University of Chicago Press, 1973: 460-496.

⑤ Oleinik A. Conflict(s) of Interest in peer review: its origins and possible solutions. Science and Engineering Ethics, 2014, 20 (1): 55-75.

当评论者评估同一稿件时，一些实证研究已经证明了他们之间的一致性水平极低①。在目前讨论的情况下，所观察到的分歧很可能归因于同行评议中持续的利益冲突：评论者代表的不仅仅是第一交流领域中同一工作圈或学派的个体，且评论者和作者交流的单向性使作者的最终反驳很少能在评论者那里得到反馈，这加剧了利益冲突，并就作者没有与其相匹配的责任而提供给评论者重要的权力②。“评论系统现处于重压之下，剔除其匿名的外衣而扩大评论员的问责问题是当前工作的重中之重。”③

第五，随着社会与科技难舍难分格局的形成，以及国家对科技发展的大力支持与重视，大学、企业、政府形成了三螺旋式的创新模式。委员会和它所有的参加者，包括申请者、外部评审和资助者的关系被新的中间人所调解，新中间人可以是资助企业的工作人员或项目领导④。项目领导在组织评估过程中选择评审委员会成员和外部专家时起至关重要的作用⑤。他们对委员会成员和外部专家的选择必须分开进行，事实上，项目领导践行了部分编辑的职能，他们给项目主管提出了每个委员会的候选人提名名单，安排外部专家审阅申请，指定读者 A 和 B（委员内会成员）审阅申请书⑥。尽管许多项目领导没有（哲学）博士学位且在做研究方面经验有限⑦，但他们在评估中起着至关重要的作用，甚至对评估结果产生决定性的影响，如加拿大社会、自然与人文科学研究委员会目前采用的利益冲突政策以一种难以令人满意的方式陈述了特殊判断问题，但没有相关书面说明

---

① Gupta P, Kaur G, Sharma B, et al. What is submitted and what gets accepted in Indian Pediatrics: analysis of submissions, review process decision making, and criteria for rejection. *Indian Pediatrics*, 2006, 43: 479-489; Ramulu V, Levine R, Herbert R, et al. Development of a case report review instrument. *International Journal of Clinical Practice*, 2005, 59 (4): 457-461; Thorngate W, Faregh N, Young M. *Mining the archives: analyses of CIHR research grant adjudications*. Ottawa: Carleton University, 2002; Langfeldt L. The decision-making constraints and processes of grant peer-review, and their effects on the review outcome. *Social Studies of Science*, 2001, 31 (6): 820-841.

② Oleinik A. Conflicts of Interest in peer review: its origins and possible solutions. *Science and Engineering Ethics*, 2014, 20 (1): 55-75.

③ Lamont M. *How Professors Think: Inside the Curious World of Academic Judgment*. Cambridge: Harvard University Press, 2009.

④ Oleinik A. Conflict(s) of Interest in peer review: its origins and possible solutions. *Science and Engineering Ethics*, 2014, 20 (1): 55-75.

⑤ International Blue Ribbon Panel. Promoting excellence in research: an assessment of peer-review practices at the social sciences and humanities research council. The Council of the Social Sciences and Humanities Research Council of Canada, 2008.

⑥ SSHRC (Social Sciences and Humanities Research Council of Canada). *Standard research grants program: manual for adjudication committee members*. Ottawa: SSHRC, 2009.

⑦ 加拿大社会、自然与人文科学研究委员会的案例中表明“期望研究人员的教育程度为有经验的学士学位（硕士学位是一笔资产），例如，做一名研究助理或从事教育管理工作”。

指导项目领导该如何安排内外部评议专家，因而这些项目领导的判断力能很好地决定评审的结果①。

第三节　同行评议中利益冲突的应对

同行评议无疑是科学评价过程中最核心、最普遍的方式。然而，其合法性、公正性被众多科研管理研究者所质疑，原因在于同行评议制度本身的缺陷，因而加强同行评议制度、法规和道德建设是避免同行评议中利益冲突的关键。为此，我们提出如下对策。

（一）建立评价人激励与监督机制

评价人的工作不仅仅是个人行为，更多地体现为集体行为，所以评价人的工作直接影响到国家科学资源的公正分配问题。然而，评价人几乎毋需承担与其权利相对应的责任，其所承担的评价工作既没有经济、社会承认等方面的激励，也无有效的监督管理②。评价人对所评事项是否公正、客观、合理，既没有可行的奖励评价措施，又没有惩罚的监督措施，加之同行评议缺乏科学共同体以外的监督，可能导致对一些错误结论的承认，而且不一定能识别出研究者偏见，或者由于“人情”因素而可能失去客观性和公正性③。因而，建立评价人的激励与监督机制，既可以使兢兢业业工作的评价人得到科学共同体的承认，又可以使他们心理得到平衡与安慰，同时又使那些徇私舞弊的评价人更好地接受公众的监督，降低他们对未达标的学术论文和科研项目给出合格的评价，减少腐败行为的滋生。

（二）建立公开利益冲突的信息平台

目前的同行评议几乎都是采用双盲匿名评审方式，这种信息保密制度的优点得到广泛认同④。采用此种方式可以减少因评审双方互知而受人际关系的干扰，但它有自身的弊端，就是大大滋长了评价人的随意性，如上文提到的评价人可能对自己正在研究或与自己同属一学派的项目或论文“开绿灯”，这样做的结果是容易把有潜在开发价值的科研项目扼杀在摇篮里。因而，结束评价工作后，可以建立评审双方微博、微信互动平台。这样做的好处是既可使评审双方进行学术交

---

① Oleinik A. Conflict(s) of Interest in peer review: its origins and possible solutions. Science and Engineering Ethics, 2014, 20 (1): 55-75.

② 杨锋，梁樑，苟清龙，等. 同行评议制度缺陷的根源及完善机制. 科学学研究，2008，(3)：569-572.

③ 魏屹东. 科学活动中的利益冲突及其控制. 中国软科学，2006，(1)：90-99.

④ 杨锋，梁樑，苟清龙. 同行评议制度缺陷的根源及完善机制. 科学学研究，2008，(3)：569-572.

流、达到信息共享、合理评价评审专家，也可使被评价人对自己所申请事项何故未通过而得到申辩机会，同时也能监督行为不端的评价人。通过建立这种事后信息公开化平台，可考虑把建立评审反馈制度和评审结果的申辩制度等也信息公开化。我们可以借鉴美国同行评议的经验，采取一些具体的、可操作的手段，比如，剥夺可能影响研究者科学判断能力的利益；有利益关系者不参与相关成果、论文的评审，不发表有倾向性的言论；求助于调整利益冲突的法律、规则和政策等。也许更重要的还在于给评议人一个科学、公正的环境，使他们能够客观公正地进行评议，而不是用在请客吃饭、拉关系上。经验表明：公开化是预防和管理利益冲突最有效的方法。

（三）打破专家遴选中光环效应和马太效应

历来在专家遴选过程中人们迷信知名机构、获奖频繁的研究者或过分依靠知名度高的学者，而对学识渊博、努力上进、时间富足、潜质无限的年轻学者置若罔闻。如若继续按这种传统而机械的方式评选专家，一方面直接导致学术活动和科研氛围腐朽、衰落继而腐败，另一方面与评价工作的真正目的背道而驰，同时也是一种缺失科研人“精神气质”的表现。因而，未来的同行专家遴选，须考虑年轻学者的张力和潜力。

（四）建立同行评议的立法制度

一般而言，防止同行评议中利益冲突的法律形式有两种：一是将防止同行评议中的利益冲突纳入国家法律体系，使它和国家其他法律体系一样具有强制性和权威性，如美国的部分防止利益冲突法便是采用此种形式；二是可以设置一些防止同行评议中利益冲突的“规范”、“准则”等的法规。人类一切有组织的行为、活动均是有规范的，科学活动当然也不例外①。同行评议作为科学活动中最典型的代表之一，当然也需要一套规范来保证同行评议更好地开展活动。可建立专门的同行评议审查委员会或工作组。在大学或研究机构中指派一个专门组织是十分有必要的。这个组织在审查公共机构及其主要负责人是否与外部具有财务关系方面具有权威性。它会专门审查那些牵涉患者或被试者的冲突。它也会考虑该公共机构金融资产流动的程度，因为这些资产流动得越慢，高校在企业中的资产就会越受到研究（和其他由该公共机构做出的决策）的影响。工作组使用的选项包括：修正财务安排；建立专门的监督程序，以确保研究的真实性；在公共机构中的财务决定和研究决定之间建立一道“防火墙”；在极端情况下，禁止所提议的研究。还可设立第三方同行评议中利益冲突的管理机构。通过设立机构可以有效

① 魏屹东．科学活动中的利益冲突及其控制．北京：科学出版社，2006：39.

审查同行评议过程中出现的不公正现象，从而夯实同行评议中学术权力的话语权，保护公共利益不被侵犯和危害，提高公众对科研成果的信任度。此外，这种机构的确立还必须要求科研人员在评价活动的各个阶段，如在论文提交、申请或发表时，都要公开相互冲突的利益。

（五）加强评议专家的道德建设

加强评议人的道德教育，一方面要严格自律，另一方面要严厉制裁①。发达国家对防止利益冲突制度的教育和培训是将其作为防止利益冲突的一个重要方面。教育和培训对促进机构内信息的交流非常重要。因此，教育和培训同样适用于防止同行评议中利益冲突的问题。防止同行评议中的利益冲突得从一个个体还未进入或刚刚进入科研范围的时候就开始教育，继而使科研人员能在内心就有防范利益冲突的意识，进而促进他们对科研资源分配公正和对科研结果评价客观合理的效果。目前我国防止同行评议中利益冲突的教育多数是以开展科研人员短期学习和短期职业道德教育培训等形式进行，其效果甚微，亟须进一步深入探讨防止同行评议中利益冲突的教育和培训措施，以达到科研活动公平、有序进行的目的。

第四节　结　　论

同行评议中利益冲突的出现强化了目前科学交流结构的分层，即科学交流结构呈金字塔状——编辑在顶部，评论者在中间，作者在底部。奇怪的是，现有的利益冲突政策保护的不是此链条中最薄弱环节的作者，而是编辑，甚至是评论家②。“有关审稿人和编辑者的利益冲突的政策比有关作者的利益冲突的政策要多得多。”③ 利益冲突政策保障之一是提供给作者有权“否决”几个潜在审稿人，这些潜在的审稿人会倾向于提供一种偏颇判断④。但是，像其他任何利益冲突政策一样，提供给作者的这种权利并不具有普遍性。因而希望中国未来出台利益冲突政策时，能更加关切作者的意愿，使更多规章和制度倾向于作者，使同行评议参与各方的权利能够相互制衡，以减少同行评议中利益冲突对科学评价公正、客

① 魏屹东. 科学活动中的利益冲突及其控制. 北京：科学出版社，2006：42.

② Oleinik A. Conflict(s) of Interest in peer review: its origins and possible solutions. Science and Engineering Ethics, 2014, 20 (1): 55-75.

③ Cooper R, Gupta M, Wilkes M, et al. Conflict of interest disclosure policies and practices of peer-reviewed biomedical journals. Journal of General Internal Medicine, 2006, 21 (12): 1248-1252; Campanario J M. Peer review for journals as it stands today—part 2. Science Communication, 1998, 19 (4): 277-306.

④ Oleinik A. Conflicts of Interest in peer review: its origins and possible solutions. Science and Engineering Ethics, 2014, 20 (1): 55-75.

观的影响。

若干案例研究证实，裙带关系或任人唯亲已对美国研究机构和大学的决策产生影响[①]。在西方这样重视经济的国度，人际关系都对评估结果产生着影响，在我们这个"人情超级大国"，"人情关系网是同行评议制必须超越又难以超越的一道坎"[②]。2003年5月国家科学技术部联合五部委颁布的《关于改进科学技术评价工作的决定》列数我国科技评价中存在的主要问题，其中"重人情拉关系、本位主义等现象，影响了评价工作的客观性与公正性"就列在了突出的位置[③]。从2008年11月起（加拿大）社会、自然与人文科学研究委员会的评判委员会成员手册明确指出在科学交流第一领域中的特殊优先权和相关事实的任何参考将在评估过程中不起作用，委员会成员不能告知、介入或考虑不出现在申请材料中的申请人[④]。在中国，特殊的历史文化背景和制度关系使得人情世故似乎比学识和能力更重要，因而在同行评议制度建设的过程中需要更多、更细的规范。

---

① Adler J E. Artists in offices：An Ethnography of an Academic Art Scene. New Brunswick：Transaction；Burt R. The social structure of competition//Nohria N，Eccles R G. Networks and Organizations：Structure，and Action. Boston：Harvard Business School Press：1992：57-91.

② 陈进寿．从人际关系谈同行评议制的改进．中国科学基金，2002，(3)：182-184.

③ 科学技术部．关于改进科学技术评价工作的决定．www. most. gov. cn［2003-6-5］.

④ SSHRC（Social Sciences and Humanities Research Council of Canada）. Standard Research Grants Pprogram：Manual for Adjudication Committee Members. Ottawa：SSHRC，2009.

参 考 文 献

曹南燕．2004. 科学活动中的利益冲突//吴彤，蒋劲松，王巍．科学技术的哲学反思．北京：清华大学出版社：311，312.

陈传夫．2002. 社会信息化过程中若干利益冲突研究．中国图书馆学报，（2）．

党兴华，黄正超，赵巧艳．2006. 基于风险矩阵的风险投资项目风险评估．科技进步与对策，（1）．

科学技术部科研诚信建设办公室．2009. 科研诚信知识读本．北京：科学技术文献出版社．

哇依凡．1992. 美国大学与企业的合作及潜在的利益冲突．高等教育研究，（8）．

邱仁宗．2001. 利益冲突．医学与哲学，（12）．

陶向南，赵曙明．2005. 国际企业人力资源管理研究述评．外国经济与管理，（2）．

魏屹东．1995. 美国 R&D 中的合同制与利益冲突的控制．山西大学学报，（3）．

魏屹东．2000. 论科学的社会情景．科学学研究，（4）．

魏屹东．2000. 社会情景中的科学．自然辩证法研究，（9）．

魏屹东．2002. 科学的维度及其广义情景解释模型．自然辩证法研究，（2）．

魏屹东．2002. 论科学的情景矩阵结构．系统辩证学学报，（2）．

魏屹东．2004. 广义语境中的科学．北京：科学出版社．

魏屹东．2006. 科学活动中的利益冲突及其控制．北京：科学出版社．

魏屹东．2006. 科学活动中的利益冲突及其控制．中国软科学，（1）．

魏屹东．2006. 医疗活动中的利益冲突与道德判断关系分析．中国软科学，（12）．

谢小平，王忠民．2003. 利益冲突的制度分析．长安大学学报（社科版），（1）．

徐淑英，刘忠明．2004. 中国企业管理的前沿研究．北京：北京大学出版社．

张林．2005. 基于风险矩阵的创业投资项目风险评估．工业技术经济，（1）．

赵乐静．2001. 论科学研究中的利益冲突．自然辩证法研究，（8）．

赵乐静．2002. 远离认识偏见：直面科技界的利益冲突/义务冲突．世界科学，（7）．

周颖，王蒲生．2003. 同行评议中的利益冲突分析与治理对策．科学学研究，（3）．

卓越．2006. 新制度经济学的新发展：历史比较制度分析．经济学家，（6）．

Agnew B. 2000. Bioethics, financial conflicts get more scrutiny in clinical trials. Science, (289): 1266, 1267.

Agnew B. 2000. Studies trace patchwork of conflict policies. Science 290: 1973-1974.

American Council on Education, the Association of American University Professors. 1965. On Preventing Conflicts of Interest in Government-sponsored Research at Universities. Washington DC.

American Council on Education. 1986. Higher Education and Research Entrepreneurship: Conflicts Among Interest. Washington DC.

American Federation for Clinical Research. 1990. Guidelines for avoiding conflict of interest. Clinical Research, (38): 239.

American Medical Association Council on Ethical and Judicial Affairs. 1991. Gifts to physicians from industry. Journal of the American Medical Association, 265: 501

American Medical Association Councils on Scientific Affairs and on Ethical and Judicial Affairs. 1990. Conflicts ofinterest in medical center/industry research relationships. Journal of the American Medical Association, 263: 2790-2793.

American Medical Association. 1990. Report of the Council on Scientific Affairs and Council on Ethical and Affairs: conflict of interest in medical center-industry research relationships. Journal of the American Medical Association, 263 (20): 2790-2793.

American Society of Clinical Oncology. 2003. Revised conflict of interest policy. Journal of Clinical Oncology, 21 (12): 2394-2396.

American Society of Gene Therapy. 2000. Policy of The American Society of Gene Therapy on Financial Conflict of Interest in Clinical Research. http: //www. asgt. org [2003-5-28] .

Ancker J, Flanagin A. 2005. A Comparison of Conflict of Interest Policies at Peer Reviewed Journals in Multiple Scientific Disciplines. http: //www. ama-assn. org/public/peer/program. html [2006-6-13] .

Anderson C. 1993. Hughes′tough stand on industry ties. Science, 259: 884-886.

Angell M, Kassirer J P. 1996. Editorials and conflicts of interest. New England Journal of Medicine, 335 (14): 1055, 1056.

Angell M. 2000. Is academic medicine for sale? N Engl J Med, 342 (20): 1516-1518.

Association for American Universities, Task Force on Research Accountability (2001). Report on Individual and Institutional Financial Conflict of Interest. http: //www. aau. edu/research/COI. 01. pdf [2005-3-10] .

Association of Academic Health Centers. 1990. Association of Academic Health Centers. Conflicts of Interest in Academic Health Centers. Washington, DC.

Association of Academic Health Center. 1990. Conflicts of Interest in Academic Health Centers: A Report by the AHC Task Force on Science Policy. Washington DC.

Association of American medical Colleges. 1989. Ad Hoc Committee on Misconduct and Conflict Of Interest in Research. Washington, DC.

Association of American Medical Colleges. 1990. Guidelines for Dealing with Faculty Conflicts of commitment and Conflict of interest in Research. Washington DC. AAMC Ad Hoc Committee on Misconduct and Conflict of Interest in Research.

Association of American Universities. 1985. University Policies on Conflict of Interest and Delay of Publication. Washington DC.

Association of American Universities. 1986. Trends in Technology Transfer at Universities: Report of a Clearing house on University-Industry Relations. Washington DC.

Association of American Universities. 2001. Report on Individual and Institutional Financial Conflict of Interest. Washington DC.

Association of University Technology Managers Report. 2000. Common Questions & Answers About Technology Transfer. http：//www. autm. net/index_ n4. html ［2000-11-13］.

Axelrod R. 1970. Conflict of Interest：A Theory of Divergent Goals with Applications to Politics. Chicago：Markham Pub. Co.

Ayotte P. 2004. Conflict of interest：Ayotte's response. Environ，Health Perspect，112：A796.

Beauchamp T L. 1992. Ethical issues in funding and monitoring university research. Bus. Prof. Ethics J. 11：5-16.

Bekelman J E，Li Y. 2003. Scope and impact of financial conflicts of interest in biomedical research. JAMA，289（4）：454-465.

Bick K. 1989. Request for comment on proposed guidelines for policies on conflict of interest（developed by the National Institutes of Health and the Alcohol，Drug Abuse，and Mental Health Administration）. NIH Guide for Grants and Contracts，18（1）.

Blumberg B. 2004. Conflict of interest：Blumberg's response. Environ，Health Perspect，112. A796 - 797.

Blumenthal D，Campbell E，Anderson M，et al. 1997. Withholding research results in academic life science. JAMA，277（15）：1224-1228.

Blumenthal D，Causino N，Campbell E，et al. 1996. Relationships between academic institutions and industry in the life sciences—an industry survey，N Engl J Med，334：368-373.

Blumenthal D，Causino N，Campbell E，et al. 1996. Relationships between academic institutions and industry in the life sciences—an industry survey. N Engl J Med，（334）：368-373.

Blumenthal D，Gluck M，Louis K S，et al. 1986. University-industry research relationships in biotechnology：implications for the university. Science，232：1361-1366.

Blumenthal D. 1996. Ethics issues in academic-industry relationships in the life sciences：the continuing debate. Acad Med，71（12）：1287-1290.

Bodenheimer T. 2000. Uneasy alliance—clinical investigators and the pharmaceutical industry. N Engl J Med，342（20）：1539-1544.

Booth W. 1988. Conflict of interest eyed at Harvard. Science，242：1497-1499.

Bradley S G. 2000. Managing conflicting interests//Magrina F L. Scientific Integrity：An Introductory Text with Cases. Washington DC：American Society for Microbiology：131-157.

Bulleit T. 1990. Public-private partnerships in biomedical research：resolving conflicts of interest arising under the federal technology transfer act of 1986. J. Law &Health，4（1/2）.

Bythman H E. 1992. Conflicts of interest. Science，258：1717.

Capaldi E J. 1999. Contextualism in Psychological Research：a Critical Review. London：Sage

Caulfield T，Williames-Jones B. 1999. The Commercialization of Genetic Research：Ethical，Legal，and Policy Issues. New York Kluwer Academic/ Plenum Publishers.

Center for Science in the Public Interest. 2004. Report Faults Scientific Journals on Financial Disclosure. www. cspinet. org/new/200407123. html.

Center for Science in the Public Interest. 2005. Health advocates urge reform of FDA advisory committees . www. cspinet. org/new/200503101. html.

Chalmers T C, Celano P, Sacks H S, et al. 1983. Bias in treatment assignment in controlled clinical trials. The New England Journal of Medicine, 309 (22): 1358-1361

Cohen J J. 2001. Trust us to make a difference: ensuring public confidence in the integrity of clinical research. Acad Med, 76 (2): 209-214.

Committee on Government Operations. 1990. Are Scientific Misconduct and Conflicts of Interest Hazardous to our Health? 101st Congress, 2nd Session.

Cornell University Medical College. 1986. Cornell University Conflicts Policy for Cornell University Medical College and the Graduate School of Medical Science. New York.

Council of Science Editors. 2006. Conflicts of Interest and the Peer Review Process. http://www.councilscienceeditors.org/services/draft_ approved.cfm [2006-6-15].

Council on Government Relations. 2002. Recognizing and Managing Personal Conflicts of Interest. http://www.cogr.edu.

Crissman J W, Bus J S, Miller R R. 1999. Toxicology: judge data or dollars? Environ. Health Perspect, 107: A489-491.

Culliton B J. 1989. NIH, Inc.: the CRADA Boom. Science, 245: 1034-1036.

Davidoff F. 1997. Where's the bias? Ann Intern Med, 126: 986-988.

Davidson R A. 1986. Source of funding and outcome of clinical trials. J Gen Intern Med, 1: 155-158.

Day M. 1998. Salt and vitriol: news. New Scientist, 159: 4.

DeAngelis C D, Fontanarosa P B, Flanagin A. 2001. Reporting financial conflicts of interest and relationships between investigators and research sponsors. JAMA, (286): 89-91.

Department of Health and Human Services, Office of Inspector General. *Protecting Human Research Subjects: Status of Recommendations*. http://www.unmc.edu [2003-7-23].

Donaldson M S, Capron A M. 1991. Patient Outcomes Research Teams: Managing Conflict of Interest. Washington DC: National Academy Press.

Dudley H A F. 1983. The controlled clinical trial and the advance of reliable knowledge: an outsider looks in. British Medical Journal, (287): 957-960.

Eichenwald K, Kolata G. 1999. Hidden interest: when physicians double as entrepreneurs. New York Times, A1:C16.

Elliott D. 1997. Research Ethics. Hanover: University Press of New England.

Ennis J G, Krimsky S, Weissman R. 1991. Academic-corporate ties in biotechnology: a quantitative study. Science, Technology & Human, 3: 275-287.

Fontanarosa P B, Flanagin A, DeAngelis C D. 2005. Reporting conflicts of interest, financial aspects of research, and role of sponsors in funded studies. JAMA, (294): 110-111.

Friedman P J. 1992. The troublesome semantics of conflict of interest. Ethics and Behavior, (4): 245-251.

Friedman P J. 2002. The impact of conflict of interest on trust in science. Sci Engineering, 8: 413-420.

Frumkin H. 1998. Review of living downstream. N Engl J Med, 338: 268.

Getz R S. 1967. Congressional Ethics: The Conflict of Interest Issue. Princeton: Van Nostrand.

Goehl T J. 2004. editorial: embracing scrutiny. Environ, Health Perspect, 112: A788.

Goozner M. 2004. Study on failures to disclose conflicts of interest in "Environmental Health Perspectives." Environ, Health Perspect, 112: A794-795.

Goozner M. 2004. Unrevealed: non-disclosure of conflicts of interest in four leading medical and scientific journals. http://cspinet. org/new/pdf/unrevealed_ final. pdf.

Greif A. 1998. Historical and comparative institutional analysis. American Economics Review, 2: 80-84.

Gulson B. 2004. Conflict of interest: gulson's response. Environ, Health Perspect, 112: A796.

Gunsalus C K, Rowan J K. 1989. Conflict of interest in the university setting: i know it when i see it. Research Management Review, 3 (2): 13-25 .

Hanna K. 1989. Collaborative research in biomedicine: resolving conflicts//Hanna K. Government and Industry Collaboration in Biomedical Research and Education. Washington DC: National Academy Press.

Harvard University Faculty of Medicine. 1990. Policy on Conflict Interest and Commitment. Boston.

Hasselmo N. 2002. Individual and institutional conflict of interest: policy review by research universities in the United States. Science and Engineering Ethics, 8: 421-427.

Hayes S. 2006. The Scientist Practitioner: Research and Accountability in the Age of Managed Care. Boston: Allyn & Bacon.

Healy B. 1989. Conflict of interest guidelines for a multicenter clinical trial of treatment after coronary-artery bypass graft surgery. New England Journal of Medicine, 320 (14): 949

Healy B. 1989. Special report: conflict-of-interest guideline for a multicenter clinical trial of treatment after coronary-artery bypass-graft surgery. New England Journal of Medicine, (320): 945-951.

Hilts P J. 2000. A second death linked to gene therapy. New York Times, 2000-5-4.

Huth E. 1990. Conflict-of-interest rules as they relate to clinical investigation: what should they be? Food, Drug, Cosmetic L J, 45: 511.

Institute of Medicine (IOM) . 1989. The Responsible Conduct of Research in the Health Sciences. Washington DC: National Academy Press.

International Committee of Medical Journal Editors. 1993. Conflicts of interest. Lancet, (341): 742-743.

International Committee of Medical Journal Editors. 1997. Uniform requirements for manuscripts submitted to biomedical journals. JAMA, (277): 927-934.

Kassirer J P, Angell M. 1993. Financial conflicts of interest in biomedical research. New England Journal of Medicine, (8): 570-571.

Kassirer J P. 2000. Financial conflict of interest: an unresolved ethical frontier. American Society of Law, Medicine & Ethics and Boston University School of Law. Am J Law Med, 27 (2/3): 149-162.

Korn D. 2000. Conflicts of interest in biomedical research. JAMA, 284: 2234-2237.

Koshland Jr D E. 1990. Conflict of Interest (editorial) . Science, 249: 109.

Koshland Jr D E. 1992. Conflict of interest policy. Science, 257: 595.

Krimsky S, Rothenberg L S, Kyle G, et al. 1996. Financial interests of authors in scientific journals: a pilot study of 14 publications. Science and Engineering Ethics, 2: 395-410.

Krimsky S, Rothenberg L S. 2001. Conflict of interest policies in science and medical journals: editorial practices and author disclosures. Sci Eng Ethics, 7: 205-218.

Kukich D S, Varrin R D. 1985. Guidelines for industry sponsored research at universities. Science, 227: 385-386.

Kurt T. 1990. FDA issues concerning conflicts of interest. IRB, 12: 6

Lehman-McKeeman L D. 2003. Editorial: guidelines governing conflict of interest. Toxicol Sci, 72: 183-184.

Luebke N. 1987. Conflict of interest as a moral category. Bus Prof Ethics, 66 (1): 66-81.

Lundberg G D, Flanagin A. 1989. New requirements for authors: signed statements of authorship responsibility and financial disclosure. AMA, 262: 2003-2004.

Macrina F L. 2005. Scientific Integrity: Text and Cases in Responsible Conduct of Research. 3d ed. Washington DC: American Society for Microbiology Press.

Marshall E. 1989. Science advisers need advice. Science, 245: 20-22.

Marshall E. 1990. When commerce and academe collide. Science, 248: 152-156.

Monmaney T. 1999. Medical journal's article raises conflict concerns. Los Angeles Times , 1999-9-28, A1.

National Academies. 2003. Policy on Committee Composition and Balance and Conflicts of Interest for Committees Used in the Development of Reports. www. nationalacademies. org/coi/BI-COI _ FORM-0? .

National Institute of Health and the Alcohol, Drug Abuse and Mental Health Administration. 1989-9-15. Request for Comment on Proposed Guidelines for Policies on Conflict of Interest. NIH Guide for Grants and Contracts, September is, 1989.

National Institutes of Health, Office of Extramural Research. 2002. Financial Conflict of Interest: Objectivity in Research. http: //grants2. nih. gov/grants/policy/coi/nih _ review. htm [2005-3-10] .

National Research Council. The National Research Council Policy on Potential Sources of Bias and Conflict of Interest in Studies and Related Activities. Washington DC.

NcNeil B, Roberts M. 1990. The Evolution and Current Status of Conflict of Interest Regulation in Biomedical Science. Paper commissioned for the IOM study of conflicts of interest in PORTSs.

Nelson D K. 2002. Conflict of interest: researchers //Amdur, Bankert. Institutional Review Board: Management and Function. Sudbury, MA: 197-203.

New York University. 1984. Statement of Policy on Faculty Responsibility to the University. http: //grants. nih. gov/grants/guide/notice-files/not95-179. html [1984-12-10] .

NSF. 1995. NSF Investigator Financial Disclosure Policy. http: //www. nsf. gov/pubs/stis1996/iin117/iin117. txt [1995-7-11] .

Owen J L. 1997. Context and Communication Behavior. Reno: Context Press.

Owens J W. 2004. Conflict of interest: Owens' response. Environ, Health Perspect, 112: A795-796.

Palca J. 1989. NIH grapples with conflict of interest. Ethics in Science, 245: 23.

Palca J. 1990. Conflict of interest: PHS readies new rules. Science, 249 (14): 1237.

Palca J. 1990. NIH conflict-of-interest guidelines shot down. Science, 247: 516.

PHS. 1995-7-14. PHS policy on objectivity in research. NIH Guide to Grants and Contracts 24 (25) http: //grants. gov/grants/guide/notice-files/not95-179. html.

Porter R J, Malone T E. 1992. Biomedical Research: Collaboration and Conflict of Interest. London: The Johns Hopkins University Press.

Principles to Govern College and University Compensation: Policies for Faculty Engaged in Sponsored Research. Association of American Universities, American Council on Education, and National Association of State Universities and Land-Grant Colleges, April 1978.

Rennie D, Flanagin A, Glass R M. 1991. Conflicts of interest in the publication of science. JAMA, 266: 266-267.

Resnik D B. 1998. The Ethics of Science: An Introduction. London: Routledge.

Ridker P M. 2006. Incomplete financial disclosure for study of funding and outcomes in major cardiovascular trials. JAMA, (295): 2725-2726.

Rodwin M A. 1989. Physicians' conflicts of interest: the limitations of disclosures. The New England Journal of Medicine, 262: 1405-1408.

Rosenstock L, Lee L. 2002. Attacks on science: the risks to evidence-based policy. Am J Public Health, 92 (1): 14-18.

Rosenthal R. 1966. Experimenter Effect in Behavioral Research. New York: Appleton-Century-Crofts.

Rosnow R L, Georgoudi M. 1986. Contextualism and Understanding in Behavioral Science: Implications for Research and Theory. New York: Praeger.

Rothman K J. 1991. The ethics of research sponsorship. J Clin Epidemiol, 44: 25S-28S.

Rothman K J. 1993. Conflict of interest: the new McCarthyism in science. JAMA, 269: 2782-2784.

Sanders E. 2003. Researcher Wilson to step down as IHGT head. The Daily Pennsylvanian, 2003-4-23.

Schneiderman M A. 1991. Fraudulent statistical methods. Biometrics, 47: 1624-1628.

Smith L, Byers J F. 2002. Gene therapy in the post-gelsinger era. Jon's Healthcare, Law, Ethics and Regulation, 4 (4): 104-110.

Smith R. 1998. Beyond conflict of interest: editorial. Br Med J, 317: 291-292.

Southgate M. 1987. Conflict of interest and the peer review process. Journal of the American Medical Association, (258): 1375.

Spece Jr R G, Shimm D S, Buchanan A E. 1996. Conflicts of Interest in Clinical Practice and Research. Oxford: Oxford University Press.

Steiner D. 1996. Competing interests: the need to control conflict of interests in biomedical research. Science and Engineering Ethics, (4): 457-468.

Stelfox H T, Chua G, O'Rourke K, et al. 1998. Conflict of interest in the debate over calcium-channel antagonists. N Engl J Med, (338): 101-106.

Stewartt G. 1999. The Partnership Between Science and Industry: Cooperation or Conflict of Interest? London: British Library.

Stolberg S G. 2002. Biomedicine is receiving new scrutiny as scientists become entrepreneurs. New York Times, 2002-2-20, A20.

The National Academies. 2003. Policy on Committee Composition and Balance and Conflicts of Interest for Committees Used in the Development of Reports. http://www.nationalacademies.org/coi/BI-COI_ FORM-0. pdf [2005-3-10].

Thompson D F. 1993. Understanding financial conflicts of interest. N Eng J Med, 329: 573-576.

University of California. 1984. Guidelines for Disclosure and Review of Principle Investigator's Financial Interest in Private Sponsors of Research. California: Berkeley.

University of California. 1986. Diaclosing Financial Interest in Private Sponsors of research. (UCLA Standard Procedure No. 921). California: Los Angeles.

U. S. Congress, House Committee on Government Operations. 1988-9-29. Federal Response to Misconduct in Science: Are Conflicts of Interest Hazardous to Our Health? Washington DC: U. S. Government Printing Office, 1989.

U. S. Congress, House Committee on Government Operations. 1989-6-13. Is Science for Sale? Conflicts of Interest vs. the Public Interest. Hearing before the Subcommittee of the Committee on Government Operations. Washington DC: U. S. Government Printing Office, 1989.

van McCrary S, Anderson C, Jakovljevic J, et al. 2000. A national survey of policies on disclosure of conflicts of interest in biomedical research. The New England Journal of Medicine, 343 (22): 1621-1626.

Watson T. 1992. University officials dismiss quick payoff from research funds. 358 Nature (362): 618.

Woo S L. 2000. Policy of the American society of gene therapy on financial conflict of interest in clinical research. Mol Cancer Ther, (1): 383-384.

本书机构名称及专有名词英文缩写

AAU——美国大学协会
AAMC——美国医学院协会
AAUP——美国大学教授联盟
ACCME——继续医学教育鉴定委员会
ACE——美国教育委员会
AHC——美国学术健康中心协会
AHRQ——卫生保健研究与质量局
ALJ——行政法法官
AMA——美国医学协会
APLU——土地赠与大学协会
ASGT——美国社会基因治疗学会
ATSDR——有毒物质和疾病登记署
AUTM——大学技术管理协会
CAM——补充和代替医学
CDC——美国疾病控制和预防中心
CEO——首席执行官
CITI——美国花旗银行
COC——义务冲突
COGR——政府关系委员会
COI——利益冲突
COIRP——利益冲突审查程序
CRO——首席维护师
CSPI——公众利益科学中心
FACA——联邦咨询委员会法
FACS——多参数血细胞计数法
FCOI——金融利益冲突
FDA——食品和药物管理局
FOIA——信息自由
JCR——杂志引证报告
GPS——补助政策财务报表
HHS——卫生和福利部
HIPAA——健康保险携带和责任法案
HIS——印第安人健康服务
HMS——哈佛医学院
HRSA——卫生资源和服务管理局
HTA——人体组织协定
HUID——个人身份识别码
IM——医学研究院
IND——临床试验新药
IRB——制度复查部（制度评论部）
ISI——美国科学信息研究所
ITA——作者须知
MTA——材料转让协定
NAC——神经链调整术
NAE——国家工程院
NAS——国家科学院
NASULGC——州立大学和政府赠地学院国家联盟
NIH——美国卫生研究所
NPRM——公开咨询和审视网站
NRC——国家研究委员会
NSF——美国国家科学基金会
OHRP——人类研究保护办公室
OMB——行政管理和预算局
OPAC——联机公共目录查询系统
ORI——学术诚信办公室
OSTP——科技政策办公室
OTL——技术许可办公室
PDRF——项目进展与行程安排表
PD/PI——项目总监/首席研究员
PHC——初级卫生保健
PHS——美国公共卫生署
RSV——劳斯氏肉瘤病毒
SAMHSA——物质滥用和精神健康服务管理局
SBM——基于科学的医学
SBIR——小企业创新研究
SFI——重大金融利益
STTR——小企业技术转化